普通高等教育网络空间安全系列教材

移位寄存器序列理论

戚文峰　编著

科学出版社

北　京

内 容 简 介

本书系统介绍移位寄存器序列理论，内容包括线性反馈移位寄存器序列、与门网络序列、钟控序列、环 $\mathbb{Z}/(N)$ 上的线性递归序列、带进位反馈移位寄存器序列和非线性反馈移位寄存器序列等。

本书可作为普通高等学校网络空间安全、密码学、通信、数学等相关专业高年级本科生、研究生的教材，也可供有关科研工作者参考使用。

图书在版编目(CIP)数据

移位寄存器序列理论/戚文峰编著. —北京：科学出版社，2023.3
普通高等教育网络空间安全系列教材
 ISBN 978-7-03-075031-0

Ⅰ. ①移⋯　Ⅱ. ①戚⋯　Ⅲ. ①移位寄存器序列-高等学校-教材
Ⅳ. ①O151.21

中国国家版本馆 CIP 数据核字(2023) 第 036345 号

责任编辑：于海云／责任校对：杨　赛
责任印制：赵　博／封面设计：迷底书装

科学出版社 出版
北京东黄城根北街 16 号
邮政编码：100717
http://www.sciencep.com

北京凌奇印刷有限责任公司印刷
科学出版社发行　各地新华书店经销
*
2023 年 3 月第 一 版　开本：787×1092　1/16
2025 年 1 月第三次印刷　印张：13 1/4
字数：320 000

定价：59.00 元
(如有印装质量问题，我社负责调换)

前　言

移位寄存器序列在密码、通信等领域有着广泛的应用，特别是在序列密码设计中，主要采用移位寄存器序列为序列源。作为序列密码设计中的核心模块，移位寄存器序列的研究一直受到密码研究者和相关数学学者的重视。

在很长一段时间里，线性反馈移位寄存器一直是序列密码设计的重要组件，自相关攻击思想和代数攻击思想的提出，使以线性反馈移位寄存器序列为序列源的序列密码在安全性上遇到很大的威胁。以非线性序列作为序列源成为共识，一直难以深入的非线性序列的研究也由此得到推动。本书系统介绍基于序列密码应用的移位寄存器序列理论，从线性反馈移位寄存器序列到环上导出非线性序列、带进位反馈移位寄存器序列和非线性反馈移位寄存器序列，内容涉及具有密码意义的各类序列及其相关密码性质。

第 1 章介绍线性反馈移位寄存器序列，主要内容有线性反馈移位寄存器序列作为有限域上的线性递归序列的数学理论，极小多项式与周期，序列簇的分解和乘积，序列的迹表示、根表示和有理分式表示，极大周期序列（m-序列），有限序列的综合算法和线性复杂度理论等。

第 2 章介绍基于线性反馈移位寄存器的与门网络序列，主要内容有与门网络序列和非线性过滤序列的特征多项式、极小多项式和元素分布等。

第 3 章介绍钟控序列，主要介绍四类经典的钟控序列，即 stop-and-go 序列、$[d, k]$-自采样序列、收缩序列和自收缩序列，分别讨论这些序列的周期、线性复杂度和元素分布等伪随机性质。

第 4 章介绍环 $\mathbb{Z}/(N)$ 上的线性递归序列，主要内容有环 $\mathbb{Z}/(N)$ 上线性递归序列的数学理论和代数结构、权位序列及其周期性质、几类压缩导出序列的保熵性等。

第 5 章介绍带进位反馈移位寄存器（FCSR）序列，主要内容有 FCSR 序列与 2-adic 数和有理分数的关系、极大周期 FCSR 序列、FCSR 进位序列、有理逼近算法和 Galois-FCSR 序列等。

第 6 章介绍非线性反馈移位寄存器（NFSR）序列，主要内容有 NFSR 状态图及拆圈和并圈、de Bruijn 序列的计数、de Bruijn 序列及其特征函数的构造、de Bruijn 序列的线性复杂度与伪随机性质、NFSR 的串联和分解、NFSR 的子簇和线性子簇的求取等。

由于作者水平和时间的限制，书中难免存在疏漏之处，敬请广大读者不吝赐教。

作　者

2022 年 9 月 25 日

目　录

第 1 章 线性反馈移位寄存器序列

这一章介绍线性反馈移位寄存器序列的基本理论，内容涉及特征多项式、极小多项式、周期、序列簇的分解和乘积、序列的表示、m-序列、序列的综合算法、序列的线性复杂度等。

1.1 线性反馈移位寄存器序列的描述

反馈移位寄存器是生成伪随机序列的重要模型，是许多密钥序列生成器的重要部件。

首先引入反馈移位寄存器的模型，设 n 是正整数，二元域 $\mathbb{F}_2$ 上 n 级反馈移位寄存器如图 1.1 所示，其中 $x_0, x_1, \cdots, x_{n-1}$ 是 n 个比特寄存器，$g(x_0, x_1, \cdots, x_{n-1})$ 是 n 元布尔函数，称为该反馈移位寄存器的反馈函数。

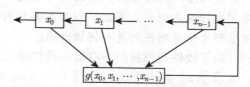

图 1.1　$\mathbb{F}_2$ 上 n 级反馈移位寄存器

反馈移位寄存器输出序列的方式如下。

首先在 n 个寄存器中输入初始值 $x_0 = a_0, \cdots, x_{n-1} = a_{n-1}(a_0, \cdots, a_{n-1} \in \mathbb{F}_2)$，加载一次移位脉冲后，$n$ 个寄存器中的比特依次左移，最左边的寄存器 x_0 的比特移出，并作为这一时刻的输出比特，同时，将 $g(a_0, a_1, \cdots, a_{n-1})$ 反馈到最右边的寄存器 x_{n-1}，即设第 0 时刻 $(x_0, x_1, \cdots, x_{n-2}, x_{n-1}) = (a_0, a_1, \cdots, a_{n-2}, a_{n-1})$，则第 1 时刻 $(x_0, x_1, \cdots, x_{n-2}, x_{n-1}) = (a_1, a_2, \cdots, a_{n-1}, a_n)$，其中，

$$a_n = g(a_0, a_1, \cdots, a_{n-1}) \in \mathbb{F}_2$$

通过连续加载移位脉冲，反馈移位寄存器输出 $\mathbb{F}_2$ 上的序列 $\underline{a} = (a_0, a_1, a_2, \cdots)$（即寄存器 x_0 的输出序列）。该序列满足递归式：

$$a_{k+n} = g(a_k, \cdots, a_{k+n-1}), \quad k = 0, 1, 2, \cdots \tag{1.1}$$

称 $\underline{a}$ 为 n 级反馈移位寄存器序列，$(a_k, \cdots, a_{k+n-1})$ 为 k 时刻的状态，特别地，称 $(a_0, a_1, \cdots, a_{n-1})$ 为该反馈移位寄存器的初始状态。

当 $g(x_0, \cdots, x_{n-1}) = c_0 x_0 + c_1 x_1 + \cdots + c_{n-1} x_{n-1}(c_i \in \mathbb{F}_2(i = 0, 1, 2, \cdots, n-1))$，即 $g(x_0, \cdots, x_{n-1})$ 是线性函数时，称图 1.1 给定的反馈移位寄存器为线性反馈移位寄存器 (Linear Feedback Shift Register, LFSR)，所产生的序列称为线性反馈移位寄存器序列，简称 LFSR 序列。此时所产生的 $\mathbb{F}_2$ 上的序列满足线性递归式：

$$a_{k+n} = c_0 a_k + c_1 a_{k+1} + \cdots + c_{n-1} a_{k+n-1}, \quad k = 0, 1, 2, \cdots \tag{1.2}$$

也称序列 $\underline{a} = (a_0, a_1, a_2, \cdots)$ 为 $\mathbb{F}_2$ 上的 n 级线性递归序列。

注 1.1   线性递归序列是 LFSR 序列的数学描述，以后在称谓上就用 LFSR 序列。

在这一章中，主要介绍二元域 $\mathbb{F}_2$ 上线性反馈移位寄存器序列（线性递归序列）的基本理论。记 $\mathbb{F}_2^\infty = \{\underline{a} = (a_0, a_1, a_2, \cdots) \mid a_i \in \mathbb{F}_2\}$ 为域 $\mathbb{F}_2$ 上所有无限序列组成的集合。

定义 1.1   设 $\underline{a} = (a_0, a_1, a_2, \cdots) \in \mathbb{F}_2^\infty$，若 $\underline{a}$ 满足线性递归式 (1.2)，则称 $f(x) = x^n + c_{n-1}x^{n-1} + \cdots + c_0$ 为 $\underline{a}$ 的一个特征多项式，也称序列 $\underline{a}$ 以 $f(x)$ 为特征多项式。记 $G(f(x))$ 为 $\mathbb{F}_2^\infty$ 中以 $f(x)$ 为特征多项式的序列全体。

给定 $\mathbb{F}_2$ 上的 n 次多项式 $f(x)$，设 $\underline{a} = (a_0, a_1, a_2, \cdots) \in G(f(x))$。显然，序列 $\underline{a}$ 由前 n 比特 $a_0, a_1, \cdots, a_{n-1}$ 唯一确定，从而 $|G(f(x))| = 2^n$。

从以上的分析可以看出，给定 $f(x) \in \mathbb{F}_2[x]$，其中 $\deg f(x) \geqslant 1$，就相当于给定了一个线性反馈移位寄存器，而一个线性反馈移位寄存器随着初始状态的不同，输出的序列也不同。$G(f(x))$ 就是以 $f(x)$ 为特征多项式的线性反馈移位寄存器所能产生的序列的全体。

注 1.2   利用特征多项式刻画 LFSR 序列有利于运用数学（特别是代数学）对 LFSR 序列进行深入研究。因此，以后主要利用特征多项式来研究序列，而线性反馈移位寄存器用于形象地说明序列是如何输出的。

除了线性反馈移位寄存器和线性递归式，还可以用矩阵刻画序列的生成。

设 $f(x) = x^n + c_{n-1}x^{n-1} + \cdots + c_0 \in \mathbb{F}_2[x]$，$\underline{a} = (a_0, a_1, a_2, \cdots) \in G(f(x))$，令

$$A = \begin{pmatrix} 0 & 0 & \cdots & 0 & c_0 \\ 1 & 0 & \cdots & 0 & c_1 \\ \vdots & \vdots & & \vdots & \vdots \\ 0 & 0 & \cdots & 0 & c_{n-2} \\ 0 & 0 & \cdots & 0 & c_{n-1} \end{pmatrix}$$

则 $(a_1, \cdots, a_n) = (a_0, \cdots, a_{n-1})A$。一般地，有

$$(a_k, \cdots, a_{k+n-1}) = (a_0, \cdots, a_{n-1})A^k, \quad k = 0, 1, 2, \cdots$$

称 A 是 $G(f(x))$（或 $f(x)$ 所确定的线性反馈移位寄存器）的状态转移矩阵。

序列的基本运算定义如下。

设 $\underline{a} = (a_0, a_1, a_2, \cdots)$，$\underline{b} = (b_0, b_1, b_2, \cdots) \in \mathbb{F}_2^\infty$，$c \in \mathbb{F}_2$，定义序列的加法和数乘为

$$\underline{a} + \underline{b} \xlongequal{\text{def}} (a_0 + b_0, a_1 + b_1, a_2 + b_2, \cdots)$$

$$c\underline{a} \xlongequal{\text{def}} (ca_0, ca_1, ca_2, \cdots)$$

定义左移运算如下：

$$x\underline{a} \xlongequal{\text{def}} (a_1, a_2, a_3, \cdots)$$

一般地，有 $x^k\underline{a} \xlongequal{\text{def}} (a_k, a_{k+1}, a_{k+2}, \cdots)(k \geqslant 0)$，并且定义

$$(x^i + x^j)\underline{a} \xlongequal{\text{def}} x^i\underline{a} + x^j\underline{a}, \quad i \geqslant 0; j \geqslant 0$$

根据上面的定义，多项式对序列的作用有如下基本性质。

引理 1.1　设 $f(x)$, $g(x) \in \mathbb{F}_2[x]$, $\underline{a}$, $\underline{b} \in \mathbb{F}_2^\infty$, $c \in \mathbb{F}_2$, 则有

$$(f(x) + g(x))\underline{a} = f(x)\underline{a} + g(x)\underline{a}$$

$$f(x)(\underline{a} + \underline{b}) = f(x)\underline{a} + f(x)\underline{b}$$

$$f(x)(c\underline{a}) = c(f(x)\underline{a})$$

证明是显然的。

对于 $f(x) \in \mathbb{F}_2[x]$, $\deg f(x) \geqslant 1$, $\underline{a} \in \mathbb{F}_2^\infty$, 记 $\underline{0} = (0, 0, \cdots)$ 是全 0 序列, 根据上述序列运算的定义, 有

$$\underline{a} \in G(f(x)) \text{ 当且仅当 } f(x)\underline{a} = \underline{0}$$

即

$$G(f(x)) = \{\underline{a} \in \mathbb{F}_2^\infty \mid f(x)\underline{a} = \underline{0}\}$$

注 1.3　当 $f(x) = 0$ 或 1 时, 以 $f(x)$ 为特征多项式的序列无法按线性递归方式进行定义, 但按多项式作用于序列的定义, 可以认为: 以 $f(x) = 1$ 为特征多项式的序列只有全 0 序列 $\underline{0}$, 而 $\mathbb{F}_2^\infty$ 中的每一个序列都以 $f(x) = 0$ 为特征多项式, 从而可以定义

$$G(1) \stackrel{\text{def}}{=\!=\!=} \{\underline{0}\}, \quad G(0) \stackrel{\text{def}}{=\!=\!=} \mathbb{F}_2^\infty$$

这样, 对于 $f(x) \in \mathbb{F}_2[x]$, $\underline{a} \in \mathbb{F}_2^\infty$, 有 $\underline{a} \in G(f(x))$ 当且仅当 $f(x)\underline{a} = \underline{0}$, 即

$$G(f(x)) = \{\underline{a} \in \mathbb{F}_2^\infty \mid f(x)\underline{a} = \underline{0}\}$$

$G(f(x))$ 是 $\mathbb{F}_2$ 上的向量空间, 并且有下面的维数结论。

定理 1.1　设 $0 \neq f(x) \in \mathbb{F}_2[x]$, $\deg f(x) = n$, 则 $G(f(x))$ 是 $\mathbb{F}_2$ 上的 n 维向量空间。

证明　当 $n = 0$ 时, 即 $f(x) = 1$ 时, 结论显然成立。

下面设 $n \geqslant 1$。对于任意的 $\underline{a}$, $\underline{b} \in G(f(x))$ 和 $c \in \mathbb{F}_2$, 由引理 1.1可得

$$f(x)(\underline{a} + \underline{b}) = f(x)\underline{a} + f(x)\underline{b} = \underline{0}, \quad f(x)(c\underline{a}) = c(f(x)\underline{a}) = \underline{0}$$

所以 $\underline{a} + \underline{b} \in G(f(x))$, $c\underline{a} \in G(f(x))$, $G(f(x))$ 是 $\mathbb{F}_2$ 上的向量空间。

又因为 $|G(f(x))| = 2^n$, 所以 $G(f(x))$ 是 $\mathbb{F}_2$ 上的 n 维向量空间。　　□

本书主要讨论二元序列, 即 $\mathbb{F}_2$ 上的序列。在讨论 $\mathbb{F}_2$ 上的序列的过程中, 会涉及一般有限域上的序列。为此, 将线性递归序列及相关概念推广到一般有限域上。

定义 1.2　设 $\mathbb{F}_q$ 是 q 元有限域, $c_0, \cdots, c_{n-1} \in \mathbb{F}_q$, 若 $\mathbb{F}_q$ 上的序列 $\underline{a} = (a_0, a_1, a_2, \cdots)$ 满足

$$a_{n+k} = c_0 a_k + c_1 a_{k+1} + \cdots + c_{n-1} a_{k+n-1}, \quad k = 0, 1, 2, \cdots$$

则称 $\underline{a}$ 是 $\mathbb{F}_q$ 上的 n 级线性递归序列, 并称 $f(x) = x^n - (c_{n-1}x^{n-1} + \cdots + c_0)$ 是序列 $\underline{a}$ 的一个特征多项式。同样, 记

$$\mathbb{F}_q^\infty = \{\underline{a} = (a_0, a_1, a_2, \cdots) \mid a_i \in \mathbb{F}_q\}$$

为 $\mathbb{F}_q$ 上所有无限序列组成的集合, 并记 $G(f(x))$ 为 $\mathbb{F}_q^\infty$ 中以 $f(x)$ 为特征多项式的序列全体, 则有

$$G(f(x)) = \{\underline{a} \in \mathbb{F}_q^\infty \mid f(x)\underline{a} = \underline{0}\}$$

如果不做特别说明, 所讨论的线性递归序列或 LFSR 序列是指二元域 $\mathbb{F}_2$ 上的序列。

1.2　极小多项式与周期

设 $\underline{a} = (a_0, a_1, \cdots) \in \mathbb{F}_2^\infty$, 因为对于任意非负整数 i 和 j, 有

$$x^{i+j}\underline{a} = x^i(x^j\underline{a}) = x^j(x^i\underline{a})$$

所以对于任意 $f(x) \in \mathbb{F}_2[x]$, 有

$$(x^i f(x))\underline{a} = x^i(f(x)\underline{a}) = f(x)(x^i\underline{a})$$

从而对于任意 $f(x), g(x) \in \mathbb{F}_2[x]$, 有

$$(f(x)g(x))\underline{a} = f(x)(g(x)\underline{a}) = g(x)(f(x)\underline{a})$$

即有引理 1.2。

引理 1.2　设 $f(x), g(x) \in \mathbb{F}_2[x]$, $\underline{a} \in \mathbb{F}_2^\infty$, 则有

$$(f(x)g(x))\underline{a} = f(x)(g(x)\underline{a}) = g(x)(f(x)\underline{a})$$

设序列 $\underline{a} \in \mathbb{F}_2^\infty$ 以 $f(x)$ 为特征多项式, 即 $f(x)\underline{a} = \underline{0}$, 则对于任意 $0 \neq g(x) \in \mathbb{F}_2[x]$, 由引理 1.2可知, $g(x)f(x)$ 也是 $\underline{a}$ 的特征多项式, 所以序列 $\underline{a}$ 的特征多项式不唯一。

对于 $\underline{a} \in \mathbb{F}_2^\infty$, 定义

$$A(\underline{a}) \xlongequal{\text{def}} \{f(x) \in F_2[x] \mid f(x)\underline{a} = \underline{0}\}$$

由引理 1.1和引理 1.2, 得定理 1.2。

定理 1.2　设 $\underline{a}$ 是 LFSR 序列, 则 $A(\underline{a})$ 是 $\mathbb{F}_2[x]$ 的一个理想, 即若 $f(x), g(x) \in A(\underline{a})$, $h(x) \in F_2[x]$, 则 $f(x) + g(x) \in A(\underline{a})$, $h(x)f(x) \in A(\underline{a})$。

注 1.4　称 $A(\underline{a})$ 为序列 $\underline{a}$ 的特征多项式理想。

显然 $A(\underline{0})$ 是单位理想, 即 $A(\underline{0}) = \mathbb{F}_2[x]$。

定义 1.3　设 $\underline{a}$ 是 LFSR 序列, 称 $\underline{a}$ 的次数最小的特征多项式为 $\underline{a}$ 的极小多项式, 并称 $\underline{a}$ 的极小多项式次数为 $\underline{a}$ 的线性复杂度, 记为 $\text{LC}(\underline{a})$。

注 1.5　序列 $\underline{0} \xlongequal{\text{def}} (0, 0, 0, \cdots)$ 的极小多项式为 $f(x) = 1$; 而序列 $\underline{1} \xlongequal{\text{def}} (1, 1, 1, \cdots)$ 的极小多项式为 $x - 1$; 而非 0 LFSR 序列的极小多项式次数 $\geqslant 1$。

序列的极小多项式与特征多项式有下面的关系。

定理 1.3　设 $\underline{a} \in \mathbb{F}_2^\infty$ 是 LFSR 序列, 则 $\underline{a}$ 的极小多项式是唯一的。进一步, 设 $m(x)$ 是 $\underline{a}$ 的极小多项式, $f(x)$ 是 $\underline{a}$ 的一个特征多项式, 则 $m(x) | f(x)$。

证明　设 $A(\underline{a})$ 是 $\underline{a}$ 的特征多项式理想，因为 $\mathbb{F}_2[x]$ 是主理想整环，所以 $A(\underline{a})$ 有唯一生成元 $m(x)$，显然 $m(x)$ 是 $\underline{a}$ 的唯一极小多项式，并且对于任意 $f(x) \in A(\underline{a})$，有 $m(x)|f(x)$。 □

由极小多项式的定义可知，序列 $\underline{a}$ 的极小多项式的次数（即序列 $\underline{a}$ 的线性复杂度 LC($\underline{a}$)）就是产生该序列的最短 LFSR 的长度。LC($\underline{a}$) 是衡量密钥流序列安全性的一个重要参数，在 1.10 节和 1.11 节中将专门讨论序列线性复杂度和由序列求其极小多项式的算法。

注 1.6　(1) 设 $f(x) \in \mathbb{F}_2[x]$ 是不可约的，由定理 1.3知，对于任意 $\underline{0} \neq \underline{a} \in G(f(x))$，$\underline{a}$ 都以 $f(x)$ 为极小多项式。

(2) 设 $0 \neq f(x) \in \mathbb{F}_2[x]$ 是可约的。一方面，$G(f(x))$ 中的非 0 序列不一定都以 $f(x)$ 作为极小多项式。这是因为：任取 $f(x)$ 的不可约因子 $g(x)$，并任取 $\underline{0} \neq \underline{a} \in G(g(x))$，显然 $\underline{a} \in G(f(x))$，但 $f(x)$ 不是 $\underline{a}$ 的极小多项式。另一方面，存在 $\underline{b} \in G(f(x))$，使得 $f(x)$ 是 $\underline{b}$ 的极小多项式，例如，取

$$\underline{b} = (\underbrace{0, \cdots, 0}_{n-1}, 1, *, *, \cdots) \in G(f(x))$$

式中，$n = \deg f(x)$，显然序列 $\underline{b}$ 的极小多项式就是 $f(x)$。

设 $f(x) \in \mathbb{F}_2[x]$，$\deg f(x) = n$，$\underline{a} = (\underbrace{0, \cdots, 0}_{n-1}, 1, \cdots) \in G(f(x))$，则称

$$\underline{a} = (\underbrace{0, \cdots, 0}_{n-1}, 1, \cdots), \quad x\underline{a} = (\underbrace{0, \cdots, 0}_{n-2}, 1, \cdots), \quad \cdots, \quad x^{n-1}\underline{a} = (1, *, *, \cdots)$$

是线性无关的，是 $\mathbb{F}_2$ 上向量空间 $G(f(x))$ 的一组基。更一般的情况见定理 1.4。

定理 1.4　设 $f(x) \in \mathbb{F}_2[x]$，$\deg f(x) = n \geqslant 1$，$\underline{a} \in G(f(x))$，则 $f(x)$ 是 $\underline{a}$ 的极小多项式当且仅当 $\underline{a}, x\underline{a}, \cdots, x^{n-1}\underline{a}$ 是 $\mathbb{F}_2$ 上向量空间 $G(f(x))$ 的一组基。

证明　必要性：若 $\underline{a}, x\underline{a}, \cdots, x^{n-1}\underline{a}$ 是线性相关的，则存在不全为 0 的 $c_1, \cdots, c_n \in \mathbb{F}_2$，使得 $c_n\underline{a} + c_{n-1}x\underline{a} + \cdots + c_1x^{n-1}\underline{a} = \underline{0}$，即 $(c_n + c_{n-1}x + \cdots + c_1x^{n-1})\underline{a} = \underline{0}$，这与 n 次多项式 $f(x)$ 是 $\underline{a}$ 的极小多项式矛盾，所以 $\underline{a}, x\underline{a}, \cdots, x^{n-1}\underline{a}$ 是线性无关的，又因为 $G(f(x))$ 是 n 维向量空间，所以 $\underline{a}, x\underline{a}, \cdots, x^{n-1}\underline{a}$ 是 $G(f(x))$ 的一组基。

充分性：因为 $\underline{a}, x\underline{a}, \cdots, x^{n-1}\underline{a}$ 是 $G(f(x))$ 的一组基，是线性无关的，所以任意次数小于 n 的多项式都不可能是 $\underline{a}$ 的特征多项式，而 $f(x)\underline{a} = \underline{0}$ 且 $\deg f(x) = n$，所以 $f(x)$ 是 $\underline{a}$ 的极小多项式。 □

由定理 1.4直接得到以下推论。

推论 1.1　设 $f(x) \in \mathbb{F}_2[x]$，$\deg f(x) = n \geqslant 1$，$\underline{a} \in G(f(x))$，若 $f(x)$ 是 $\underline{a}$ 的极小多项式，则对于任意 $\underline{b} \in G(f(x))$，存在 $g(x) \in \mathbb{F}_2[x]$，使得 $\underline{b} = g(x)\underline{a}$。进一步，若上述的 $g(x)$ 满足 $\deg g(x) < n$ 或 $g(x) = 0$，则这样的 $g(x)$ 是唯一的。

推论 1.2　设 $\underline{a}$ 的极小多项式是 $f(x)$，则对于任意 $g(x) \in \mathbb{F}_2[x]$，序列 $\underline{b} = g(x)\underline{a}$ 的极小多项式是

$$\frac{f(x)}{\gcd(f(x), g(x))}$$

证明   设 $m_{\underline{b}}(x)$ 是 $\underline{b}$ 的极小多项式。令

$$d(x) = \gcd(f(x),\, g(x)), \quad f_1(x) = \frac{f(x)}{d(x)}, \quad g_1(x) = \frac{g(x)}{d(x)}$$

由 $f_1(x)\underline{b} = f_1(x)d(x)g_1(x)\underline{a} = g_1(x)f(x)\underline{a} = \underline{0}$, 得 $m_{\underline{b}}(x)|f_1(x)$。

另外, 由 $m_{\underline{b}}(x)\underline{b} = \underline{0}$, 即 $m_{\underline{b}}(x)g(x)\underline{a} = \underline{0}$, 得 $f(x)|m_{\underline{b}}(x)g(x)$, 从而 $f_1(x)|m_{\underline{b}}(x)g_1(x)$, 因为 $f_1(x)$ 与 $g_1(x)$ 是互素的, 所以 $f_1(x)|m_{\underline{b}}(x)$, 结论成立。$\square$

注 1.7   推论 1.2 表明, $G(f(x))$ 中的序列 $g(x)\underline{a}$ 以 $f(x)$ 为极小多项式的充分必要条件是 $\gcd(f(x),\, g(x)) = 1$。

下面讨论 LFSR 序列的周期。

定义 1.4   设 $\underline{a} \in \mathbb{F}_2^\infty$, 若存在非负整数 k 和正整数 T, 使得对于任意 $i \geqslant k$, 都有 $a_{i+T} = a_i$, 则称 $\underline{a}$ 是准周期序列 (也称为最终周期序列), 最小的这样的 T 称为 $\underline{a}$ 的周期, 记为 $\mathrm{per}(\underline{a})$; 若 $k = 0$, 则称 $\underline{a}$ 是周期序列。

设 $0 \neq f(x) \in \mathbb{F}_2[x]$, 关于 $f(x)$ 的阶 $\mathrm{ord}f(x)$ 参见文献 [1]。为了与序列的周期符号统一, 定义 $\mathrm{per}(f(x)) \overset{\mathrm{def}}{=} \mathrm{ord}\, f(x)$。

注 1.8   设 R 是正整数, 若对于任意 $i \geqslant k$, 有 $a_{i+R} = a_i$, 则 $\mathrm{per}(\underline{a})|R$。

定理 1.5   设 $\underline{a} \in \mathbb{F}_2^\infty$, 则 $\underline{a}$ 是准周期序列当且仅当 $\underline{a}$ 是 LFSR 序列, 即存在 $0 \neq f(x) \in \mathbb{F}_2[x]$, 使得 $\underline{a} \in G(f(x))$。

证明   充分性: 对于 $\underline{a} = (a_0, a_1, a_2, \cdots) \in G(f(x))$, 因为 $\underline{a}$ 的状态是有限的, 所以必存在非负整数 k 和正整数 T, 使得对于任意 $i \geqslant k$, 都有 $a_{i+T} = a_i$。

必要性: 设 $\underline{a}$ 是准周期序列, 则存在非负整数 k 和正整数 T, 使得对于任意 $i \geqslant k$, 都有 $a_{i+T} = a_i$, 从而 $(x^{k+T} + x^k)\underline{a} = \underline{0}$, 所以结论成立。$\square$

进一步的情况见定理 1.6。

定理 1.6   设 $\underline{a}$ 是 LFSR 序列, $m(x)$ 是 $\underline{a}$ 的极小多项式, 则 $\underline{a}$ 是周期序列当且仅当 $m(0) \neq 0$。

证明   设 $\underline{a}$ 是周期序列, 则存在正整数 T, 使得对于任意 $i \geqslant 0$, 都有 $a_{i+T} = a_i$, 即 $x^T - 1$ 是 $\underline{a}$ 的一个特征多项式, 从而 $m(x)|x^T - 1$, 所以 $m(0) \neq 0$。

反之, 设 $m(0) \neq 0$, $\mathrm{per}(m(x)) = T$, 则 $m(x)|(x^T - 1)$, 从而 $(x^T - 1)\underline{a} = \underline{0}$, 即对于任意 $i \geqslant 0$, 都有 $a_{i+T} = a_i$, 所以 $\underline{a}$ 是周期序列。$\square$

推论 1.3   设 $f(x) \in \mathbb{F}_2[x]$, 若 $f(0) \neq 0$, 则 $G(f(x))$ 中的序列都是周期序列。反之, 若 $G(f(x))$ 中的每个序列都是周期序列, 则 $f(0) \neq 0$。

注 1.9   设 $g(x) = x^k f(x)$, 其中 $f(0) \neq 0$, 设 $\underline{a} = (a_0, a_1, a_2, \cdots) \in G(f(x))$, $\mathrm{per}(\underline{a}) = T$, 则对于任意 $b_0, \cdots, b_{k-1} \in \mathbb{F}_2$, 有

$$\underline{d} = (b_0, \cdots, b_{k-1}, a_0, \cdots, a_{T-1}, a_0, \cdots, a_{T-1}, \cdots) \in G(g(x))$$

这就是说, 对于 $\underline{d} \in G(g(x))$, 有 $x^k\underline{a} \in G(f(x))$, 从而 $x^k\underline{a}$ 是周期序列。

定理 1.7   设 $\underline{a}$ 是周期序列, $f(x)$ 是 $\underline{a}$ 的极小多项式, 则 $\mathrm{per}(\underline{a}) = \mathrm{per}(f(x))$。

证明 由 $(x^{\mathrm{per}(\underline{a})} - 1)\underline{a} = \underline{0}$, 得 $f(x)|(x^{\mathrm{per}(\underline{a})} - 1)$, 从而 $\mathrm{per}(f(x))|\mathrm{per}(\underline{a})$。

另外, 由 $f(x)|(x^{\mathrm{per}(f(x))} - 1)$ 且 $f(x)\underline{a} = \underline{0}$, 得 $(x^{\mathrm{per}(f(x))} - 1)\underline{a} = \underline{0}$, 由注 1.8, 得 $\mathrm{per}(\underline{a})|\mathrm{per}(f(x))$, 所以 $\mathrm{per}(\underline{a}) = \mathrm{per}(f(x))$。 □

注 1.10 若 $\underline{a}$ 是准周期序列, 由序列的周期和多项式的周期的定义可知, 定理 1.7 也成立。

推论 1.4 设 $f(x) \in \mathbb{F}_2[x]$ 是不可约的, 则对于 $\underline{0} \neq \underline{a} \in G(f(x))$, 有 $\mathrm{per}(\underline{a}) = \mathrm{per}(f(x))$。

定理 1.7 给出了 LFSR 序列的周期与其极小多项式周期之间的关系, 从而把确定一个序列的周期的问题归结为求它的极小多项式的周期的问题, 后者涉及有限域上多项式的分解。

1.3 序列簇的分解

对于 $f(x)$, $g(x) \in \mathbb{F}_2[x]$, $G(f(x)) + G(g(x))$ 表示 $\mathbb{F}_2$ 上的两个向量空间之和, 即

$$G(f(x)) + G(g(x)) = \{\underline{a} + \underline{b} \mid \underline{a} \in G(f(x)),\ \underline{b} \in G(g(x))\}$$

定理 1.8 设 $f(x)$, $g(x) \in \mathbb{F}_2[x]$, 则有:

(1) $G(f(x)) \subseteq G(g(x))$ 当且仅当 $f(x)|g(x)$;

(2) $G(f(x)) \cap G(g(x)) = G(d(x))$, 其中 $d(x) = \gcd(f(x),\ g(x))$;

(3) $G(f(x)) + G(g(x)) = G(h(x))$, 其中 $h(x) = \mathrm{lcm}(f(x),\ g(x))$。

证明 (1) 设 $f(x)|g(x)$, 即 $g(x) = f_1(x)f(x)$, 则对于任意 $\underline{a} \in G(f(x))$, 有

$$g(x)\underline{a} = f_1(x)f(x)\underline{a} = \underline{0}$$

所以 $G(f(x)) \subseteq G(g(x))$。

反之, 设 $G(f(x)) \subseteq G(g(x))$。取 $\underline{a} \in G(f(x))$, 使得 $f(x)$ 是 $\underline{a}$ 的极小多项式, 而 $\underline{a} \in G(f(x)) \subseteq G(g(x))$, 所以 $g(x)\underline{a} = \underline{0}$, 从而 $f(x)|g(x)$。

(2) 由 (1) 知, $G(d(x)) \subseteq G(f(x)) \cap G(g(x))$。下面设 $\underline{a} \in G(f(x)) \cap G(g(x))$, 因为 $d(x) = \gcd(f(x),\ g(x))$, 所以存在 $u(x)$, $v(x) \in \mathbb{F}_2[x]$, 使得

$$d(x) = u(x)f(x) + v(x)g(x)$$

于是有

$$d(x)\underline{a} = u(x)f(x)\underline{a} + v(x)g(x)\underline{a} = \underline{0}$$

即 $\underline{a} \in G(d(x))$, 从而 $G(f(x)) \cap G(g(x)) \subseteq G(d(x))$, 所以

$$G(f(x)) \cap G(g(x)) = G(d(x))$$

(3) 由 (1) 可知, $G(f(x)) \subseteq G(h(x))$, $G(g(x)) \subseteq G(h(x))$, 从而有

$$G(f(x)) + G(g(x)) \subseteq G(h(x))$$

下面只要证 $\dim(G(f(x)) + G(g(x))) = \dim G(h(x))$。根据线性空间维数公式，得到

$$\begin{aligned}
&\dim(G(f(x)) + G(g(x))) \\
&= \dim(G(f(x))) + \dim(G(g(x))) - \dim(G(f(x)) \cap G(g(x))) \\
&= \dim(G(f(x))) + \dim(G(g(x))) - \dim(G(d(x))) \\
&= \deg f(x) + \deg g(x) - \deg d(x) \\
&= \deg h(x) = \dim(G(h(x)))
\end{aligned}$$

所以 $G(f(x)) + G(g(x)) = G(h(x))$。 □

进一步的情况见定理 1.9。

定理 1.9 设 $f(x)$，$g(x) \in \mathbb{F}_2[x]$，若 $\gcd(f(x),\ g(x)) = 1$，则有

$$G(f(x)g(x)) = G(f(x)) \oplus G(g(x))$$

式中，$\oplus$ 表示向量空间的直和。设 $f(x) = f_1(x)^{r_1} f_2(x)^{r_2} \cdots f_s(x)^{r_s}$ 是 $f(x)$ 的标准分解，即 $f_1(x)$，$f_2(x)$，$\cdots$，$f_s(x)$ 是不同的不可约多项式，$r_i \geqslant 1(i = 1,\ 2,\ \cdots,\ s)$，则有

$$G(f(x)) = G(f_1(x)^{r_1}) \oplus G(f_2(x)^{r_2}) \oplus \cdots \oplus G(f_s(x)^{r_s})$$

证明 由定理 1.8 得，$G(f(x)g(x)) = G(f(x)) + G(g(x))$，又因为

$$G(f(x)) \cap G(g(x)) = G(1) = \{\underline{0}\}$$

所以 $G(f(x)g(x)) = G(f(x)) \oplus G(g(x))$。 □

定理 1.9 表明，一个线性反馈移位寄存器可以由一些更简单的线性反馈移位寄存器合成。在许多问题的研究中，归结到这类比较简单的线性反馈移位寄存器，是有方便之处的。

例 1.1 设 $f(x) = x^9 + x^8 + x^6 + x + 1$，则有标准分解：

$$f(x) = \left(x^2 + x + 1\right)\left(x^3 + x + 1\right)\left(x^4 + x + 1\right)$$

从而图 1.2 等价于图 1.3。

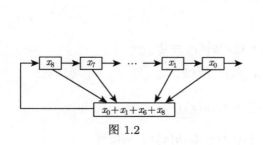

图 1.2

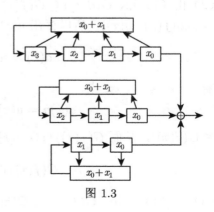

图 1.3

关于两个 LFSR 序列之和的极小多项式，有以下定理。

定理 1.10　设序列 $\underline{a}$ 和 $\underline{b}$ 的极小多项式分别是 $f(x)$ 和 $g(x)$，若 $\gcd(f(x),\ g(x)) = 1$，则 $\underline{a} + \underline{b}$ 的极小多项式就是 $f(x)g(x)$。

证明　设 $m(x)$ 是 $\underline{a} + \underline{b}$ 的极小多项式，因为 $f(x)g(x)(\underline{a} + \underline{b}) = \underline{0}$，所以 $m(x) | f(x)g(x)$。另外，因为

$$f(x)m(x)\underline{b} = f(x)m(x)(\underline{a} + \underline{b}) = \underline{0}$$

所以 $g(x) | f(x)m(x)$，而 $\gcd(f(x),\ g(x)) = 1$，从而 $g(x) | m(x)$；同理有 $f(x) | m(x)$，再由 $\gcd(f(x),\ g(x)) = 1$ 可知 $f(x)g(x) | m(x)$，所以 $\underline{a} + \underline{b}$ 的极小多项式就是 $f(x)g(x)$。　　□

至此，初步了解了序列和的一些性质，它是序列密码中最基本构件。

下面利用序列直和分解，讨论非周期 LFSR 序列的结构。设 $\underline{a}$ 是非周期线性递归序列，$m(x)$ 是 $\underline{a}$ 的极小多项式，从而可设 $m(x) = x^s m_1(x)$，其中 $m_1(0) \neq 0$，则有

$$\underline{a} = \underline{b} + \underline{c}$$

式中，$\underline{b}$ 以 x^s 为极小多项式，$\underline{c}$ 以 $m_1(x)$ 为极小多项式，从而 $\underline{c}$ 是周期序列，而 $\underline{b} = (b_0,\ \cdots,\ b_{s-2},\ 1,\ 0,\ 0,\ \cdots)$。

1.4　序列簇的乘积

这一节讨论序列簇的乘法结构，主要结论来源于文献 [2]。

由于研究 $\mathbb{F}_2$ 上的序列乘积需要在 $\mathbb{F}_2$ 的扩域中讨论序列，所以本节在一般有限域 $\mathbb{F}_q$ 上讨论线性递归序列及其乘积。

对于 $\mathbb{F}_q$ 上的序列 $\underline{a} = (a_0,\ a_1,\ a_2,\ \cdots)$，若存在 $c_0,\ \cdots,\ c_{n-1} \in \mathbb{F}_q$，使得

$$a_{k+n} = c_0 a_k + c_1 a_{k+1} + \cdots + c_{n-1} a_{k+n-1},\quad k = 0,\ 1,\ 2,\ \cdots$$

则称 $\underline{a}$ 是 $\mathbb{F}_q$ 上线性递归序列，并称 $f(x) = x^n - (c_{n-1}x^{n-1} + \cdots + c_0)$ 为 $\underline{a}$ 的特征多项式。

对于 $g(x) \in \mathbb{F}_q[x]$，$\underline{a} \in \mathbb{F}_q^\infty$，$g(x)$ 对 $\underline{a}$ 的作用 $g(x)\underline{a}$ 的定义与 $\mathbb{F}_2$ 的一样。

设 $f(x) \in \mathbb{F}_q[x]$ 是首一多项式，$\underline{a}$ 是 $\mathbb{F}_q$ 上的序列，显然 $f(x)$ 是 $\underline{a}$ 的特征多项式当且仅当 $f(x)\underline{a} = \underline{0}$。

设 $f(x) \in \mathbb{F}_q[x]$，序列簇 $G(f(x))$ 的定义同 $\mathbb{F}_2$ 上的定义，即

$$G(f(x)) = \{\underline{a} \in \mathbb{F}_q^\infty \mid f(x)\underline{a} = 0\}$$

并且 $G(f(x))$ 构成 $\mathbb{F}_q$ 上的 n 维向量空间，其中 $n = \deg f(x)$。前面讨论过 $\mathbb{F}_2$ 上的序列或序列簇的性质对于 $\mathbb{F}_q$ 上的线性递归序列来说也都成立，证明方法也完全相同，在此不再赘述。

对于 $\underline{a} = (a_0,\ a_1,\ \cdots)$，$\underline{b} = (b_0,\ b_1,\ \cdots) \in \mathbb{F}_q^\infty$，定义序列的乘积：

$$\underline{a} \cdot \underline{b} \overset{\text{def}}{=\!=} (a_0 b_0,\ a_1 b_1,\ \cdots)$$

定理 1.11　设 $f_1(x),\ \cdots,\ f_k(x) \in \mathbb{F}_q[x]$，序列簇的积 $G(f_1(x))\cdots G(f_k(x))$ 定义为由

$$\{\underline{a}_1 \cdots \underline{a}_k \mid \underline{a}_i \in G(f_i(x)),\ i = 1,\ 2,\ \cdots,\ k\}$$

生成的 $\mathbb{F}_q$-向量空间。

事实上，记 $\mathbb{N}^+$ 是正整数之集，则有

$$G(f_1(x))\cdots G(f_k(x)) = \{\underline{a}_{11}\cdots\underline{a}_{k1} + \cdots + \underline{a}_{1r}\cdots\underline{a}_{kr} \mid r \in \mathbb{N}^+,\ \underline{a}_{ij} \in G(f_i(x))\}$$

下面讨论 $G(f_1(x))\cdots G(f_k(x))$ 是否是某个多项式 $f(x)$ 产生的序列簇，即是否存在 $f(x) \in \mathbb{F}_q[x]$，使得 $G(f_1(x))\cdots G(f_k(x)) = G(f(x))$。若是，那么 $f(x)$ 与 $f_1(x)$，$\cdots$，$f_k(x)$ 之间有什么关系？或者说 $f(x)$ 是怎么确定的？

首先考虑 $\mathbb{F}_q^\infty$ 的一个非空子集在什么条件下是由某个多项式生成的序列簇。

引理 1.3 设 $E \neq \{\underline{0}\}$ 是 $\mathbb{F}_q^\infty$ 的非空子集，则存在首一正次数的 $f(x) \in \mathbb{F}_q[x]$，使得 $E = G(f(x))$ 当且仅当 E 是 $\mathbb{F}_q$ 上的有限维向量空间并且在移位算子的作用下封闭。

证明 必要性是显然的。下面证明充分性。

首先证明 E 中任意一个序列都是 LFSR 序列。设 $\underline{0} \neq \underline{a} \in E$，因为 E 在移位算子的作用下封闭，所以 $x^i\underline{a} \in E(i = 0, 1, \cdots)$，又因为 E 是 $\mathbb{F}_q$ 上的有限维向量空间，从而 E 是有限集，所以存在 $0 \leqslant i < j$，使得 $x^i\underline{a} = x^j\underline{a}$，即 $(x^j - x^i)\underline{a} = \underline{0}$，从而 $\underline{a}$ 是线性递归序列。

设 $\underline{a} \in E$，$m_{\underline{a}}(x)$ 是 $\underline{a}$ 的极小多项式，因为 E 在移位算子的作用下封闭且 E 是 $\mathbb{F}_q$ 上的有限维向量空间，所以 $G(m_{\underline{a}}(x)) \subseteq E$，从而 $E = \sum\limits_{\underline{a} \in E} G(m_{\underline{a}}(x))$。因为 E 是有限的，所以该式等号右边是有限和，从而存在 $f(x)$，使得

$$E = \sum_{\underline{a} \in E} G(m_{\underline{a}}(x)) = G(f(x))$$

命题得证。 $\square$

定理 1.12 设 $f_1(x)$，$f_2(x)$，$\cdots$，$f_k(x)$ 是 $\mathbb{F}_q$ 上的非常数首一多项式，则存在 $\mathbb{F}_q$ 上的非常数首一多项式 $f(x)$，使得 $G(f_1(x))\cdots G(f_k(x)) = G(f(x))$。

证明 由引理 1.3 可直接证明。 $\square$

下面给出具体的 $f(x)$。

引理 1.4 设 $f_1(x)$，$f_2(x)$，$\cdots$，$f_k(x)$ 是 $\mathbb{F}_q$ 上的非常数首一多项式，F 是 $f_1(x)$，$f_2(x)$，$\cdots$，$f_k(x)$ 的分裂域，令 $B = \{\alpha_1\alpha_2\cdots\alpha_k \mid \alpha_i \in F是f_i(x)的根\}$（无重复元素），并令

$$f_1(x) \vee \cdots \vee f_k(x) \stackrel{\text{def}}{=\!=\!=} \prod_{\gamma \in B}(x - \gamma)$$

则 $f_1(x) \vee \cdots \vee f_k(x) \in \mathbb{F}_q[x]$。

证明 对于任意 $\sigma \in \text{Gal}(F/\mathbb{F}_q)$，有 $|\sigma B| = |B|$ 且 $\sigma B \subseteq B$，所以 $\sigma B = B$，从而 $\sigma(f_1(x) \vee \cdots \vee f_k(x)) = f_1(x) \vee \cdots \vee f_k(x)$，$f_1(x) \vee \cdots \vee f_k(x) \in \mathbb{F}_q[x]$。 $\square$

引理 1.5 设 F 是 $\mathbb{F}_q$ 的有限扩张，$f_1(x)$，$f_2(x)$，$\cdots$，$f_k(x)$ 是 $\mathbb{F}_q$ 上的非常数首一多项式，$G_F(f_i(x))$ 表示 F 上以 $f_i(x)$ 为特征多项式的序列全体，则有

$$G(f_1(x))\cdots G(f_k(x)) = \mathbb{F}_q^\infty \bigcap (G_F(f_1(x))\cdots G_F(f_k(x)))$$

证明 首先 $G(f_1(x)) \cdots G(f_k(x)) \subseteq \mathbb{F}_q^\infty \bigcap (G_F(f_1(x)) \cdots G_F(f_k(x)))$ 是显然的。

下面证明 $G(f_1(x)) \cdots G(f_k(x)) \supseteq \mathbb{F}_q^\infty \bigcap (G_F(f_1(x)) \cdots G_F(f_k(x)))$。

因为 $G_F(f_i(x))$ 是由 $G(f_i(x))$ 生成的 F 上的向量空间,所以 $G_F(f_1(x)) \cdots G_F(f_k(x))$ 是由 $G(f_1(x)) \cdots G(f_k(x))$ 生成的 F 上的向量空间。

设 $\underline{u}_1$,$\cdots$,$\underline{u}_m$ 是 $G(f_1(x)) \cdots G(f_k(x))$ 的一组 $\mathbb{F}_q$-基,则 $\underline{u}_1$,$\cdots$,$\underline{u}_m$ 在 F 上生成 $G_F(f_1(x)) \cdots G_F(f_k(x))$。

设 ω_1,$\cdots$,ω_s 是 F 的一组 $\mathbb{F}_q$-基,并设 $\omega_1 \in \mathbb{F}_q$,则对于

$$\underline{b} \in \mathbb{F}_q^\infty \bigcap (G_F(f_1(x)) \cdots G_F(f_k(x)))$$

存在 $d_j \in F$ 和 $c_{ij} \in \mathbb{F}_q$,使得

$$\underline{b} = \sum_{j=1}^m d_j \underline{u}_j = \sum_{j=1}^m \left(\sum_{i=1}^s c_{ij}\omega_i \right) \underline{u}_j$$

设 $\underline{u}_j = (u_{j0}, u_{j1}, \cdots)$,$\underline{b} = (b_0, b_1, \cdots)$,则有

$$b_n = \sum_{j=1}^m \left(\sum_{i=1}^s c_{ij}\omega_i \right) u_{jn} = \sum_{i=1}^s \left(\sum_{j=1}^m c_{ij}u_{jn} \right) \omega_i \in \mathbb{F}_q, \quad n = 0, 1, 2, \cdots$$

因为 ω_1,$b_n \in \mathbb{F}_q$,$\sum_{j=1}^m c_{ij}u_{jn} \in \mathbb{F}_q (i = 1, 2, \cdots, s; n = 0, 1, 2, \cdots)$,所以

$$\sum_{j=1}^m c_{ij}u_{jn} = 0, \quad i = 2, \cdots, s; n = 0, 1, 2, \cdots$$

从而有

$$b_n = \sum_{j=1}^m c_{1j}u_{jn}\omega_1 = \sum_{j=1}^m (c_{1j}\omega_1)u_{jn}$$

即

$$\underline{b} = \sum_{j=1}^m c_{1j}\omega_1 \underline{u}_j \in G(f_1(x)) \cdots G(f_k(x))$$

得到

$$G(f_1(x)) \cdots G(f_k(x)) \supseteq \mathbb{F}_q^\infty \bigcap (G_F(f_1(x)) \cdots G_F(f_k(x)))$$

结论成立。 □

引理 1.6 设 K 是有限域,有以下结论。

(1) 设 α,$\beta \in K$,则 $G_K(x - \alpha)G_K(x - \beta) = G_K(x - \alpha\beta)$。

(2) 设 $f(x)$ 是 K 上的多项式,F 是 $f(x)$ 在 K 上的分裂域,则有

$$K^\infty \bigcap G_F(f(x)) = G_K(f(x))$$

(3) 设 $f_1(x)$, $\cdots$, $f_s(x)\, g_1(x)$, $\cdots$, $g_t(x)$ 是 K 上的多项式, 则有

$$\left(\sum_{i=1}^{s} G(f_i(x))\right)\left(\sum_{j=1}^{t} G(g_j(x))\right) = \sum_{i=1}^{s}\sum_{j=1}^{t} G(f_i(x))\, G(g_j(x))$$

证明是显然的.

下面给出本节的主要定理.

定理 1.13 设 $f_1(x)$, $\cdots$, $f_k(x)$ 是 $\mathbb{F}_q$ 上的非常数首一多项式, 且每个 $f_i(x)$ 无重根, 则有

$$G(f_1(x))\cdots G(f_k(x)) = G(f_1(x)\vee\cdots\vee f_k(x))$$

证明 设 F 是 $f_1(x)$, $\cdots$, $f_k(x)$ 的分裂域, 因为

$$G_F(f_i(x)) = G_F\left(\prod_{\alpha_i}(x-\alpha_i)\right) = \sum_{\alpha_i} G_F(x-\alpha_i)$$

式中, α_i 跑遍 $f_i(x)$ 的所有根, 所以由引理 1.6, 得

$$\begin{aligned}
G_F(f_1(x))\cdots G_F(f_k(x)) &= \sum_{\alpha_1,\,\cdots,\,\alpha_k} G_F(x-\alpha_1)\cdots G_F(x-\alpha_k)\\
&= \sum_{\alpha_1,\,\cdots,\,\alpha_k} G_F(x-\alpha_1\cdots\alpha_k)\\
&= G_F(f_1(x)\vee\cdots\vee f_k(x))
\end{aligned}$$

再由引理 1.5 和引理 1.6 知, 结论成立. $\qquad\square$

下面讨论 $G(f(x)^k)$ 的结构.

引理 1.7 设 $0\neq c\in\mathbb{F}_q$, k 是正整数, 则有

$$G\left((x-c)^k\right) = G(x-c)\, G\left((x-1)^k\right)$$

证明 设 $\underline{a} = (a_0,\,a_1,\,\cdots)\in G(x-c)$, $\underline{b} = (b_0,\,b_1,\,\cdots)\in G\left((x-1)^k\right)$, 则有

$$a_n = c^n a_0, \quad n = 0,\,1,\,\cdots$$

$$\sum_{i=0}^{k}\binom{k}{i}(-1)^{k-i}b_{n+i} = 0$$

从而有

$$\sum_{i=0}^{k}\binom{k}{i}(-c)^{k-i}a_{n+i}b_{n+i} = a_0 c^{n+k}\sum_{i=0}^{k}\binom{k}{i}(-1)^{k-i}b_{n+i} = 0$$

所以 $\underline{a}\cdot\underline{b}\in G\left((x-c)^k\right)$, 即

$$G(x-c)\, G\left((x-1)^k\right)\subseteq G\left((x-c)^k\right)$$

显然 $G(x-c)\,G\left((x-1)^k\right)$ 的维数 $\geqslant k$，而 $G\left((x-c)^k\right)$ 维数为 k，所以

$$G(x-c)\,G\left((x-1)^k\right) = G\left((x-c)^k\right) \qquad\qquad \Box$$

定理 1.14　设 $f(x) \in \mathbb{F}_q[x]$ 是首一无重因子多项式，$f(0) \neq 0$，k 是正整数，则有

$$G\left(f(x)^k\right) = G(f(x))\,G\left((x-1)^k\right)$$

证明　设 F 是 $f(x)$ 的分裂域，$\alpha_1,\ \cdots,\ \alpha_n$ 是 $f(x)$ 的全部根，则有

$$G_F\left(f(x)^k\right) = G_F\left((x-\alpha_1)^k\right) + \cdots + G_F\left((x-\alpha_n)^k\right)$$

由引理 1.7知 $G_F\left((x-\alpha_i)^k\right) = G_F(x-\alpha_i)\,G_F\left((x-1)^k\right)$，所以

$$\begin{aligned}
G_F\left(f(x)^k\right) &= G_F\left((x-\alpha_1)^k\right) + \cdots + G_F\left((x-\alpha_n)^k\right)\\
&= G_F(x-\alpha_1)\,G_F\left((x-1)^k\right) + \cdots + G_F(x-\alpha_n)\,G_F\left((x-1)^k\right)\\
&= G_F\left((x-1)^k\right)\left(G_F(x-\alpha_1) + \cdots + G_F(x-\alpha_n)\right)\\
&= G_F\left((x-1)^k\right) G_F(f(x))
\end{aligned}$$

再由引理 1.5和引理 1.6可知 $G\left(f(x)^k\right) = G(f(x))\,G\left((x-1)^k\right)$。 $\qquad \Box$

1.5　状　态　图

设 $f(x) \in \mathbb{F}_2[x]$，$n = \deg f(x)$，记 $\mathrm{LFSR}(f)$ 是以 $f(x)$ 为特征多项式的线性反馈移位寄存器，A 是 $\mathrm{LFSR}(f)$ 的状态转移矩阵。对于任意的 $\alpha \in \mathbb{F}_2^n$，$\alpha$ 可看成 $\mathrm{LFSR}(f)$ 的一个状态，并且其下一状态为 αA。用平面上的 2^n 个点来表示 $\mathbb{F}_2^n$ 中的 2^n 个向量，对于任意 $\alpha \in \mathbb{F}_2^n$，以 α 为起点，以 αA 为终点作一条有向弧，这样获得的有向图称为移位寄存器的状态图，它形象地表示了 $\mathrm{LFSR}(f)$ 的状态转移。

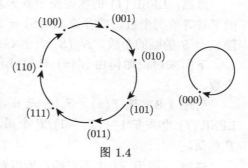

图 1.4

例1.2　（1）设 $f(x) = x^3 + x + 1$，则 $\mathrm{LFSR}(f)$ 的状态图见图 1.4。

（2）设 $f(x) = x^3 + x^2 + x + 1$，则 $\mathrm{LFSR}(f)$ 的状态图见图 1.5。

（3）设 $f(x) = x^3 + x^2 + x$，则 $\mathrm{LFSR}(f)$ 的状态图见图 1.6。

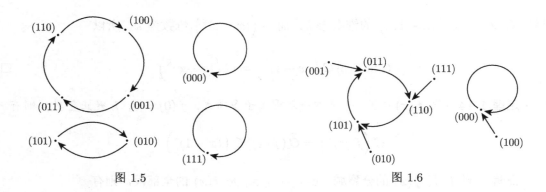

图 1.5　　　　　　　　　　　　　　　　　　图 1.6

注 1.11　　对于 $0 \neq f(x) \in \mathbb{F}_2[x]$, LFSR$(f)$ 的状态图中可能仅有圈, 见图 1.4和图 1.5; 也可能既有圈也有枝, 见图 1.6。但状态图中不可能有两个相交的圈。枝长和圈长都是根据枝中弧的条数和圈中弧的条数来定义的。

定理1.15　　设 $0 \neq f(x) \in \mathbb{F}_2[x]$, 则 LFSR$(f)$ 的状态图仅由圈构成当且仅当 $f(0) \neq 0$。

证明　　显然, LFSR(f) 的状态图都由圈构成 (即没有枝) 当且仅当 $G(f(x))$ 中的每个序列都是周期的, 又由推论 1.3可知, $G(f(x))$ 中的每个序列都是周期的当且仅当 $f(0) \neq 0$。　　　　　　　　□

注 1.12　　设 $f(x) \in \mathbb{F}_2[x]$, $f(0) \neq 0$, 则 LFSR(f) 的状态图中全 0 状态的下一状态还是全 0 状态, 所以全 0 状态总是单独构成一个长度为 1 的圈。由此知, LFSR(f) 的状态图中至少有两个圈。

定义 1.5　　设 $\underline{a}$ 和 $\underline{b}$ 是两个周期序列, 若存在 $k \geqslant 0$, 使得 $\underline{a} = x^k \underline{b}$, 则称序列 $\underline{a}$ 和 $\underline{b}$ 是平移等价的。

显然, 若 $\underline{a}$ 和 $\underline{b}$ 平移等价, 则 $\underline{b}$ 和 $\underline{a}$ 也平移等价。

注 1.13　　若 $\underline{a}$ 是一个周期序列, 其周期等于 T, 则与 $\underline{a}$ 平移等价的所有序列为 $\{\underline{a}, x\underline{a}, x^2\underline{a}, \cdots, x^{T-1}\underline{a}\}$。称 $\{\underline{a}, x\underline{a}, x^2\underline{a}, \cdots, x^{T-1}\underline{a}\}$ 为 $\underline{a}$ 所在的平移等价类。

显然, LFSR(f) 的状态图中圈长为 S 的圈的个数等于 $G(f(x))$ 中周期为 S 的序列的平移等价类个数, 或者说 $N_1(S) = N_2(S)/S$, 其中 $N_1(S)$ 表示 LFSR(f) 的状态图中圈长为 S 的圈的个数, $N_2(S)$ 表示 $G(f(x))$ 中周期为 S 的序列的个数。

下面来讨论如何由 $f(x)$ 计算 LFSR(f) 的状态图中圈的个数以及各个圈长的圈的个数。

引理 1.8　　设 $f(x) \in \mathbb{F}_2[x]$ 是 n 次不可约多项式, 且 $f(0) \neq 0$, $T = \mathrm{per}(f(x))$, 则 LFSR(f) 中共有 $1 + (2^n - 1)/T$ 个圈, 其中有 1 个长度为 1 的圈, $(2^n - 1)/T$ 个长度为 T 的圈。

证明　　因为 $f(x)$ 不可约, 所以对于 $\underline{0} \neq \underline{a} \in G(f(x))$, 有 $\mathrm{per}(\underline{a}) = \mathrm{per}(f(x))$, 从而结论显然成立。　　　　　　　　□

下面考虑 LFSR$\left(f(x)^k\right)$ 中圈的分布情况, 其中 $k \geqslant 2$, $f(x) \in \mathbb{F}_2[x]$ 是 n 次不可约多项式, $f(0) \neq 0$, 并设 $T = \mathrm{per}(f(x))$。

不妨设 $f(x) \neq x+1$(此种情形一样可以考虑)。设 $2^{m-1} < k \leqslant 2^m$，因为 $G\left(f(x)^k\right)$ 中序列的极小多项式形如 $f(x)^s \, (1 \leqslant s \leqslant k)$，并且

$$\operatorname{per}\left(f(x)^{2^{i-1}+1}\right) = \operatorname{per}\left(f(x)^{2^{i-1}+2}\right) = \cdots = \operatorname{per}\left(f(x)^{2^i}\right) = 2^i T$$

所以 $\mathrm{LFSR}\left(f(x)^k\right)$ 中非零圈的长度必为 $2^l T$，其中 $0 \leqslant l \leqslant m$。

（1）圈长为 1 的圈只有零圈，所以只有一个。

（2）序列 $\underline{a} \in G\left(f(x)^k\right)$ 的周期为 T 当且仅当序列 $\underline{a}$ 的极小多项式是 $f(x)$。而以 $f(x)$ 为极小多项式的序列的个数为 $2^n - 1$，所以圈长为 T 的圈的个数为 $(2^n - 1)/T$。

（3）下面考虑圈长为 $2^l T$ 的圈的个数。

情形 1：$1 \leqslant l \leqslant m-1$。

设 $\underline{a} \in G\left(f(x)^k\right)$，则 $\operatorname{per}(\underline{a}) = 2^l T$ 当且仅当 $\underline{a} \in G\left(f(x)^{2^l}\right) \backslash G\left(f(x)^{2^{l-1}}\right)$，因此 $G\left(f(x)^k\right)$ 中周期为 $2^l T$ 的序列的个数为

$$\left| G\left(f(x)^{2^l}\right) \backslash G\left(f(x)^{2^{l-1}}\right) \right| = \left| G\left(f(x)^{2^l}\right) \right| - \left| G\left(f(x)^{2^{l-1}}\right) \right| = 2^{2^l \times n} - 2^{2^{l-1} \times n}$$

所以 $\mathrm{LFSR}\left(f(x)^k\right)$ 状态图中圈长为 $2^l T$ 的圈的个数为

$$\frac{2^{2^l \times n} - 2^{2^{l-1} \times n}}{2^l T}$$

情形 2：$l = m$。

与情形 1 类似，$G\left(f(x)^k\right)$ 中周期为 $2^l T$ 的序列的个数为

$$\left| G\left(f(x)^k\right) \backslash G\left(f(x)^{2^{m-1}}\right) \right| = \left| G\left(f(x)^k\right) \right| - \left| G\left(f(x)^{2^{m-1}}\right) \right| = 2^{kn} - 2^{2^{m-1}n}$$

所以 $G\left(f(x)^k\right)$ 状态图中圈长为 $2^m T$ 的圈的个数为

$$\frac{2^{kn} - 2^{2^{m-1}n}}{2^m T}$$

对于一般的多项式 $f(x)$，考虑 $\mathrm{LFSR}(f)$ 中圈的分布情况，首先给出标准分解：

$$f(x) = q_1(x)^{r_1} q_2(x)^{r_2} \cdots q_s(x)^{r_s}$$

再利用 $G(f(x)) = G(q_1(x)^{r_1}) \oplus G(q_2(x)^{r_2}) \oplus \cdots \oplus G(q_s(x)^{r_s})$，可以给出 $\mathrm{LFSR}(f)$ 中圈的分布情况。具体留给读者思考。

1.6　LFSR 序列的迹表示和根表示

下面介绍序列的迹表示和根表示。记 Tr 表示 $\mathbb{F}_{2^n}$ 的绝对迹。首先给出有限域上关于线性变换的一个结论。

引理 1.9　设 F 是有限域 K 的有限扩张，F 和 K 都视为 K 上的向量空间，则 F 到 K 的线性变换恰为映射 L_β，$\beta \in F$，其中 $L_\beta(\alpha) = \mathrm{Tr}_{F/K}(\beta\alpha)\,(\alpha \in F)$。进一步，对于 β，$\gamma \in F$，当 $\beta \neq \gamma$ 时，$L_\beta \neq L_\gamma$ [1]。

定理 1.16　设 $f(x) \in \mathbb{F}_2[x]$ 是 n 次不可约多项式，$\alpha \in \mathbb{F}_{2^n}$ 是 $f(x)$ 的一个根。对于任意 $\underline{a} = (a_0, a_1, a_2, \cdots) \in G(f(x))$，存在唯一 $\beta \in \mathbb{F}_{2^n}$，使得 $a_i = \mathrm{Tr}(\beta\alpha^i)\,(i = 0, 1, \cdots)$；反之，对于 $\beta \in \mathbb{F}_{2^n}$，记 $a_i = \mathrm{Tr}(\beta\alpha^i)$，则序列 $\underline{a} = (a_0, a_1, a_2, \cdots) \in G(f(x))$。

证明　因为 $a_i = \mathrm{Tr}(\beta\alpha^i) \in \mathbb{F}_2$，所以 $\underline{a} = (a_0, a_1, a_2, \cdots)$ 是 $\mathbb{F}_2$ 上的序列。设 $f(x) = x^n + c_{n-1}x^{n-1} + \cdots + c_0$，对于 $\beta \in \mathbb{F}_{2^n}$，$k = 0, 1, \cdots$，有

$$\mathrm{Tr}(\beta\alpha^{n+k}) + c_{n-1}\mathrm{Tr}(\beta\alpha^{n+k-1}) + \cdots + c_0\mathrm{Tr}(\beta\alpha^k)$$
$$= \mathrm{Tr}\left(\beta\alpha^{n+k} + c_{n-1}\beta\alpha^{n+k-1} + \cdots + c_0\beta\alpha^k\right)$$
$$= \mathrm{Tr}\left(\beta\alpha^k\left(\alpha^n + c_{n-1}\alpha^{n-1} + \cdots + c_0\right)\right)$$
$$= \mathrm{Tr}(0) = 0$$

所以 $(\mathrm{Tr}(\beta), \mathrm{Tr}(\beta\alpha), \mathrm{Tr}(\beta\alpha^2), \cdots) \in G(f(x))$。

下面只要证明，对于 β，$\gamma \in \mathbb{F}_{2^n}$，若 $\beta \neq \gamma$，则有

$$(\mathrm{Tr}(\beta), \mathrm{Tr}(\beta\alpha), \mathrm{Tr}(\beta\alpha^2), \cdots) \neq (\mathrm{Tr}(\gamma), \mathrm{Tr}(\gamma\alpha), \mathrm{Tr}(\gamma\alpha^2), \cdots)$$

因为 $\beta \neq \gamma$，由引理 1.9可知，$\mathrm{Tr}(\beta x)$ 和 $\mathrm{Tr}(\gamma x)$ 是 $\mathbb{F}_{2^n}$ 到 $\mathbb{F}_2$ 的不同线性映射，又因为 1，α，$\cdots$，α^{n-1} 是 $\mathbb{F}_{2^n}/\mathbb{F}_2$ 的一组基，从而有

$$(\mathrm{Tr}(\beta), \mathrm{Tr}(\beta\alpha), \cdots, \mathrm{Tr}(\beta\alpha^{n-1})) \neq (\mathrm{Tr}(\gamma), \mathrm{Tr}(\gamma\alpha), \cdots, \mathrm{Tr}(\gamma\alpha^{n-1}))$$

所以

$$(\mathrm{Tr}(\beta), \mathrm{Tr}(\beta\alpha), \mathrm{Tr}(\beta\alpha^2), \cdots) \neq (\mathrm{Tr}(\gamma), \mathrm{Tr}(\gamma\alpha), \mathrm{Tr}(\gamma\alpha^2), \cdots)$$

由此知，形如 $(\mathrm{Tr}(\beta), \mathrm{Tr}(\beta\alpha), \mathrm{Tr}(\beta\alpha^2), \cdots)$ 的序列共有 2^n 个，而 $G(f(x))$ 中序列恰有 2^n 个，所以结论成立。　　　　□

由定理 1.16 可以得到以下推论。

推论 1.5　设 $f(x) \in \mathbb{F}_2[x]$ 是 n 次不可约多项式，α_1，α_2，$\cdots$，$\alpha_n \in \mathbb{F}_{2^n}$ 是 $f(x)$ 的 n 个根，则对于任意 $\underline{a} = (a_0, a_1, \cdots) \in G(f(x))$，存在唯一 β_1，β_2，$\cdots$，$\beta_n \in \mathbb{F}_{2^n}$，使得

$$a_k = \beta_1\alpha_1^k + \cdots + \beta_n\alpha_n^k, \quad k = 0, 1, 2, \cdots$$

反之，设 β_1，β_2，$\cdots$，$\beta_n \in \mathbb{F}_{2^n}$，若 $a_k = \beta_1\alpha_1^k + \cdots + \beta_n\alpha_n^k \in \mathbb{F}_2$，则有

$$\underline{a} = (a_0, a_1, \cdots) \in G(f(x))$$

证明　第一个结论由定理 1.16 直接得到。

反之，因为 $\underline{a} = (a_0, a_1, \cdots)$ 是 $\mathbb{F}_2$ 上的序列，其中 $a_k = \beta_1 \alpha_1^k + \cdots + \beta_n \alpha_n^k \in \mathbb{F}_2$，$\alpha_i$ 是 $f(x)$ 的根，所以可以验证 $\underline{a}$ 满足 $f(x)\underline{a} = \underline{0}$，从而得到 $\underline{a} \in G(f(x))$。　　□

一般情况见定理 1.17。

定理 1.17　设 $f(x) \in \mathbb{F}_2[x]$ 是 n 次无重因子多项式，$f(0) \neq 0$，$\mathbb{F}_{2^m}$ 是 $f(x)$ 的分裂域，$\alpha_1, \alpha_2, \cdots, \alpha_n \in \mathbb{F}_{2^m}$ 是 $f(x)$ 的全部根，则对于任意 $\underline{a} = (a_0, a_1, \cdots) \in G(f(x))$，存在唯一 $\beta_1, \beta_2, \cdots, \beta_n \in \mathbb{F}_{2^m}$，使得

$$a_k = \beta_1 \alpha_1^k + \cdots + \beta_n \alpha_n^k, \quad k = 0, 1, 2, \cdots$$

反之，设 $\beta_1, \beta_2, \cdots, \beta_n \in \mathbb{F}_{2^m}$，若 $a_k = \beta_1 \alpha_1^k + \cdots + \beta_n \alpha_n^k \in \mathbb{F}_2$，则有

$$\underline{a} = (a_0, a_1, a_2, \cdots) \in G(f(x))$$

此时 $f(x)$ 是 $\underline{a}$ 的极小多项式当且仅当所有 $\beta_i \neq 0$。

证明　因为 $f(x)$ 是无重因子多项式，所以可设 $f(x) = f_1(x) \cdots f_s(x)$，其中 $f_1(x)$，$\cdots$，$f_s(x)$ 是两两不同的不可约多项式。因为

$$G(f(x)) = G(f_1(x)) \oplus \cdots \oplus G(f_s(x))$$

所以对于 $\underline{a} \in G(f(x))$，存在唯一的 $\underline{b}_i \in G(f_i(x))\,(i = 1, 2, \cdots, s)$，使得 $\underline{a} = \underline{b}_1 + \cdots + \underline{b}_s$，再由推论 1.5 知，存在唯一 $\beta_1, \beta_2, \cdots, \beta_n \in \mathbb{F}_{2^m}$，使得

$$a_k = \beta_1 \alpha_1^k + \cdots + \beta_n \alpha_n^k$$

对于第二个结论，与推论 1.5 相同，直接验证 $f(x)\underline{a} = \underline{0}$ 即 $\underline{a} \in G(f(x))$。关于 $f(x)$ 为 $\underline{a}$ 的极小多项式的充分必要条件是什么，作为习题留给读者考虑。　　□

下面给出序列根表示在采样序列研究中的应用。设 $\underline{a} = (a_0, a_1, \cdots)$ 是 LFSR 序列，s 是一正整数，序列

$$\underline{a}^{(s)} = (a_0, a_s, a_{2s}, \cdots)$$

称为序列 $\underline{a}$ 的 s-采样。

问题是：$\underline{a}^{(s)}$ 是否还是 LFSR 序列？如果是 LFSR 序列，那么 $\underline{a}^{(s)}$ 的极小多项式和周期与原序列 $\underline{a}$ 的极小多项式和周期有什么关系？

推论 1.6　设 $f(x) \in \mathbb{F}_2[x]$ 是一个 n 次不可约多项式，α 为 $f(x)$ 的一个根，$\underline{a} \in G(f(x))$，若 $\underline{a}^{(s)} \neq \underline{0}$，则 $\underline{a}^{(s)}$ 的极小多项式就是 α^s 的极小多项式。

证明　设 $\alpha_1, \alpha_2, \cdots, \alpha_n \in \mathbb{F}_{2^n}$ 是 $f(x)$ 全部根，其中 $\alpha_1 = \alpha$，由序列的根表示知，存在 $\beta_1, \beta_2, \cdots, \beta_n \in \mathbb{F}_{2^n}$，使得

$$a_k = \beta_1 \alpha_1^k + \cdots + \beta_n \alpha_n^k, \quad k = 0, 1, 2, \cdots$$

从而有

$$a_{ks} = \beta_1 \alpha_1^{ks} + \cdots + \beta_n \alpha_n^{ks}$$

$$= \beta_1 \left(\alpha_1^s\right)^k + \cdots + \beta_n \left(\alpha_n^s\right)^k$$

设 $g(x)$ 是 α^s 的极小多项式, 因为 α_1^s, $\cdots$, α_n^s 都是 α^s 的共轭元, 再由序列根表示可知 $\underline{a}^{(s)} \in G(g(x))$, 而 $\underline{a}^{(s)} \neq \underline{0}$ 且 $g(x)$ 不可约, 所以 $g(x)$ 是 $\underline{a}^{(s)}$ 的极小多项式 (注意: α_1^s, $\cdots$, α_n^s 不一定是两两不同的)。 □

注 1.14　当 $\underline{a}^{(s)} \neq \underline{0}$ 时, 根据推论 1.6 和序列周期与其极小多项式周期之间的关系, 显然有

$$\operatorname{per}\left(\underline{a}^{(s)}\right) = \operatorname{ord}\left(\alpha^s\right) = \frac{\operatorname{ord}\left(\alpha\right)}{\gcd\left(s,\ \operatorname{ord}\left(\alpha\right)\right)} = \frac{\operatorname{per}\left(\underline{a}\right)}{\gcd\left(s,\ \operatorname{per}\left(\underline{a}\right)\right)}$$

注 1.15　设 $f(x)$ 不可约, $T = \operatorname{per}(f(x))$, $1 \leqslant s \leqslant T - 1$, $0 \neq \underline{a} \in G(f(x))$, 若 s 与 T 互素, 则 $\underline{a}^{(s)} \neq \underline{0}$。

下面进一步讨论序列的极小多项式含重根时, 序列的根表示如何给出。

定理 1.18　设 $0 \neq \alpha \in \mathbb{F}_q$, u 是正整数, $f(x) = (x - \alpha)^u$, 令

$$\underline{a}_k = \left(\binom{0}{k}, \binom{1}{k}\alpha, \binom{2}{k}\alpha^2, \cdots\right)$$

(1) $\underline{a}_0$, $\underline{a}_1$, $\cdots$, $\underline{a}_{u-1} \in G(f(x))$ 且 $\underline{a}_{u-1}$ 以 $f(x)$ 为极小多项式;

(2) $\underline{a}_0$, $\underline{a}_1$, $\cdots$, $\underline{a}_{u-1}$ 是 $G(f(x))$ 中的一组 $\mathbb{F}_q$-基;

(3) 对于任意 $\underline{a} \in G(f(x))$, 存在唯一 β_0, β_1, $\cdots$, $\beta_{u-1} \in \mathbb{F}_q$, 使得

$$\underline{a} = \beta_0 \underline{a}_0 + \beta_1 \underline{a}_1 + \cdots + \beta_{u-1} \underline{a}_{u-1}$$

证明　(1) 显然 $\underline{a}_0 \in G(f(x))$。

下面设 $k \geqslant 1$, 考虑 $\underline{a}_k = \left(\binom{0}{k}, \binom{1}{k}\alpha, \binom{2}{k}\alpha^2, \cdots\right)$。因为

$$\binom{j+1}{k} = \binom{j}{k} + \binom{j}{k-1}, \quad j = 0, 1, 2, \cdots$$

所以 $x\underline{a}_k = \alpha\left(\underline{a}_k + \underline{a}_{k-1}\right)$, 即 $(x - \alpha)\underline{a}_k = \alpha\underline{a}_{k-1}$, 从而有

$$(x - \alpha)^k \underline{a}_k = \alpha(x - \alpha)^{k-1}\underline{a}_{k-1} = \cdots = \alpha^{k-1}(x - \alpha)\underline{a}_1 = \alpha^k \underline{a}_0 \neq \underline{0}$$

因为 $\underline{a}_0 = (1, \alpha, \alpha^2, \cdots)$, 所以

$$(x - \alpha)^{k+1} \underline{a}_k = \alpha^k (x - \alpha)\underline{a}_0 = \underline{0}$$

即 $\underline{a}_k$ 以 $(x - \alpha)^{k+1}$ 为极小多项式, 结论成立。

(2) 因为 $\underline{a}_k$ 中前 $k - 1$ 项为 0, 所以 $\underline{a}_0$, $\underline{a}_1$, $\cdots$, $\underline{a}_{u-1}$ 是 $\mathbb{F}_q$-线性无关的, 又因为 $G(f(x))$ 是 u 维线性空间, 所以结论成立。

(3) 由 (2) 直接得到。 □

定理 1.19　　（含重根序列的根表示）设 $f(x) \in \mathbb{F}_q[x]$ 是首一多项式，并设在其分裂域 E 上有

$$f(x) = (x - \alpha_1)^{u_1} (x - \alpha_2)^{u_2} \cdots (x - \alpha_n)^{u_n}$$

对于 $i = 1, 2, \cdots, n$ 和 $j = 0, 1, \cdots, u_i - 1$，令

$$\underline{a}_{ij} = (a_{ij0}, a_{ij1}, a_{ij2}, \cdots) = \left(\binom{0}{j}, \binom{1}{j}\alpha_i, \binom{2}{j}\alpha_i^2, \cdots \right)$$

则对于 $\underline{b} = (b_0, b_1, \cdots) \in G(f(x))$，存在唯一 $\lambda_{ij} \in E$，使得

$$\underline{b} = \sum_{i=1}^{n} \sum_{j=0}^{u_i-1} \lambda_{ij} \underline{a}_{ij}$$

即

$$
\begin{aligned}
b_k &= \sum_{i=1}^{n} \sum_{j=0}^{u_i-1} \lambda_{ij} a_{ijk} \\
&= \sum_{i=1}^{n} \left(\lambda_{i0} \binom{k}{0} + \cdots + \lambda_{i,\,u_i-1} \binom{k}{u_i - 1} \right) \alpha_i^k \\
&= \lambda_{10} \binom{k}{0} \alpha_1^k + \cdots + \lambda_{1,\,u_1-1} \binom{k}{u_1 - 1} \alpha_1^k + \cdots \\
&\quad + \lambda_{n0} \binom{k}{0} \alpha_n^k + \cdots + \lambda_{n,\,u_n-1} \binom{k}{u_n - 1} \alpha_n^k \\
&= \left(\lambda_{10} \binom{k}{0} + \cdots + \lambda_{1,\,u_1-1} \binom{k}{u_1 - 1} \right) \alpha_1^k + \cdots \\
&\quad + \left(\lambda_{n0} \binom{k}{0} + \cdots + \lambda_{n,\,u_n-1} \binom{k}{u_n - 1} \right) \alpha_n^k
\end{aligned}
$$

证明留作思考。

1.7　LFSR 序列的有理分式表示

设 $\underline{a} = (a_0, a_1, a_2, \cdots) \in \mathbb{F}_2^\infty$，称形式幂级数

$$A(x) = \sum_{i=0}^{\infty} a_i x^i$$

为序列 $\underline{a}$ 的母函数。

$\mathbb{F}_2$ 上的所有形式幂级数集记为

$$\mathbb{F}_2[[x]] \stackrel{\text{def}}{=\!=} \left\{ \sum_{i=0}^{\infty} a_i x^i \middle| a_i \in \mathbb{F}_2 \right\}$$

在 $\mathbb{F}_2[[x]]$ 上定义加法和乘法。

对于 $A(x) = a_0 + a_1 x + \cdots$，$B(x) = b_0 + b_1 x + \cdots \in \mathbb{F}_2[[x]]$，有

$$A(x) + B(x) \xlongequal{\text{def}} (a_0 + b_0) + (a_1 + b_1)x + \cdots$$

$$A(x)B(x) \xlongequal{\text{def}} a_0 b_0 + (a_0 b_1 + a_1 b_0)x + (a_0 b_2 + a_1 b_1 + a_2 b_0)x^2 + \cdots$$

这样 $\mathbb{F}_2[[x]]$ 构成一个环，而且是一个整环，多项式环 $\mathbb{F}_2[x]$ 构成 $\mathbb{F}_2[[x]]$ 的子环。进一步，若 $A(x) = a_0 + a_1 x + \cdots \in \mathbb{F}_2[[x]]$，则 $A(x)$ 是环 $\mathbb{F}_2[[x]]$ 中的可逆元当且仅当 $a_0 = 1$。

定义 1.6　设 $f(x)$，$g(x) \in \mathbb{F}_2[x]$ 且 $f(x) \neq 0$，若存在形式幂级数：

$$A(x) = \sum_{i=0}^{\infty} a_i x^i \in \mathbb{F}_2[[x]]$$

使得 $f(x)A(x) = g(x)$，则记 $g(x)/f(x) \xlongequal{\text{def}} A(x)$，并称序列 $\underline{a} = (a_0,\, a_1,\, \cdots)$ 是有理分式 $g(x)/f(x)$ 的导出序列。反之，设 $\underline{a} = (a_0,\, a_1,\, \cdots) \in \mathbb{F}_2^{\infty}$，若存在 $f(x)$，$g(x) \in \mathbb{F}_2[x]$，使得

$$g(x)/f(x) = \sum_{i=0}^{\infty} a_i x^i$$

则称 $g(x)/f(x)$ 是序列 $\underline{a}$ 的有理分式表示。

对于任意的 $f(x)$，$g(x) \in \mathbb{F}_2[x]$，有理分式 $g(x)/f(x)$ 不一定有导出序列，即不一定存在幂级数 $A(x)$，使得 $f(x)A(x) = g(x)$。

定理 1.20　设 $f(x) = x^i f_1(x)$，$g(x) = x^j g_1(x) \in \mathbb{F}_2[x]$，其中 $f_1(0) = 1$，$g_1(0) = 1$，则存在 $A(x) \in \mathbb{F}_2[[x]]$，使得 $g(x)/f(x) = A(x)$ 当且仅当 $i \leqslant j$。从而当有理分式 $g(x)/f(x)$ 既约时，即当 $\gcd(f(x),\, g(x)) = 1$ 时，有理分式 $g(x)/f(x)$ 存在导出序列当且仅当 $f(0) = 1$。

证明　必要性：设 $A(x) \in \mathbb{F}_2[[x]]$，使得 $g(x)/f(x) = A(x)$，即

$$x^j g_1(x) = x^i f_1(x)A(x)$$

注意到 $f_1(0) = g_1(0) = 1$，比较两端最低次项得 $i \leqslant j$。

充分性：设 $i \leqslant j$。因为 $f_1(0) = 1$，所以 $f_1(x)$ 在 $\mathbb{F}_2[[x]]$ 中可逆，即存在 $B(x) \in \mathbb{F}_2[[x]]$，使得 $f_1(x)B(x) = 1$，两边乘 x^i 得 $f(x)B(x) = x^i$，两边再乘 $x^{j-i}g_1(x)$，得

$$f(x)A(x) = g(x)$$

式中，$A(x) = B(x)x^{j-i}g_1(x)$，即 $g(x)/f(x) = A(x)$。　　　　　$\square$

注 1.16　(1) 设 $0 \neq f(x) \in \mathbb{F}_2[x]$，若有理分式 $g(x)/f(x)$ 存在导出序列，则导出序列必定是唯一的。

这是因为：若 $g(x)/f(x) = A(x)$，$g(x)/f(x) = B(x)$，则 $g(x) = f(x)A(x)$，$g(x) = f(x)B(x)$，从而有

$$0 = f(x)A(x) + f(x)B(x) = f(x)(A(x) - B(x))$$

因为 $\mathbb{F}_2[[x]]$ 是整环, 所以 $A(x)=B(x)$。

(2) 设有理分式 $g(x)/f(x)$ 存在导出序列, 则对于任意 $0\neq h(x)\in\mathbb{F}_2[x]$,

$$\frac{g(x)}{f(x)} \text{ 与 } \frac{h(x)g(x)}{h(x)f(x)}$$

有相同的导出序列。

这是因为: 设 $g(x)/f(x)=A(x)$, 则 $g(x)=f(x)A(x)$, 两边乘 $h(x)$, 得 $h(x)g(x)=h(x)f(x)A(x)$, 从而有 $h(x)g(x)/h(x)f(x)=A(x)$。

(3) 设

$$\frac{g_1(x)}{f_1(x)}=A(x)=\sum_{i=0}^{\infty}a_ix^i, \qquad \frac{g_2(x)}{f_2(x)}=B(x)=\sum_{i=0}^{\infty}b_ix^i$$

则有

$$\frac{g_1(x)}{f_1(x)}+\frac{g_2(x)}{f_2(x)}=A(x)+B(x)=\sum_{i=0}^{\infty}(a_i+b_i)x^i$$

这是因为

$$g_1(x)=f_1(x)A(x), \qquad g_2(x)=f_2(x)B(x)$$

从而有

$$f_2(x)g_1(x)=f_1(x)f_2(x)A(x), \qquad f_1(x)g_2(x)=f_1(x)f_2(x)B(x)$$

两式相加, 得

$$f_2(x)g_1(x)+f_1(x)g_2(x)=f_1(x)f_2(x)(A(x)+B(x))$$

所以

$$A(x)+B(x)=\frac{f_2(x)g_1(x)+f_1(x)g_2(x)}{f_1(x)f_2(x)}=f_2(x)g_1(x)+f_1(x)g_2(x)$$

(4) 任意一个准周期序列必存在有理分式表示, 并且其既约有理表示是唯一的。反之, 若有理分式 $g(x)/f(x)$ 存在导出序列, 则其导出序列必是准周期序列, 从而序列 $\underline{a}$ 存在有理分式表示当且仅当 $\underline{a}$ 是准周期序列 (留作思考题)。

由定理 1.20 可知, 只需考虑满足 $f(0)=1$ 的有理分式 $g(x)/f(x)$。

定理 1.21 设 $f(x),g(x)\in\mathbb{F}_2[x],f(0)=1,\underline{a}=(a_0,a_1,\cdots)$ 是有理分式 $g(x)/f(x)$ 的导出序列, 则 $\underline{a}$ 是周期的当且仅当 $\deg g(x)<\deg f(x)$。

证明 记 $A(x)=\sum_{i=0}^{\infty}a_ix^i$。

设 $\underline{a}$ 是周期的且 $\mathrm{per}(\underline{a})=T$, 则有

$$(1+x^T)A(x)=\sum_{i=0}^{T-1}a_ix^i$$

所以

$$\frac{\sum_{i=0}^{T-1} a_i x^i}{1 + x^T} = A(x) = \frac{g(x)}{f(x)}$$

而 $\deg \sum_{i=0}^{T-1} a_i x^i < T = \deg(1 + x^T)$，因此 $\deg g(x) < \deg f(x)$。

反之，设 $\deg g(x) < \deg f(x)$。若 $R = \mathrm{per}(f)$，则 $f(x) \mid (x^R - 1)$，记 $h(x) = (x^R + 1)/f(x)$，得

$$A(x) = \frac{g(x)}{f(x)} = \frac{h(x)g(x)}{x^R + 1}$$

从而有

$$
\begin{aligned}
h(x)g(x) &= (x^R + 1)A(x) \\
&= \sum_{i=0}^{R-1} a_i x^i + (a_0 + a_R)x^R + (a_1 + a_{1+R})x^{1+R} + \cdots \\
&= \sum_{i=0}^{R-1} a_i x^i + \sum_{i=0}^{\infty} (a_i + a_{i+R}) x^{i+R}
\end{aligned}
$$

又由 $\deg g(x) < \deg f(x)$ 知 $\deg(h(x)g(x)) < R$。比较上式等号两边的系数得

$$\sum_{i=0}^{\infty} (a_i + a_{i+R}) x^{i+R} = 0$$

即 $a_{i+R} = a_i (i = 0, 1, \cdots)$，从而得到 $\underline{a}$ 是周期序列。 $\square$

定理 1.22 设 $0 \neq f(x) \in \mathbb{F}_2[x]$，对于任意 $\underline{a} = (a_0, a_1, a_2, \cdots) \in G(f(x))$，记 $A(x) = \sum_{i=0}^{\infty} a_i x^i$，则存在 $g(x) \in \mathbb{F}_2[x]$，且 $\deg g(x) < \deg f(x)$，使得

$$\frac{g(x)}{f(x)^*} = A(x)$$

式中，$f(x)^*$ 是 $f(x)$ 的互反多项式。

证明 设 $f(x) = x^n + c_1 x^{n-1} + \cdots + c_{n-1} x + c_n$，则有

$$f(x)^* = 1 + c_1 x + \cdots + c_{n-1} x^{n-1} + c_n x^n$$

因为 $\underline{a} = (a_0, a_1, a_2, \cdots) \in G(f(x))$，所以

$$a_{i+n} + c_1 a_{i+n-1} + \cdots + c_n a_i = 0, \quad i = 0, 1, \cdots$$

从而有

$$A(x)f(x)^* = a_0 + (a_1 + c_1 a_0)x + \cdots + (a_{n-1} + c_1 a_{n-2} + \cdots + c_{n-1}a_0)x^{n-1}$$

$$= g(x)$$

即 $A(x) = g(x)/f(x)^*$，并且 $\deg g(x) < \deg f(x)$。　　　　　　　　　　□

定理 1.23　设 $f(x)$, $g(x) \in \mathbb{F}_2[x]$，$f(0) = 1$，$n = \deg f(x)$，$m = \deg g(x)$，$\underline{a} = (a_0, a_1, a_2, \cdots)$ 是 $g(x)/f(x)$ 的导出序列。

（1）当 $g(x) = 0$ 或 $m < n$ 时，$\underline{a} \in G(f(x)^*)$，即 $f(x)$ 的互反多项式 $f(x)^*$ 是 $\underline{a}$ 的一个特征多项式。进一步，当 $g(x)/f(x)$ 既约时，$f(x)^*$ 是 $\underline{a}$ 的极小多项式。

（2）当 $m \geqslant n$ 时，$\underline{a} \in G(x^{m-n+1}f(x)^*)$，即 $x^{m-n+1}f(x)^*$ 是 $\underline{a}$ 的一个特征多项式。进一步，当 $g(x)/f(x)$ 既约时，$x^{m-n+1}f(x)^*$ 是 $\underline{a}$ 的极小多项式。

证明　不妨设 $g(x) \neq 0$，设 $f(x) = x^n + c_1 x^{n-1} + \cdots + c_{n-1}x + 1$，则有

$$f(x)^* = x^n + c_{n-1}x^{n-1} + \cdots + c_1 x + c_0$$

式中，$c_0 = 1$。记 $A(x) = \sum_{k=0}^{\infty} a_k x^k$，则 $A(x)f(x) = g(x)$。

（1）注意到 $m < n$，比较 $A(x)f(x) = g(x)$ 等号两边的系数，得

$$a_{n+i} + c_{n-1}a_{n-1+i} + \cdots + c_0 a_i = 0, \quad i = 0, 1, 2, \cdots$$

所以 $\underline{a} = (a_0, a_1, a_2, \cdots) \in G(f(x)^*)$。

进一步，设 $g(x)/f(x)$ 是既约的。因为 $f(0) = 1$，所以 $\deg f(x)^* = \deg f(x)$。

设 $h(x)$ 是 $\underline{a}$ 的极小多项式，则 $h(x)|f(x)^*$，从而 $h(0) = 1$。由定理 1.22知，存在 $g_1(x) \in \mathbb{F}_2[x]$，使得 $A(x) = g_1(x)/h(x)^*$，即

$$g(x)/f(x) = g_1(x)/h(x)^*$$

又因为 $g(x)/f(x)$ 是既约的，所以 $\deg f(x) \leqslant \deg h(x)^*$，从而有

$$\deg f(x) \leqslant \deg h(x)^* \leqslant \deg h(x) \leqslant \deg f(x)^* = \deg f(x)$$

得 $h(x) = f(x)^*$，即 $f(x)^*$ 是 $\underline{a}$ 的极小多项式。

（2）设 $k = m - n \geqslant 0$，并设 $g(x) = u(x)f(x) + v(x)$，其中 $\deg u(x) = k$，而 $v(x) = 0$ 或 $\deg v(x) < \deg f(x)$。

设 $v(x)/f(x) = \sum_{i=0}^{\infty} b_i x^i$，$u(x) = u_0 + u_1 x + \cdots + u_k x^k$，其中 $u_k = 1$，并记 $\underline{b} = (b_0, b_1, \cdots)$，$\underline{u} = (u_0, u_1, \cdots, u_k, 0, 0, \cdots)$。由

$$A(x) = \frac{g(x)}{f(x)} = u(x) + \frac{v(x)}{f(x)}$$

知 $\underline{a} = \underline{b} + \underline{u}$，显然 x^{k+1} 是序列 $\underline{u}$ 的极小多项式，而由本定理的（1）知 $f(x)^*$ 是序列 $\underline{b}$ 的特征多项式，所以 $x^{k+1}f(x)^*$ 是序列 $\underline{a}$ 的特征多项式。

进一步，若 $g(x)/f(x)$ 是既约的，则 $v(x)/f(x)$ 也是既约的，从而由本定理的（1）知 $f(x)^*$ 是序列 $\underline{b}$ 的极小多项式，所以 $x^{k+1}f(x)^*$ 是序列 $\underline{a}$ 的极小多项式。　　　□

若 $h(x)$ 是序列 $\underline{a}$ 的一个特征多项式，则对于任意非负整数 k，$x^k h(x)$ 仍是 $\underline{a}$ 的一个特征多项式，从而由定理 1.23 得到下面的推论。

推论 1.7　设 $f(x)/g(x)$ 是 $\mathbb{F}_2$ 上的既约有理分式且 $f(0)=1$，$\underline{a}=(a_0,\,a_1,\,\cdots)$ 是 $g(x)/f(x)$ 的导出序列，则 $\mathrm{LC}(\underline{a})=\max\{\deg f(x),\,1+\deg g(x)\}$，且对于任意满足 $k>\deg g(x)-\deg f(x)$ 的非负整数 k，$x^k f(x)^*$ 是 $\underline{a}$ 的一个特征多项式。

1.8　Galois 线性反馈移位寄存器

下面介绍 Galois 线性反馈移位寄存器，它也称为自律线性自动机。

n 级 Galois 线性反馈移位寄存器由 n 个寄存器和 n 个线性反馈函数构成，如图 1.7 所示。

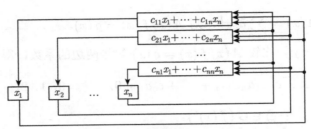

图 1.7　n 级 Galois 线性反馈移位寄存器

记

$$A=\begin{pmatrix} c_{11} & c_{21} & \cdots & c_{n1} \\ c_{12} & c_{22} & \cdots & c_{n2} \\ \vdots & \vdots & & \vdots \\ c_{1n} & c_{2n} & \cdots & c_{nn} \end{pmatrix}$$

输入反馈移位寄存器的初态 $(x_1,\,\cdots,\,x_n)=(a_1(0),\,\cdots,\,a_n(0))$，并记寄存器 x_i 的输出序列为 $\underline{a}_i=(a_i(0),\,a_i(1),\,\cdots)(i=1,\,2,\,\cdots,\,n)$，则序列 $\underline{a}_i$ 满足递归关系：

$$(a_1(k),\,\cdots,\,a_n(k))=(a_1(0),\,\cdots,\,a_n(0))A^k,\quad k=0,\,1,\,\cdots$$

称 A 为该 Galois 线性反馈移位寄存器的状态转移矩阵，$(a_1(k),\,\cdots,\,a_n(k))$ 为 k 时刻状态。

下面给出本节的主要定理。

定理 1.24　设 n 级 Galois 线性反馈移位寄存器（图 1.7）的状态转移矩阵为 A，$f(x)=\det(xI+A)$，其中 I 是 n 阶单位矩阵，则 x_i 的输出序列都以 $f(x)$ 为特征多项式。

证明　设 $f(x)=\det(xI+A)=x^n+c_1 x^{n-1}+\cdots+c_n$，由 Hamilton-Caylay 定理知

$$A^n+c_1 A^{n-1}+\cdots+c_n I=0 \tag{1.3}$$

设 $(a_1(0), \cdots, a_n(0))$ 是 Galois 线性反馈移位寄存器的任意一个初态，x_i 的输出序列设为 $\underline{a}_i = (a_i(0), a_i(1), \cdots)(i = 1, 2, \cdots, n)$。则对于 $k = 0, 1, 2, \cdots$，有

$$(a_1(k), \cdots, a_n(k)) = (a_1(0), \cdots, a_n(0)) A^k$$

再由式 (1.3) 知，对于 $k = 0, 1, 2, \cdots$，有

$$(a_1(k+n), \cdots, a_n(k+n)) + c_1(a_1(k+n-1), \cdots, a_n(k+n-1))$$

$$+ \cdots + c_n(a_1(k), \cdots, a_n(k)) = (0, \cdots, 0)$$

从而知 $\underline{a}_i = (a_i(0), a_i(1), \cdots)$ 以 $f(x)$ 为特征多项式。　　　　　　　□

1.9　m-序列

显然，真正的二元随机序列是最佳的密钥序列，例如，通过抛掷硬币方式产生的二元序列，可以认为是随机序列。然而，只要是通过算法实现的二元序列就不可能是随机序列。因此，人们只能寻找性质接近二元随机序列的序列，这就是伪随机序列。这里出现一个问题，即什么是"接近随机"？如何用数学严格描述？例如，在一个序列中，0 和 1 各有一半是必要条件，但仅有这一点显然是不够的。事实上，从数学上严格提炼随机描述是非常困难的，实际研究过程中，"接近随机"的描述是一个不断完善的过程。本节介绍的 m-序列 (maximal length sequence) 是一类经典的伪随机序列。

设 $\underline{a}$ 是 n 级 LFSR 序列，则 $\mathrm{per}(\underline{a}) \leqslant 2^n - 1$。

定义 1.7　设 $\underline{a}$ 是 n 级 LFSR 序列，若 $\mathrm{per}(\underline{a}) = 2^n - 1$，则称 $\underline{a}$ 为 n 级极大周期序列，简称 n 级 m-序列。

由定义 1.7 可得以下定理。

定理 1.25　设 $\underline{a}$ 是 n 级 LFSR 序列，则 $\underline{a}$ 是 n 级 m-序列当且仅当 $\underline{a}$ 的极小多项式是 n 次本原多项式。

这表明，序列 $\underline{a}$ 是否是 m-序列，取决于它的极小多项式。因此，设计产生 m-序列的移位寄存器可归结为在 $\mathbb{F}_2[x]$ 中找本原多项式。又由有限域知识可知，对于任意的正整数 n，$\mathbb{F}_2$ 上都存在 n 次本原多项式，所以 n 级 m-序列总是存在的。

设 $f(x)$ 是 n 次本原多项式，则 $G(f(x))$ 中的所有非 0 序列都是 n 级 m-序列。因为 $G(f(x))$ 中共有 $2^n - 1$ 个非 0 序列且 n 级 m-序列的周期是 $2^n - 1$，所以在 $G(f(x))$ 中，所有非 0 序列之间只不过相差若干步移位而已，或者说，它们彼此是平移等价的。因此，它们构成 $G(f(x))$ 的一个平移等价类，即 $G(f(x))$ 状态图中只有两个圈，其中一个是长为 1 的零圈，另一个是长为 $2^n - 1$ 的圈。由于同一个平移等价类中的序列有相同的极小多项式，所以在所有的 n 级 m-序列中，平移等价类的个数就等于 n 次本原多项式的个数，即 $\phi(2^n - 1)/n$。

定义 1.8　设 $\underline{a}$ 是周期为 T 的周期序列，若对于任意非负整数 s 和 t，有

$$x^s \underline{a} + x^t \underline{a} = \begin{cases} \underline{0}, & s \equiv t \mod T \\ x^r \underline{a}, & \text{否则} \end{cases}$$

则称 $\underline{a}$ 具有平移可加性, 其中, r 是非负整数。

定理 1.26　非 0 周期序列 $\underline{a}$ 有平移可加性当且仅当 $\underline{a}$ 是 m-序列。

证明　充分性: 设 $\underline{a}$ 是 n 级 m-序列, $T = 2^n - 1$, $f(x)$ 是 $\underline{a}$ 的极小多项式。

若 $s \equiv t \bmod T$, 则 $x^s\underline{a} = x^t\underline{a}$, 所以 $x^s\underline{a} + x^t\underline{a} = \underline{0}$。

若 $s \not\equiv t \bmod T$, 则 $x^s\underline{a} + x^t\underline{a} \neq \underline{0}$, 又因为 $x^s\underline{a} + x^t\underline{a} \in G(f(x))$ 且 $f(x)$ 是本原多项式, 所以存在非负整数 r, 使得 $x^s\underline{a} + x^t\underline{a} = x^r\underline{a}$。

必要性: 设 $\underline{a}$ 具有平移可加性, 周期为 T, 若 $T = 1$, 结论显然成立。

设 $T > 1$, 显然 $\{\underline{a}, x\underline{a}, x^2\underline{a}, \cdots, x^{T-1}\underline{a}, \underline{0}\}$ 构成 $\mathbb{F}_2$ 上的一个向量空间且在移位算子的作用下封闭, 所以存在 $f(x) \in \mathbb{F}_2[x]$, 使得

$$\{\underline{a}, x\underline{a}, x^2\underline{a}, \cdots, x^{T-1}\underline{a}, \underline{0}\} = G(f(x))$$

故 $T = 2^n - 1$, 其中 $n = \deg f(x)$, 从而 $\operatorname{per}(\underline{a}) = 2^n - 1$ 且是 n 级线性递归序列, 因此 $\underline{a}$ 是 n 级 m-序列。　　　　　　　　　　　　　　　　　　　　　□

下面讨论 m-序列的伪随机性质: 平衡性、游程分布、自相关函数。

1. 平衡性

设 $\underline{a}$ 是周期为 T 的序列, 将 $\underline{a}$ 的一个周期依次排列在一个圆周上, 并且使得 a_0 和

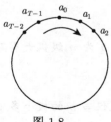

图 1.8

a_{T-1} 相邻, 称这样的圆为 $\underline{a}$ 的周期圆, 如图 1.8 所示。已经知道 n 级 m-序列的周期为 $2^n - 1$, 而 $\mathbb{F}_2$ 上的 n 维向量空间共有 2^n 个元素, 故除全 0 向量外, 其余 $2^n - 1$ 个 n 维向量都在 m-序列的周期圆中出现且仅出现一次。

引理 1.10　设 $\underline{a}$ 是 n 级 m-序列, $0 < k \leqslant n$, 则 $\mathbb{F}_2$ 上任意一个 k 元数组 $(b_1, b_2, \cdots, b_k)$ 在 $\underline{a}$ 的一个周期圆中出现的次数 $N(b_1, b_2, \cdots, b_k)$ 为

$$N(b_1, b_2, \cdots, b_k) = \begin{cases} 2^{n-k}, & (b_1, b_2, \cdots, b_k) \neq (0, 0, \cdots, 0) \\ 2^{n-k} - 1, & \text{否则} \end{cases}$$

证明　一方面, 如前所述, 除去全 0 向量外, 其余 $2^n - 1$ 个 n 维向量都在 $\underline{a}$ 的周期圆中出现且仅出现一次; 另一方面, 对于任意的 $0 < k \leqslant n$, $\mathbb{F}_2$ 上任意的 k 维向量都可以扩充为 $\mathbb{F}_2$ 上的 n 维向量 $(b_1, b_2, \cdots, b_k, b_{k+1}, \cdots, b_n)$。若 $(b_1, b_2, \cdots, b_k) \neq (0, 0, \cdots, 0)$, 则这样的扩充方式共 2^{n-k} 种, 因此得到 2^{n-k} 个不同的 n 维非 0 向量, 所以在 $\underline{a}$ 的周期圆中, 这样的 k 元数组出现 2^{n-k} 次。若 $(b_1, b_2, \cdots, b_k) = (0, 0, \cdots, 0)$, 不同的扩充方式虽然也有 2^{n-k} 种, 但得到的 2^{n-k} 个不同的 n 维向量中有一个是全 0 向量, 它不在 $\underline{a}$ 的周期圆中出现。因而, 只有 $2^{n-k} - 1$ 个不同的 k 元数组出现在 $\underline{a}$ 的周期圆中。　　　□

特别地, 取 $k = 1$, 有以下推论。

推论 1.8　在 n 级 m-序列的一个周期中, 1 出现 2^{n-1} 次, 0 出现 $2^{n-1} - 1$ 次。

这就是说, n 级 m-序列的一个周期中, 0 与 1 的个数几乎相等, 即平衡性。

2. 游程分布

设 $\underline{a}$ 是周期序列，$\underline{a}$ 在周期圆中形如

$$1\underbrace{0\cdots0}_{\text{全为 } 0}1 \text{ 和 } 0\underbrace{1\cdots1}_{\text{全为 } 1}0$$

的比特串分别叫作 $\underline{a}$ 的 0 游程和 1 游程。而 0 游程中连续 0 的个数及 1 游程中连续 1 的个数称为游程长度。

例如，周期序列 $\underline{a} = (111100010011010\cdots)(\mathrm{per}(\underline{a}) = 15)$ 的一个周期圆中有 8 个游程。它们依次是长度为 4 的 1 游程、长度为 3 的 0 游程、$\cdots$。

定理 1.27　设 $0 < k \leqslant n-2$，在 n 级 m-序列的一个周期圆中，长度为 k 的 0 游程和 1 游程各出现 2^{n-k-2} 次；长度大于 n 的游程不出现；长度为 n 的 1 游程和长度为 $n-1$ 的 0 游程各出现一次；长度为 n 的 0 游程和长度为 $n-1$ 的 1 游程不出现；游程总数为 2^{n-1}。

证明　对于 $0 < k \leqslant n-2$，由引理 1.10可知，$k+2$ 元数组

$$(1\underbrace{0\cdots0}_{k\text{ 个 }0}1) \text{ 和 } (0\underbrace{1\cdots1}_{k\text{ 个 }1}0)$$

在 $\underline{a}$ 的一个周期圆中各出现 2^{n-k-2} 次。

因为在 $\underline{a}$ 的一个周期中全 0 状态不出现，并且非 0 状态的最大维数为 n，所以 0 游程的长度 $\leqslant n-1$，1 游程的长度 $\leqslant n$。

在 n 级 m-序列的周期圆上，n 维向量

$$(11\cdots1), \quad (011\cdots1), \quad (11\cdots10)$$

各出现一次且仅出现一次，因为没有长度大于 n 的游程，所以在序列 $\underline{a}$ 的周期圆中 $(011\cdots10)$ 型的 $n+2$ 元数组出现一次且只出现一次，故长度为 n 的 1 游程出现一次，长度为 $n-1$ 的 1 游程不出现。

在 n 级 m-序列的一个周期圆中，n 维向量 $(10\cdots0)$ 和 $(0\cdots01)$ 各出现一次。因为没有长度为 n 的 0 游程，所以在 $\underline{a}$ 中 $(10\cdots0)$ 之后一定为 1，故长度为 $n-1$ 的 0 游程出现一次且仅出现一次。

由此可见，在 n 级 m-序列的一个周期圆中，0 游程和 1 游程总数是

$$2\left(2^{n-3} + 2^{n-4} + \cdots + 2^0\right) + 2 = 2^{n-1} \qquad\qquad \square$$

由上述结论可知，在 m-序列中，长度为 1 的游程占 $1/2$，长度为 2 的游程占 $1/2^2$，$\cdots$，而且在同一长度的游程中，0 游程与 1 游程的个数几乎相等。

3. 自相关函数

定义 1.9　设 $\underline{a}$ 是 $\mathbb{F}_2$ 上周期为 T 的周期序列，称

$$C_{\underline{a}}(t) = \sum_{k=0}^{T-1} (-1)^{a_k + a_{k+t}}, \quad t = 0, 1, 2, \cdots$$

为序列 $\underline{a}$ 的自相关函数（按实数运算）。

注 1.17　自相关函数中的运算是实数运算，并且自相关函数值总是一个整数。

注 1.18　由于 $\underline{a}$ 的周期为 T，所以对于一切非负整数 t，有

$$C_{\underline{a}}(t+T) = C_{\underline{a}}(t)$$

由定义 1.9 容易看出，$C_{\underline{a}}(t)$ 实际上是序列 $\underline{a}+x^t\underline{a}$ 的一个周期中 0 个数与 1 个数之差，并且 $C_{\underline{a}}(t) \leqslant C_{\underline{a}}(0) = T(t=1, 2, \cdots)$。因此，通常把 $C_{\underline{a}}(0)$ 叫作 $\underline{a}$ 的自相关函数的主峰高度。

m-序列的自相关函数有很理想的性质，见定理 1.28。

定理 1.28　设 $\underline{a}$ 是 n 级 m-序列，则有

$$C_{\underline{a}}(t) = \begin{cases} 2^n - 1, & t \equiv 0 \mod 2^n - 1 \\ -1, & \text{否则} \end{cases}$$

证明　当 $t \equiv 0 \mod 2^n - 1$ 时，结论显然成立。下面证明 $t \not\equiv 0 \mod 2^n - 1$ 的情形。

由定理 1.24 知，对于任意的非负整数 $t \not\equiv 0 \mod 2^n - 1$，$\underline{a}+x^t\underline{a}$ 也是 n 级 m-序列，所以，由推论 1.8 知，$\underline{a}+x^t\underline{a}$ 的一个周期中，1 出现 2^{n-1} 次，0 出现 $2^{n-1}-1$ 次，故 $C_{\underline{a}}(t) = 2^{n-1} - 1 - 2^{n-1} = -1$。　　　　□

4. 随机序列与伪随机序列

m-序列的上述三条重要性质称为伪随机性质。什么是序列的伪随机性质呢？

在一些场合，人们常常用随机的方式来产生序列。例如，拿一枚硬币，规定它的正面为 1，反面为 0。不断掷此硬币，可得一个二元序列。假如这个硬币是均匀的，而且投掷又不带倾向性，便说这种产生序列的方式是随机的，这样产生的序列为随机序列，随机序列具有的性质称为随机性质。

随机序列最本质的特性就是不可预测性。而一般地，人们实际使用的序列都是由固定的算法产生的，有很强的规律性和可预测性，因此，为区别真正的随机序列，称这种由固定算法产生的序列为伪随机序列，把类似随机序列的性质称为伪随机性质。20 世纪 60 年代，Golomb 提出二元周期序列的随机性假设，具体如下。

（1）在每个周期中，1 和 0 的个数之差不超过 1。

（2）在一个周期圆中，长度为 1 的游程约占游程总数的 1/2，长度为 2 的游程约占游程总数的 $1/2^2$，长度为 3 的游程约占游程总数的 $1/2^3$，$\cdots$。在同样长度的游程中，1 游程和 0 游程大致各占一半。

（3）序列的自相关函数：

$$C_{\underline{a}}(t) = \begin{cases} T, & t \equiv 0 \mod T \\ K, & \text{否则} \end{cases}$$

式中，T 是序列的周期；K 是常数。

Golomb 把满足上述三条假设的周期序列称为伪随机序列。显然 m-序列就是一类伪随机序列。

然而，随着对序列密码研究的深入，对序列伪随机的要求也不断提高，仅满足以上三条假设的序列是远不能满足密钥序列的要求的，有些问题将在后面的内容中提到。

最后讨论 m-序列的采样。在 1.6 节中讨论了周期序列的采样，给出了采样序列的部分性质，除此之外，m-序列的采样还有着自己特有的性质。

定理 1.29　设 $n \geqslant 2$，$\underline{a}$ 是 n 级 m-序列，$s \geqslant 2$，如果 $\gcd(s, 2^n - 1) = 1$，则 $\underline{a}^{(s)}$ 也是 n 级 m-序列。进一步，对于任意 n 级 m-序列 $\underline{b}$，存在正整数 $s \geqslant 2$，$\gcd(s, 2^n - 1) = 1$，使得 $\underline{a}^{(s)}$ 与 $\underline{b}$ 平移等价。

证明　首先因为 $\underline{a}$ 是 n 级 m-序列，s 与 $\underline{a}$ 的周期 $2^n - 1$ 互素，所以 $\underline{a}^{(s)} \neq \underline{0}$。设 $f(x)$ 是 $\underline{a}$ 的极小多项式，α 是 $f(x)$ 的根，则 α 是 $\mathbb{F}_{2^n}$ 中的本原元。因为 $\gcd(s, 2^n - 1) = 1$，所以 α^s 也是 $\mathbb{F}_{2^n}$ 中的本原元。设 $g(x)$ 是 α^s 的极小多项式，则 $g(x)$ 也是 n 次本原多项式。再由序列的根表示和 $\underline{a}^{(s)} \neq \underline{0}$ 知 $g(x)$ 是 $\underline{a}^{(s)}$ 的极小多项式，从而 $\underline{a}^{(s)}$ 也是 n 级 m-序列。

下面设 $\underline{b}$ 是任意一个 n 级 m-序列，并设 $h(x)$ 是 $\underline{b}$ 的极小多项式，则 $h(x)$ 是 n 次本原多项式，设 α，$\beta \in \mathbb{F}_{2^n}$ 分别是 $f(x)$ 和 $h(x)$ 的根，因为 α、β 都是 $\mathbb{F}_{2^n}$ 的本原元，所以存在正整数 s，$\gcd(s, 2^n - 1) = 1$，使得 $\beta = \alpha^s$，从而 $\underline{a}^{(s)}$ 的极小多项式为 $h(x)$，所以 $\underline{a}^{(s)}$ 与 $\underline{b}$ 平移等价。　　□

定理 1.29 给出了某一个 n 级 m-序列与其他所有 n 级 m-序列之间的关系，它为从一个已知的 n 级 m-序列求所有的 n 级 m-序列奠定了基础。

在 1.7 节中已经知道，两个 n 级 m-序列 $\underline{a}$ 和 $\underline{b}$ 平移等价当且仅当 $\underline{a}$ 和 $\underline{b}$ 有相同的极小多项式，从而有定理 1.30。

定理 1.30　设 $\underline{a}$ 是 n 级 m-序列，则对于任意 $0 \leqslant i \leqslant n - 1$，$\underline{a}$ 的 2^i-采样 $\underline{a}^{(2^i)}$ 与 $\underline{a}$ 平移等价。若 $\gcd(s, 2^n - 1) = \gcd(r, 2^n - 1) = 1$，那么 $\underline{a}^{(s)}$ 与 $\underline{a}^{(r)}$ 平移等价当且仅当存在非负整数 j，使得 $s \equiv 2^j r \bmod 2^n - 1$。

注 1.19　整数模 $2^n - 1$ 的全体可逆元在乘法下构成乘法群 $G = (\mathbb{Z}/(2^n - 1))^*$，$H = \{1, 2, 2^2, \cdots, 2^{n-1}\}$ 构成 G 的 n 阶子群，商群 G/H 的阶为 $\phi(2^n - 1)/n$。于是，根据定理 1.30 可知，对于任意的 s，$r \in G$，n 级 m-序列 $\underline{a}^{(s)}$ 与 $\underline{a}^{(r)}$ 平移等价当且仅当 s 与 r 属于商群 G/H 的同一个陪集。因此，从每个陪集中选一个代表元并组成代表元集 R，那么从一个 n 级 m-序列 $\underline{a}$ 出发，对于每个 $r \in R$，$\underline{a}$ 的 r 采样 $\underline{a}^{(r)}$，就得到全部两两不平移等价的 n 级 m-序列。

例 1.3　已知 $\underline{a} = (111100010011010\cdots)(\mathrm{per}(\underline{a}) = 15)$ 是 4 级 m-序列，求两两不平移等价的全部 4 级 m-序列。

解　$G = \mathbb{Z}/(15)^* = \{1, 2, 4, 7, 8, 11, 13, 14\}$，两个陪集为 $C_1 = \{1, 2, 4, 8\}$，$C_2 = \{7, 14, 13, 11\}$，取陪集代表元集 $R = \{1, 7\}$，于是，$\underline{a}$ 和 $\underline{a}^{(7)}$ 就是全部的两两不平移等价的 4 级 m-序列。　　□

定理 1.30 告诉我们，一个 m-序列的 2-采样总与它自身平移等价，那么，对于任一 n 次本原多项式 $f(x)$，是否存在 $\underline{a} \in G(f(x))$，使得 $\underline{a} = \underline{a}^{(2)}$？

定义 1.10　设 $\underline{a}$ 是 n 级 m-序列，若 $\underline{a}^{(2)} = \underline{a}$，则称 $\underline{a}$ 为自然状态 m-序列。

例如，设 $f(x) = x^4 + x + 1$，则 $\underline{a} = (000100110101111\cdots)$ 是 $G(f(x))$ 中的自然状

态 m-序列。

定理 1.31　设 $f(x)$ 是 n 次本原多项式，则 $G(f(x))$ 中存在唯一的自然状态 m-序列。

证明　设 $\alpha \in \mathbb{F}_{2^n}$ 是 $f(x)$ 的一个根，Tr 表示 $\mathbb{F}_{2^n}$ 到 $\mathbb{F}_2$ 的迹函数，则 $G(f(x))$ 中的序列均可表示为

$$(\mathrm{Tr}(\lambda),\ \mathrm{Tr}(\lambda\alpha),\ \mathrm{Tr}(\lambda\alpha^2),\ \cdots),\quad \lambda \in \mathbb{F}_{2^n}$$

取 $\lambda = 1$，得

$$\underline{a} = (\mathrm{Tr}(1),\ \mathrm{Tr}(\alpha),\ \mathrm{Tr}(\alpha^2),\ \cdots)$$

显然，$\underline{a}$ 是 $G(f(x))$ 中的自然状态 m-序列。

下面证明唯一性。设

$$\underline{b} = (\mathrm{Tr}(\lambda)\ \mathrm{Tr}(\lambda\alpha),\ \mathrm{Tr}(\lambda\alpha^2),\ \cdots)$$

是由 $f(x)$ 生成的自然状态 n 级 m-序列，即 $\underline{b}$ 满足 $\underline{b}^{(2)} = \underline{b}$，从而有

$$\underline{b} = \underline{b}^{(2)} = \underline{b}^{(2^2)} = \cdots = \underline{b}^{(2^{n-1})}$$

得

$$\mathrm{Tr}(\lambda\alpha^k) = \mathrm{Tr}(\lambda\alpha^{2k}) = \mathrm{Tr}(\lambda\alpha^{2^2 k}) = \cdots = \mathrm{Tr}(\lambda\alpha^{2^{n-1}k}),\quad k = 0,\ 1,\ 2,\ \cdots$$

因为

$$\mathrm{Tr}(\lambda\alpha^{2^{n-1}k}) = \mathrm{Tr}\left(\left(\lambda\alpha^{2^{n-1}k}\right)^2\right) = \mathrm{Tr}(\lambda^2\alpha^k)$$

所以

$$\mathrm{Tr}((\lambda - \lambda^2)\alpha^k) = 0$$

因为 $1,\ \alpha,\ \alpha^2,\ \cdots,\ \alpha^{n-1}$ 是 $\mathbb{F}_{2^n}$ 在 $\mathbb{F}_2$ 上的一组基，得

$$\lambda - \lambda^2 = 0$$

所以 $\lambda = 0$ 或 $\lambda = 1$。又因为 $\underline{b}$ 是 m-序列，所以 $\lambda = 1$，即 $\underline{b} = \underline{a}$。

综上即得 $G(f(x))$ 中存在唯一的自然状态 m-序列。　　□

以上讨论了 m-序列的采样，但主要讨论采样间隔与周期互素的情形。对于一般的情形，采样得到的序列就不是 n 级 m-序列，但有可能是级数更小的 m-序列，这要取决于 α^s 是否是 $\mathbb{F}_{2^n}$ 的某个子域的本原元。

1.10　有限序列的综合算法

本节介绍有限序列的综合算法[3]（也称为 Berlekamp-Massey 算法），即对于给定的有限序列 $\underline{a}(N-1) = (a_0, a_1, \cdots, a_{N-1})$，求生成该序列的级数最小的线性反馈移位寄存器。

设 LFSR($f(x)$) 是以 $f(x) = x^l + c_1 x^{l-1} + \cdots + c_l$ 为特征多项式的线性反馈移位寄存器，$\underline{a}(N-1) = (a_0, a_1, \cdots, a_{N-1})$ 是 N 比特的有限序列。若 $N \leqslant l$，则只要把 LFSR($f(x)$) 中初始状态的前 N 比特设为 $a_0, a_1, \cdots, a_{N-1}$，LFSR($f(x)$) 就可以输出序列 $\underline{a}(N-1)$。若 $N > l$，记

$$d_k = a_{k+l} + c_1 a_{k+l-1} + \cdots + c_l a_k, \quad k = 0, 1, \cdots, N-1-l$$

当 $(d_0, d_1, \cdots, d_{N-1-l}) = (0, 0, \cdots, 0)$ 时，只把初始状态设为 $(a_0, \cdots, a_{l-1})$，LFSR($f(x)$) 就输出序列 $\underline{a}(N-1)$，否则，即当 $(d_0, d_1, \cdots, d_{N-1-l}) \neq (0, 0, \cdots, 0)$ 时，LFSR($f(x)$) 不可能输出序列 $\underline{a}(N-1)$。

在 1.1 节中，对 $f(x) \in \mathbb{F}_2[x]$ 和无限序列 $\underline{a}$ 定义了作用 $f(x)\underline{a}$，利用这一表示，可以给出序列的特征多项式和极小多项式的定义以及一系列结论。

但对于有限序列 $\underline{a}(N-1)$，$f(x)\underline{a}(N-1)$ 显然没有意义。根据刚才对序列 $\underline{a}(N-1)$ 是否可以由 LFSR($f(x)$) 输出的讨论，并为了与无限序列的表示和叙述的统一，对 $f(x)\underline{a}(N-1)$ 做补充定义。

设 $\underline{a}(N-1) = (a_0, a_1, \cdots, a_{N-1})$，$f(x) = x^l + c_1 x^{l-1} + \cdots + c_l$。

若 $l < N$，则定义

$$f(x)\underline{a}(N-1) \xlongequal{\text{def}} (d_0, d_1, \cdots, d_{N-1-l})$$

式中，$d_k = a_{k+l} + c_1 a_{k+l-1} + \cdots + c_l a_k (k = 0, 1, \cdots, N-1-l)$。注意：这里允许 $f(x) = 1$，即 $l = 0$，此时自然定义 $1\underline{a}(N-1) \xlongequal{\text{def}} \underline{a}(N-1)$。如果

$$f(x)\underline{a}(N-1) = (\underbrace{0, \cdots, 0}_{N-l})$$

即

$$a_{k+l} = c_1 a_{k+l-1} + \cdots + c_l a_k$$

这意味着以 $f(x)$ 为特征多项式的线性反馈移位寄存器可以生成序列 $\underline{a}(N-1)$。此时，可以认为 $f(x)$ 是 $\underline{a}(N-1)$ 的一个特征多项式。

若 $l \geqslant N$，按上述定义，$f(x)\underline{a}(N-1)$ 又显得没意义。但是，任意一个级数大于等于 N 的线性反馈移位寄存器都能生成序列 $\underline{a}(N-1)$，所以可以认为次数大于等于 N 的所有多项式都是 $\underline{a}(N-1)$ 的特征多项式，从而记（或定义）$f(x)\underline{a}(N-1) \xlongequal{\text{def}} \underline{0}$，即表示序列 $\underline{a}(N-1)$ 可以由 LFSR($f(x)$) 输出。

为表述方便，记有限长的全 0 序列仍为 $\underline{0}$。

综合上述讨论，并尽可能与无限序列一致，给出如下有限序列特征多项式和极小多项式的定义。

定义 1.11　设 $\underline{a}(N-1) = (a_0, a_1, \cdots, a_{N-1})$ 是一个有限序列，$0 \neq f(x) \in \mathbb{F}_2[x]$，$l = \deg f(x)$，若 $f(x)\underline{a}(N-1) = \underline{0}$，即满足

$$l < N \text{ 且 } f(x)\underline{a}(N-1) = (\underbrace{0, \cdots, 0}_{N-l}) \text{ 或者 } l \geqslant N$$

则称 $f(x)$ 是 $\underline{a}(N-1)$ 的一个特征多项式, 也称 $\underline{a}(N-1)$ 可由 $f(x)$ 生成; 次数最小的特征多项式称为 $\underline{a}(N-1)$ 的一个极小多项式; $\underline{a}(N-1)$ 的极小多项式的次数称为 $\underline{a}(N-1)$ 的线性复杂度, 记为 $\text{LC}(\underline{a}(N-1))$。

注 1.20　有限序列 $\underline{a}(N-1)$ 的极小多项式不一定唯一。

例 1.4　设 $\underline{a}(6) = (0101111)$, 则 $f(x) = x^4 + x + 1$ 和 $g(x) = x^4 + x^3$ 都是 $\underline{a}(6)$ 的极小多项式。而对于 $\underline{a}(7) = (01011110)$, $f(x) = x^4 + x + 1$ 是其唯一的极小多项式。

注 1.21　设 $g(x) \in \mathbb{F}_2[x]$, $\underline{a}(N-1)$ 是长为 N 的序列, 若 $\deg g(x) \geqslant N$, 则对于任意 $f(x) \in \mathbb{F}_2[x]$, 定义

$$f(x)(g(x)\underline{a}(N-1)) = \underline{0}$$

根据上述定义, 容易验证对于任意 $f(x), g(x) \in \mathbb{F}_2[x]$, 有

$$(f(x)g(x))\underline{a}(N-1) = f(x)(g(x)\underline{a}(N-1)) = g(x)(f(x)\underline{a}(N-1))$$

下面对于给定的有限序列 $\underline{a}(N-1)$, 给出求取其极小多项式的方法, 即求满足 $f(x)\underline{a}(N-1) = \underline{0}$ 的次数最小的 $f(x)$ 的方法。

下面的定理不仅刻画了有限序列 $\underline{a}(N-1) = (a_0, a_1, \cdots, a_{N-1})$ 的线性复杂度的变化规律, 更重要的是其证明过程给出了计算 $\underline{a}(N-1)$ 的极小多项式的方法。

定理 1.32　设 $\underline{a}(N-1) = (a_0, a_1, \cdots, a_{N-1})$, $f_n(x)$ 是 $\underline{a}(n) = (a_0, a_1, \cdots, a_n)$ 的一个极小多项式, $l_n = \deg f_n(x)(n = 0, 1, \cdots, N-1)$。令 $f_{-1} = 1$, $l_{-1} = 0$, 则有

$$l_n = \begin{cases} l_{n-1}, & f_{n-1}(x)\underline{a}(n) = \underline{0} \\ \max\{l_{n-1}, n+1-l_{n-1}\}, & f_{n-1}(x)\underline{a}(n) \neq \underline{0} \end{cases} \tag{1.4}$$

证明　若 $a_0 = 0$, 则 $f_0(x) = 1$ 是 $\underline{a}(0) = (0)$ 的极小多项式, $l_0 = 0$。

若 $a_0 = 1$, 则 $f_0(x) = x + 1$ 是 $\underline{a}(0) = (1)$ 的极小多项式, $l_0 = 1$。因此, 当 $n = 0$ 时, 式 (1.4) 成立。

设 $n \geqslant 1$, 并归纳假设式 (1.4) 对小于 n 成立, 下面证明对 n 也成立。

(1) 若 $f_{n-1}(x)\underline{a}(n) = \underline{0}$, 此时, $f_{n-1}(x)$ 也是 $\underline{a}(n)$ 的极小多项式, 所以 $l_n = \deg f_{n-1}(x)$, 结论成立。

(2) 若 $f_{n-1}(x)\underline{a}(n) \neq \underline{0}$, 分以下两种情形:

① 若 $0 = l_{-1} = \cdots = l_{n-1}$, 则有 $\underline{a}(n) = (\underbrace{0, \cdots, 0}_{n}, 1)$, 从而 $l_n = n+1$, 结论成立;

② 否则, 存在正整数 m 和 n, $0 < m < n$, 使得

$$l_{m-1} < l_m = \cdots = l_{n-1}$$

此时有

$$f_{m-1}(x)\underline{a}(n) = (\underbrace{0, \cdots, 0}_{m-l_{m-1}}, 1, *, \cdots, *)$$

$$f_{n-1}(x)\,\underline{a}(n) = (\underbrace{0,\ \cdots,\ 0}_{n-l_{n-1}},\ 1)$$

令

$$g(x) = \begin{cases} f_{n-1}(x) + x^k f_{m-1}(x), & m - l_{m-1} \geqslant n - l_{n-1} \\ x^k f_{n-1}(x) + f_{m-1}(x), & m - l_{m-1} < n - l_{n-1} \end{cases} \tag{1.5}$$

式中，$k = |n - l_{n-1} - (m - l_{m-1})|$，则有

$$\deg g(x) = \begin{cases} l_{n-1}, & m - l_{m-1} \geqslant n - l_{n-1} \\ n - m + l_{m-1}, & m - l_{m-1} < n - l_{n-1} \end{cases}$$

并且显然有

$$g(x)\,\underline{a}(n) = (\underbrace{0,\ \cdots,\ 0}_{n+1-l})$$

式中，$l = \deg g(x)$，即 $g(x)$ 是 $\underline{a}(n)$ 的特征多项式。

下面进一步证明

$$\deg g(x) = \max\{l_{n-1},\ n + 1 - l_{n-1}\}$$

且 $g(x)$ 是 $\underline{a}(n)$ 的极小多项式。

首先，由归纳假设知 $l_m = \max\{l_{m-1},\ m + 1 - l_{m-1}\}$，而 $l_{m-1} < l_m$，所以

$$l_{n-1} = l_m = m + 1 - l_{m-1}$$

从而有

$$\begin{aligned} \deg g(x) &= \begin{cases} l_{n-1}, & m - l_{m-1} \geqslant n - l_{n-1} \\ n - m + l_{m-1}, & m - l_{m-1} < n - l_{n-1} \end{cases} \\ &= \begin{cases} l_{n-1}, & 2l_{n-1} \geqslant n + 1 \\ n + 1 - l_{n-1}, & 2l_{n-1} < n + 1 \end{cases} \\ &= \max\{l_{n-1},\ n + 1 - l_{n-1}\} \end{aligned}$$

其次，因为 $g(x)\,\underline{a}(n) = \underline{0}$，所以

$$l_n \leqslant \deg g(x) = \max\{l_{n-1},\ n + 1 - l_{n-1}\}$$

若 $l_n < \max\{l_{n-1},\ n + 1 - l_{n-1}\}$，因为 $l_n \geqslant l_{n-1}$，所以

$$\deg f_n(x) = l_n < n + 1 - l_{n-1}$$

从而有

$$f_n(x) f_{n-1}(x) \underline{a}(n) = f_n(x) (\underbrace{0, \cdots, 0}_{n-l_{n-1}}, 1) \neq \underline{0}$$

又因为

$$f_n(x) f_{n-1}(x) \underline{a}(n) = f_{n-1}(x) f_n(x) \underline{a}(n) = \underline{0}$$

显然与上面矛盾，所以 $l_n = \max\{l_{n-1}, n+1-l_{n-1}\}$，并且证明了 $g(x)$ 是 $\underline{a}(n)$ 的一个极小多项式。

综上知，结论对 n 也成立。因此，由数学归纳法证明得到，定理 1.32 成立。 □

注 1.22 设 $\underline{a}(N-1) = (a_0, a_1, \cdots, a_{N-1})$，$f_i(x)$ 是 $\underline{a}(i) = (a_0, a_1, \cdots, a_i)$ 的一个极小多项式，$l_i = \deg f_i(x)(i = 0, 1, \cdots, N-2)$，并令 $f_{-1} = 1$，$l_{-1} = 0$，则根据定理 1.32 及其证明过程，有以下结论。

(1) 若 $f_{N-2}(x) \underline{a}(N-1) = \underline{0}$，则 $f_{N-1}(x) = f_{N-2}(x)$，$l_{N-1} = l_{N-2}$。

(2) 若 $f_{N-2}(x) \underline{a}(N-1) \neq \underline{0}$，则有：

① 若 $0 = l_{-1} = \cdots = l_{N-2}$，此时必有 $a_0 = \cdots = a_{N-2} = 0$，$a_{N-1} = 1$，则任意 N 次多项式都是 $\underline{a}(N-1)$ 的极小多项式，$l_{N-1} = N$；

② 否则，设 $l_{m-1} < l_m = \cdots = l_{N-2}$，其中 $m \geq 0$，此时，

$$g(x) = \begin{cases} f_{N-2}(x) + x^k f_{m-1}(x), & m - l_{m-1} \geq N-1-l_{N-2} \\ x^k f_{N-2}(x) + f_{m-1}(x), & m - l_{m-1} < N-1-l_{N-2} \end{cases}$$

是 $\underline{a}(N-1)$ 的一个极小多项式。其中，$k = |N-1-l_{N-2} - (m-l_{m-1})|$。此时，有

$$l_{N-1} = \max\{l_{N-2}, N-l_{N-2}\}$$

定理 1.33 设 l_{N-1} 是 $\underline{a}(N-1)$ 的线性复杂度，则 $\underline{a}(N-1)$ 的极小多项式唯一当且仅当 $2l_{N-1} \leq N$。

证明 充分性：设 $2l_{N-1} \leq N$，若 $f_{N-1}(x)$ 和 $g_{N-1}(x)$ 是 $\underline{a}(N-1)$ 的两个不同的极小多项式，$l_{N-1} = \deg f_{N-1}(x) = \deg g_{N-1}(x)$。

设无限序列 $\underline{b}$ 和 $\underline{c}$ 分别以 $f_{N-1}(x)$ 和 $g_{N-1}(x)$ 为特征多项式且满足

$$\underline{b}(N-1) = \underline{c}(N-1) = \underline{a}(N-1)$$

显然 $\underline{b} \neq \underline{c}$，并且

$$f_{N-1}(x) g_{N-1}(x) (\underline{b} + \underline{c}) = \underline{0}$$

而 $\deg(f_{N-1}(x) g_{N-1}(x)) = 2l_{N-1} \leq N$，这与

$$\underline{b} + \underline{c} = (\underbrace{0, \cdots, 0}_{N}, *, \cdots) \neq \underline{0}$$

矛盾，所以 $\underline{a}(N-1)$ 的极小多项式唯一。

必要性: 若 $2l_{N-1} \geqslant N+1$。设 $f_1(x)$ 和 $f_2(x)$ 分别是

$$\underline{a}_1(N) = (a_0,\, a_1,\, \cdots,\, a_{N-1},\, 0) \text{ 和 } \underline{a}_2(N) = (a_0,\, a_1,\, \cdots,\, a_{N-1},\, 1)$$

的极小多项式, 显然 $f_1(x) \neq f_2(x)$, 并且都是 $\underline{a}(N-1)$ 的特征多项式。由式 (1.4) 可知, $\deg f_1(x) = \deg f_2(x) = l_{N-1}$, 所以 $f_1(x)$ 和 $f_2(x)$ 也都是序列 $\underline{a}(N-1) = (a_0,\, a_1,\, \cdots,\, a_{N-1})$ 的极小多项式, 矛盾, 因此必要性成立。 □

注 1.23 当 $2l_{N-1} \geqslant N+1$ 时, 定理 1.33必要性的证明提供了构造两个不同极小多项式的方法。

根据定理 1.32及其证明过程, 下面给出求 $\underline{a}(N-1) = (a_0,\, a_1,\, \cdots,\, a_{N-1})$ 的极小多项式的算法, 这就是著名的 Berlekamp-Massey 算法, 简称 B-M 算法, 也称序列的综合 (迭代) 算法。

B-M 算法:

输入: $\underline{a}(N-1) = (a_0,\, a_1,\, \cdots,\, a_{N-1})$。

若 $\underline{a}(N-1) = \underline{0}$, 则输出 $f_{N-1}(x) = 1$。

以下设 $\underline{a}(N-1) \neq \underline{0}$。

第一步 (初始化): 令 $f_{-1} = 1$, $l_{-1} = 0$。设 $0 \leqslant e \leqslant N-1$, 并且 e 是满足 $a_e = 1$ 的最小非负整数, 即

$$a_0 = a_1 = \cdots = a_{e-1} = 0,\quad a_e = 1$$

则设

$$f_0(x) = \cdots = f_{e-1}(x) = 1$$

$$l_0 = \cdots = l_{e-1} = 0$$

且

$$f_e(x) = x^{e+1} + 1,\quad l_e = e+1$$

第二步 (循环): 设 $e+1 \leqslant n \leqslant N-1$, 且已求得 $f_0(x)$, $f_1(x)$, $\cdots$, $f_{n-1}(x)$, 并设

$$f_{n-1}(x) = x^{l_{n-1}} + c_1 x^{l_{n-1}-1} + \cdots + c_{l_{n-1}}$$

计算:

$$d_n = a_n + c_1 a_{n-1} + \cdots + c_{l_{n-1}} a_{n-l_{n-1}}$$

(1) 若 $d_n = 0$, 则 $f_n(x) = f_{n-1}(x)$, $l_n = l_{n-1}$。

(2) 若 $d_n = 1$, 用下述方法来构造 $\text{LFSR}(f_n(x), l_n)$。设 m 满足

$$l_{m-1} < l_m = \cdots = l_{n-1}$$

令 $k = |m - l_{m-1} - (n - l_{n-1})|$。

① 若 $m - l_{m-1} \geqslant n - l_{n-1}$, 令

$$f_n(x) = f_{n-1}(x) + x^k f_{m-1}(x),\quad l_n = l_{n-1}$$

② 若 $m - l_{m-1} < n - l_{n-1}$, 令

$$f_n(x) = x^k f_{n-1}(x) + f_{m-1}(x), \qquad l_n = k + l_{n-1}$$

输出 $\underline{a}(N-1) = (a_0, a_1, \cdots, a_{N-1})$ 的一个极小多项式 $f_{N-1}(x)$ 和线性复杂度 l_{N-1}。 $\square$

根据定理 1.32 及其证明过程, B-M 算法所输出的 $f_{N-1}(x)$ 就是序列 $\underline{a}(N-1)$ 的一个极小多项式。若 $2l_{N-1} \leqslant N$, 则由定理 1.33 知, 输出的极小多项式 $f_{N-1}(x)$ 是 $\underline{a}(N-1)$ 的唯一的极小多项式。

进一步, 若得到一个线性复杂度为 l 的 LFSR 序列 $\underline{a}$ 的前 $2l$ 比特, 就可用 B-M 算法还原出序列 $\underline{a}$ 的极小多项式。

值得注意的是, 该算法给出的构造方法并不是唯一的, 读者可以自己验证。

例 1.5 对于序列 $\underline{a}(6) = (0, 0, 0, 1, 1, 0, 1)$, 若起始设 $f_3(x) = x^4 + 1$, 则由 B-M 算法得到 $f_6(x) = x^4 + x^3 + x^2 + 1$, 起始也可以设 $f_3(x) = x^4$, 则可以得到 $f_6(x) = x^4 + x^3 + x^2$。

例 1.6 对于序列 $\underline{b}(4) = (1, 1, 1, 1, 0)$, 由 B-M 算法可以得到 $f_4(x) = x^4 + x^3 + 1$, 还可以验证 $f_4(x) = x^4 + x + 1$ 也是其极小多项式。

但是, 若 $2l_{N-1} \leqslant N$, 则根据定理 1.33, 不论算法以何种方式作为起始赋值或中间步骤, 只要保证每一步得到的多项式是极小的, 最终结果就是唯一的。

例 1.7 将例 1.5 中的序列延长 1 比特得 $\underline{a}(7) = (0, 0, 0, 1, 1, 0, 1, 0)$, 则任意两种起始多项式将得到一样的极小多项式 $f_7(x) = x^4 + x^3 + x^2 + 1$。

但是, 在任何情形下, 极小多项式的次数即线性复杂度是唯一的。

下面再举一个完整的用 B-M 算法求极小多项式的例子。

例 1.8 设 $\underline{a}(11) = (0, 0, 0, 1, 1, 1, 1, 1, 0, 0, 1, 1)$。第一步有 $n_0 = 3$, 所以 $f_3(x) = x^4 + 1$, $l_3 = 4$; 下面依次可计算得

序列 $\underline{a}(11)$	N	d_n	线性复杂度 LC	LFSR(f_n)
1	4	1	4	$x^4 + x^3 + 1$
1	5	0	4	$x^4 + x^3 + 1$
1	6	0	4	$x^4 + x^3 + 1$
1	7	1	4	$x^4 + x^3$
0	8	1	5	$x^5 + x^4 + 1$
0	9	1	5	$x^5 + x^3 + 1$
1	10	0	5	$x^5 + x^3 + 1$
1	11	0	5	$x^5 + x^3 + 1$

1.11 有限序列线性复杂度的均值与方差

这一节讨论 $\mathbb{F}_2$ 上有限序列线性复杂度的均值与方差。本节关于有限序列线性复杂度的主要结论来源于文献 [4]。

记 $N_n(L)$ 表示长为 n、线性复杂度为 L 的序列的个数, 即

$$N_n(L) = |\{\underline{a}(n-1) = (a_0, a_1, \cdots, a_{n-1}) | \mathrm{LC}(\underline{a}(n-1)) = L\}|$$

下面讨论 $N_n(L)$ 的公式和 $\mathrm{LC}(\underline{a}(n-1))$ 的均值与方差。

对于 $\underline{a}(n-1) = (a_0, a_1, \cdots, a_{n-1})$，若 $\mathrm{LC}(\underline{a}(n-1)) = L$，根据定理 1.32，则

$$\mathrm{LC}(\underline{a}(n-2)) = L \text{ 或者 } \mathrm{LC}(\underline{a}(n-2)) = n - L$$

所以 $N_n(L)$ 与 $N_{n-1}(L)$ 和 $N_{n-1}(n-L)$ 之间有着直接关系，具体如下。

引理 1.11　设 L 是正整数，则有

$$N_n(L) = \begin{cases} N_{n-1}(L), & 0 < L < n/2 \\ 2N_{n-1}(L), & L = n/2 \\ 2N_{n-1}(L) + N_{n-1}(n-L), & n/2 < L \leqslant n \end{cases}$$

证明　记

$$\Omega_n(L) = \{ \underline{a}(n-1) \mid \mathrm{LC}(\underline{a}(n-1)) = L \}$$

（1）若 $0 < L < n/2$。设 $\underline{a}(n-1) = (a_0, a_1, \cdots, a_{n-1}) \in \Omega_n(L)$，则由定理 1.32和定理 1.33知

$$\underline{a}(n-2) = (a_0, a_1, \cdots, a_{n-2}) \in \Omega_{n-1}(L)$$

反之，对于任意 $\underline{a}(n-2) = (a_0, a_1, \cdots, a_{n-2}) \in \Omega_{n-1}(L)$，由定理 1.32知，序列 $(a_0, a_1, \cdots, a_{n-2}, 1)$ 和 $(a_0, a_1, \cdots, a_{n-2}, 0)$ 中有且只有一个序列属于 $\Omega_n(L)$，所以 $N_n(L) = N_{n-1}(L)$。

（2）若 $L = n/2$。设 $\underline{a}(n-1) = (a_0, a_1, \cdots, a_{n-1}) \in \Omega_n(L)$，则由定理 1.32知

$$\underline{a}(n-2) = (a_0, a_1, \cdots, a_{n-2}) \in \Omega_{n-1}(L)$$

反之，对于任意 $\underline{a}(n-2) = (a_0, a_1, \cdots, a_{n-2}) \in \Omega_{n-1}(L)$，由定理 1.32知，序列 $(a_0, a_1, \cdots, a_{n-2}, 1)$，$(a_0, a_1, \cdots, a_{n-2}, 0) \in \Omega_n(L)$，所以 $N_n(L) = 2N_{n-1}(L)$。

（3）若 $n/2 < L \leqslant n$，设 $\underline{a} = (a_0, a_1, \cdots, a_{n-1}) \in \Omega_n(L)$，则由定理 1.32知

$$\underline{a}(n-2) \in \Omega_{n-1}(L) \text{ 或 } \underline{a}(n-2) \in \Omega_{n-1}(n-L)$$

反之，有下面 2 种情况。

① 对于任意 $\underline{a}(n-2) = (a_0, a_1, \cdots, a_{n-2}) \in \Omega_{n-1}(L)$，因为 $n/2 < L \leqslant n$，所以由定理 1.32 知，序列 $(a_0, a_1, \cdots, a_{n-2}, 1)$ 和 $(a_0, a_1, \cdots, a_{n-2}, 0)$ 都属于 $\Omega_n(L)$。

② 对于任意 $\underline{a}(n-2) = (a_0, a_1, \cdots, a_{n-2}) \in \Omega_{n-1}(n-L)$，因为 $0 < n-L < n/2$，所以由定理 1.32知，序列 $(a_0, a_1, \cdots, a_{n-2}, 1)$ 和 $(a_0, a_1, \cdots, a_{n-2}, 0)$ 中有且只有一个序列属于 $\Omega_n(L)$。

因此，$N_n(L) = 2N_{n-1}(L) + N_{n-1}(n-L)$。　　□

定理 1.34　设 $n > 0$，则 $N_n(0) = 1$；而对于 $0 < L \leqslant n$，则有

$$N_n(L) = 2^{\min\{2n-2L, \, 2L-1\}}$$

证明　因为 $\mathrm{LC}(\underline{a}(n-1))=0$ 当且仅当 $\underline{a}(n-1)=(0,\cdots,0)$，所以 $N_n(0)=1$ 是显然的。

设 $0<L\leqslant n$。对于 $N_1(L)$ 和 $N_2(L)$，可直接验证结论成立。

归纳假设结论对于 $n-1$ 成立，即

$$N_{n-1}(L)=2^{\min\{2(n-1)-2L,\,2L-1\}}$$

下面考虑 $N_n(L)$。

（1）当 $n/2<L\leqslant n$ 时，有

$$N_{n-1}(L)=2^{\min\{2(n-1)-2L,\,2L-1\}}=2^{2(n-1)-2L}$$

$$N_{n-1}(n-L)=2^{\min\{2(n-1)-2(n-L),\,2(n-L)-1\}}=2^{2(n-L)-1}$$

又由引理 1.11，得

$$\begin{aligned}
N_n(L)&=2N_{n-1}(L)+N_{n-1}(n-L)\\
&=2\times2^{2n-2-2L}+2^{2n-2L-1}\\
&=2^{2n-2L}\\
&=2^{\min\{2n-2L,\,2L-1\}}
\end{aligned}$$

（2）当 $L=n/2$ 时，有

$$N_{n-1}(L)=2^{\min\{2(n-1)-2L,\,2L-1\}}=2^{2(n-1)-2L}=2^{2L-2}$$

由引理 1.11，得

$$N_n(L)=2N_{n-1}(L)=2^{2L-1}=2^{\min\{2n-2L,\,2L-1\}}$$

（3）当 $0<L<n/2$ 时，有

$$N_n(L)=N_{n-1}(L)=2^{\min\{2(n-1)-2L,\,2L-1\}}=2^{2L-1}=2^{\min\{2n-2L,\,2L-1\}}\qquad\square$$

下面讨论 $\mathrm{LC}(\underline{a}(n-1))$ 的均值 $E(\mathrm{LC}(\underline{a}(n-1)))$。

定理 1.35　**长为 n 的序列的线性复杂度的均值为**

$$E(\mathrm{LC}(\underline{a}(n-1)))=\frac{n}{2}+\frac{4+R_2(n)}{18}-2^{-n}\left(\frac{n}{3}+\frac{2}{9}\right)$$

式中，

$$R_2(n)=\begin{cases}0,&2\mid n\\1,&\text{否则}\end{cases}$$

证明 记 Ω_n 是所有长为 n 的序列之集，$|\Omega_n| = 2^n$，记

$$\Omega_n(L) = \{\underline{a}(n-1) | \mathrm{LC}(\underline{a}(n-1)) = L\}$$

则有

$$E\left(\mathrm{LC}\left(\underline{a}\left(n-1\right)\right)\right) = \frac{1}{|\Omega_n|} \sum_{\underline{a} \in \Omega_n} \mathrm{LC}(\underline{a})$$

$$= \frac{1}{2^n} \sum_{L=1}^{n} \sum_{\underline{a} \in \Omega_n(L)} \mathrm{LC}(\underline{a})$$

$$= \frac{1}{2^n} \sum_{L=1}^{n} L \cdot N_n\left(L\right)$$

$$= \frac{1}{2^n} \sum_{L=1}^{n} L \cdot 2^{\min\{2n-2L,\, 2L-1\}}$$

$$= \frac{1}{2^n} \left\{ \sum_{L=1}^{\lfloor n/2 \rfloor} L \cdot 2^{2L-1} + \sum_{L=\lfloor n/2 \rfloor+1}^{n} L \cdot 2^{2n-2L} \right\}$$

下面计算：

$$\sum_{L=1}^{\lfloor n/2 \rfloor} L \cdot 2^{2L-1} \quad \text{和} \quad \sum_{L=\lfloor n/2 \rfloor+1}^{n} L \cdot 2^{2n-2L}$$

因为

$$\sum_{k=1}^{m} (ax)^k = \frac{(ax)^{m+1} - 1}{ax - 1}$$

上式两边对 x 求导，得

$$\sum_{k=1}^{m} k a^k x^{k-1} = \frac{(m+1)a^{m+1}x^m}{ax-1} - a \cdot \frac{(ax)^{m+1}-1}{(ax-1)^2} \tag{1.6}$$

令 $x=1$，得

$$\sum_{k=1}^{m} k a^k = \frac{(m+1)a^{m+1}}{a-1} - a \cdot \frac{a^{m+1}-1}{(a-1)^2}$$

又因为

$$\sum_{L=1}^{\lfloor n/2 \rfloor} L \cdot 2^{2L-1} = \frac{1}{2} \sum_{L=1}^{\lfloor n/2 \rfloor} L \cdot 4^L$$

$$\sum_{L=\lfloor n/2 \rfloor+1}^{n} L \cdot 2^{2n-2L} = 4^n \sum_{L=\lfloor n/2 \rfloor+1}^{n} L \cdot \left(4^{-1}\right)^L$$

$$= 4^n \left(\sum_{L=1}^{n} L \cdot \left(4^{-1}\right)^L - \sum_{L=1}^{\lfloor n/2 \rfloor} L \cdot \left(4^{-1}\right)^L \right)$$

从而可计算出:

$$\sum_{L=1}^{\lfloor n/2 \rfloor} L \cdot 2^{2L-1} \text{ 和 } \sum_{L=\lfloor n/2 \rfloor + 1}^{n} L \cdot 2^{2n-2L}$$

然后计算、整理得

$$E\left(\mathrm{LC}\left(\underline{a}\left(n-1\right)\right)\right) = \frac{1}{2^n} \left\{ \sum_{L=1}^{\lfloor n/2 \rfloor} L \cdot 2^{2L-1} + \sum_{L=\lfloor n/2 \rfloor + 1}^{n} L \cdot 2^{2n-2L} \right\}$$

$$= \frac{n}{2} + \frac{4 + R_2\left(n\right)}{18} - 2^{-n} \left(\frac{n}{3} + \frac{2}{9} \right)$$

式中,

$$R_2(n) = \begin{cases} 0, & 2 \mid n \\ 1, & \text{否则} \end{cases}$$ $\qquad\square$

最后, 给出 $\mathrm{LC}(\underline{a}(n-1))$ 的方差 $D(\mathrm{LC}(\underline{a}(n-1)))$。

定理 1.36 长为 n 的序列的线性复杂度的方差为

$$D\left(\mathrm{LC}\left(\underline{a}\left(n-1\right)\right)\right) = \frac{86}{81} - 2^{-n} \left(\frac{14 - R_2\left(n\right)}{27} \cdot n + \frac{82 - 2R_2\left(n\right)}{81} \right)$$

$$- 2^{-2n} \left(\frac{1}{9} n^2 + \frac{4}{27} n + \frac{4}{81} \right)$$

式中,

$$R_2(n) = \begin{cases} 0, & 2 \mid n \\ 1, & \text{否则} \end{cases}$$

证明 因为

$$D\left(\mathrm{LC}\left(\underline{a}\left(n-1\right)\right)\right) = E\left\{ \left[\mathrm{LC}\left(\underline{a}\left(n-1\right)\right) - E\left(\mathrm{LC}\left(\underline{a}\left(n-1\right)\right)\right) \right]^2 \right\}$$

$$= E\left(\mathrm{LC}\left(\underline{a}\left(n-1\right)\right)^2 \right) - E\left(\mathrm{LC}\left(\underline{a}\left(n-1\right)\right)\right)^2$$

而 $E(\mathrm{LC}(\underline{a}(n-1)))$ 已由定理 1.34 得到, 所以 $E(\mathrm{LC}(\underline{a}(n-1)))^2$ 也已得到, 下面只要计算 $E\left(\mathrm{LC}(\underline{a}(n-1))^2\right)$ 即可。

$$E\left(\mathrm{LC}\left(\underline{a}\left(n-1\right)\right)^2 \right) = \frac{1}{2^n} \sum_{L=1}^{n} \sum_{\underline{a} \in \Omega_n(L)} \mathrm{LC}\left(\underline{a}\right)^2$$

$$= \frac{1}{2^n} \sum_{L=1}^{n} N_n(L) \cdot L^2$$

$$= \frac{1}{2^n} \sum_{L=1}^{n} L^2 \cdot 2^{\min\{2n-2L,\, 2L-1\}}$$

$$= \frac{1}{2^n} \left(\sum_{L=1}^{\lfloor n/2 \rfloor} L^2 \cdot 2^{2L-1} + \sum_{L=\lfloor n/2 \rfloor+1}^{n} L^2 \cdot 2^{2n-2L} \right)$$

与定理 1.35证明类似，由式 (1.6)，得

$$\sum_{k=1}^{m} k a^k x^k = \frac{(m+1)\, a^{m+1} x^{m+1}}{ax-1} - ax \cdot \frac{(ax)^{m+1}-1}{(ax-1)^2}$$

上式两边对 x 求导，得

$$\sum_{k=1}^{m} k^2 a^k x^{k-1} = \frac{(m+1)^2\, a^{m+1} x^m}{ax-1} - \frac{(m+1)\, a^{m+2} x^{m+1}}{(ax-1)^2}$$

$$- \frac{(m+2)\, a^{m+2} x^{m+1} - a}{(ax-1)^2} + 2a^2 x \cdot \frac{(ax)^{m+1}-1}{(ax-1)^3}$$

令 $x=1$，得

$$\sum_{k=1}^{m} k^2 a^k = \frac{(m+1)^2\, a^{m+1}}{a-1} - \frac{(m+1)\, a^{m+2}}{(a-1)^2}$$

$$- \frac{(m+2)\, a^{m+2} - a}{(a-1)^2} + \frac{2a^2 \cdot (a^{m+1}-1)}{(a-1)^3}$$

再类似于定理 1.35的证明过程，可分别计算出：

$$\sum_{L=1}^{\lfloor n/2 \rfloor} L^2 \cdot 2^{2L-1} \text{ 和 } \sum_{L=\lfloor n/2 \rfloor+1}^{n} L^2 \cdot 2^{2n-2L}$$

从而计算出 $E\left(\mathrm{LC}\left(\underline{a}\,(n-1)\right)^2\right)$，最终计算可得

$$D\left(\mathrm{LC}\left(\underline{a}\,(n-1)\right)\right) = E\left\{\left[\mathrm{LC}\left(\underline{a}\,(n-1)\right) - E\left(\mathrm{LC}\left(\underline{a}\,(n-1)\right)\right)\right]^2\right\}$$

$$= \frac{86}{81} - 2^{-n}\left(\frac{14 - R_2(n)}{27} \cdot n + \frac{82 - 2R_2(n)}{81}\right)$$

$$- 2^{-2n}\left(\frac{1}{9}n^2 + \frac{4}{27}n + \frac{4}{81}\right)$$

式中，

$$R_2(n) = \begin{cases} 0, & 2|n \\ 1, & 否则 \end{cases}$$

□

定理 1.35 和定理 1.36 给出了有限长随机序列线性复杂度的均值和方差。当 n 比较大时，有

$$E\left(\mathrm{LC}\left(\underline{a}\left(n-1\right)\right)\right) \approx \frac{n}{2} \text{ 和 } D\left(\mathrm{LC}\left(\underline{a}\left(n-1\right)\right)\right) \approx \frac{86}{81}$$

这就是说有限长的二元随机序列的线性复杂度应该大约为其长度的一半，特别有趣的是线性复杂度的方差大约为 1，它并不随着序列的长度的变化而变化，它反映了随机序列线性复杂度偏离其均值的程度并不随着序列的长度的增大而发散，它始终在序列长度的一半附近。由 Chebyshev 不等式可以得到

$$\mathrm{Prob}\left\{\left|\mathrm{LC}\left(\underline{a}\left(n-1\right)\right) - E\left(\mathrm{LC}\left(\underline{a}\left(n-1\right)\right)\right)\right| \geqslant k\right\} \leqslant \frac{D\left(\mathrm{LC}\left(\underline{a}\left(n-1\right)\right)\right)}{k^2}$$

取 $k = 10$，则有

$$\frac{D\left(\mathrm{LC}\left(\underline{a}\left(n-1\right)\right)\right)}{k^2} \approx \frac{86}{81} \times 10^{-2} \approx 0.0106$$

即序列线性复杂度偏离其均值在 10 之外的概率为 0.0106，或者说至少有 99% 的随机序列的线性复杂度在 $[n/2 - 9, n/2 + 9]$ 区间内。

第 2 章　与门网络序列

对于一个线性复杂度为 l 的序列，利用 B-M 算法，只要已知其前 $2l$ 比特即可还原出序列的极小多项式。因此，在构造密钥序列时，必须保证序列的线性复杂度足够大。从本章开始，将介绍一些提高序列线性复杂度的典型构造方法以及对所构造序列的简单分析。

本章介绍与门网络序列，其模型如图 2.1 所示。其中，$c_0 x_0 + c_1 x_1 + \cdots + c_{n-1} x_{n-1}$ 是 LFSR 的反馈函数，即

$$f(x) = x^n + c_{n-1} x^{n-1} + \cdots + c_0 \in \mathbb{F}_2[x]$$

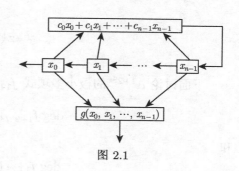

图 2.1

是 LFSR 的特征多项式，$g(x_0, \cdots, x_{n-1})$ 是 n 元布尔函数。若设 $\underline{a}$ 是 LFSR 的输出序列，则经 $g(x_0, \cdots, x_{n-1})$ 过滤后输出的序列 $\underline{c}$ 满足 $c_k = g(a_k, \cdots, a_{k+n-1})(k \geqslant 0)$。称 $g(x_0, \cdots, x_{n-1})$ 为与门网络 (也称前馈函数)，$\underline{c}$ 称为与门网络序列 (也称为前馈序列)。

2.1　准 备 知 识

本章主要研究工具是序列的根表示，首先给出 $\mathbb{F}_{2^n}$ 中元素重量的定义。

定义 2.1　设 α 是 $\mathbb{F}_{2^n}$ 中给定的一个本原元，设 $\beta = \alpha^m$，其中 $1 \leqslant m \leqslant 2^n - 1$，则指数 m 的二进制表示中 1 的个数称为 β 相对于 α 的重量，记为 $W_\alpha(\beta)$。

显然 $1 \leqslant W_\alpha(\beta) \leqslant n$，特别地，$\alpha^{2^n - 1} = 1$ 的重量是 n。对于 $1 \leqslant r \leqslant n$，记

$$F_{\leqslant r}(x, \alpha) \overset{\text{def}}{=\!=\!=} \prod_{1 \leqslant W_\alpha(\alpha^i) \leqslant r} (x - \alpha^i)$$

$$F_{=r}(x, \alpha) \overset{\text{def}}{=\!=\!=} \prod_{W_\alpha(\alpha^i) = r} (x - \alpha^i)$$

注 2.1　共轭元有相同的重量，所以同一个不可约多项式的根有相同的重量。

注 2.2　$F_{\leqslant r}(x, \alpha)$ 和 $F_{=r}(x, \alpha)$ 都是 $\mathbb{F}_2$ 上的无重根多项式，并且不可约因子的次数都整除 n。另取一个本原元 $\gamma \in \mathbb{F}_{2^n}$，$F_{\leqslant r}(x, \gamma)$ 和 $F_{=r}(x, \gamma)$ 可能与 $F_{\leqslant r}(x, \alpha)$ 和 $F_{=r}(x, \alpha)$ 不同，但 $F_{=r}(x, \alpha)$ 与 $F_{=r}(x, \gamma)$ 中不可约因子的阶和次数都是一样的。

注 2.3　在不引起混淆的情况下，即 α 固定的情况下，简记 $F_{\leqslant r}(x) = F_{\leqslant r}(x, \alpha)$，$F_{=r}(x) = F_{=r}(x, \alpha)$，并记 α^t 的极小多项式为 $f_t(x)$。

对于一般的 r，分析 $F_{=r}(x)$ 中的不可约因子有一定的困难，但对于 $r = 2$ 情形，有以下结论。

定理 2.1　设 α 是 $\mathbb{F}_{2^n}$ 的一个本原元，则有

$$F_{=2}(x) = \prod_{d=1}^{\lfloor n/2 \rfloor} f_{1+2^d}(x)$$

并且当 n 为奇数时，$F_{=2}(x)$ 是 $(n-1)/2$ 个 n 次不可约多项式的乘积；当 n 是偶数时，$F_{=2}(x)$ 是 $(n/2)-1$ 个 n 次不可约多项式和一个 $n/2$ 次不可约多项式的乘积。

证明　对于任意 $1 \leqslant d \leqslant n-1$，有 $\alpha^{1+2^d} = \alpha^{2^n+2^d} = \alpha^{2^d(2^{n-d}+1)}$，所以 α^{1+2^d} 和 $\alpha^{1+2^{n-d}}$ 共轭，并且对于 $1 \leqslant s < t \leqslant \lfloor n/2 \rfloor$，$\alpha^{1+2^s}$ 和 α^{1+2^t} 不可能共轭，所以

$$F_{=2}(x) = \prod_{d=1}^{\lfloor n/2 \rfloor} f_{1+2^d}(x)$$

下面讨论 α^{1+2^d} 的极小多项式 $f_{1+2^d}(x)$ 的次数。只要证明

$$\deg f_{1+2^{n/2}}(x) = n/2, \quad n \text{ 是偶数}$$

和

$$\deg f_{1+2^d}(x) = n, \quad 1 \leqslant d < n/2$$

设 $m = \deg f_{1+2^d}(x)$，则 $m|n$，$\alpha^{(1+2^d)(2^m-1)} = 1$，并且 m 是满足

$$(2^n-1) \,\big|\, (2^d+1)(2^m-1)$$

的最小正整数。

（1）对于 $d = n/2$(此时 n 是偶数)，则显然有 $m = n/2$。

（2）对于 $1 \leqslant d < n/2$，若 $m \neq n$，因为 $m|n$，所以 $m \leqslant n/2$，从而有

$$(2^d+1)(2^m-1) < 2^n-1$$

这与 $(2^n-1) | (2^d+1)(2^m-1)$ 矛盾。因此 $m = n$。

综上可知结论成立。　　　　　　　　　　　　　　　　　　　　　　□

下面给出初等数论中的一个结论，以备后用。

引理 2.1　设 a、b 和 s 都是正整数，且 $s > 1$，则有

$$\gcd\left(s^a - 1,\ s^b - 1\right) = s^{\gcd(a,\,b)} - 1$$

证明　若 $a = b$，则结论显然成立。

下面不妨设 $a > b$，由 Euclid 算法，得

$$a = b q_1 + r_1, \quad 0 < r_1 < b$$
$$b = r_1 q_2 + r_2, \quad 0 < r_2 < r_1$$

$$\vdots$$

$$r_{n-2} = r_{n-1}q_n + r_n, \quad 0 < r_n < r_{n-1}$$

$$r_{n-1} = r_n q_{n+1}$$

式中，$r_n = \gcd(a, b)$，所以

$$s^a - 1 = (s^b - 1)\, s^{r_1} \cdot \frac{s^{bq_1} - 1}{s^b - 1} + s^{r_1} - 1$$

$$s^b - 1 = (s^{r_1} - 1)\, s^{r_2} \cdot \frac{s^{r_1 q_2} - 1}{s^{r_1} - 1} + s^{r_2} - 1$$

$$\vdots$$

$$s^{r_{n-2}} - 1 = (s^{r_{n-1}} - 1)\, s^{r_n} \cdot \frac{s^{r_{n-1}q_n} - 1}{s^{r_{n-1}} - 1} + s^{r_n} - 1$$

$$s^{r_{n-1}} - 1 = (s^{r_n} - 1) \cdot \frac{s^{r_n q_{n+1}} - 1}{s^{r_n} - 1}$$

因此 $\gcd\left(s^a - 1,\, s^b - 1\right) = s^{\gcd(a,\, b)} - 1$。　　　　　　　　□

2.2　与门网络序列及其极小多项式

设序列 $\underline{a} = (a_0,\, a_1,\, a_2,\, \cdots)$，$\underline{b} = (b_0,\, b_1,\, b_2,\, \cdots)$，定义

$$\underline{a} \cdot \underline{b} \stackrel{\text{def}}{=\!=} (a_0 b_0,\, a_1 b_1,\, a_2 b_2,\, \cdots)$$

为序列 $\underline{a}$ 与 $\underline{b}$ 的乘积。

下面定义与门网络序列。

定义 2.2　设 $\underline{a}$ 是 n 级 m-序列，$0 \leqslant l_1 \leqslant \cdots \leqslant l_r \leqslant 2^n - 2$，称乘积序列

$$(x^{l_1}\underline{a})\,(x^{l_2}\underline{a}) \cdots (x^{l_r}\underline{a})$$

为 $\underline{a}$ 的 r 端单与门序列，称 $(l_1,\, \cdots,\, l_r)$ 为该序列的单与门，称 l_i 为该单与门的抽头位置，并简记

$$(l_1,\, \cdots,\, l_r)\,\underline{a} \stackrel{\text{def}}{=\!=} (x^{l_1}\underline{a})\,(x^{l_2}\underline{a}) \cdots (x^{l_r}\underline{a})$$

若干个单与门序列之和

$$(l_{11},\, \cdots,\, l_{1r_1})\,\underline{a} + \cdots + (l_{s1},\, \cdots,\, l_{sr_s})\,\underline{a}$$

称为 r 端与门网络序列，其中 $r = \max\{r_1,\, \cdots,\, r_s\}$，并简记

$$(l_{11},\, \cdots,\, l_{1r_1};\cdots;l_{s1},\, \cdots,\, l_{sr_s})\,\underline{a} \stackrel{\text{def}}{=\!=} (l_{11},\, \cdots,\, l_{1r_1})\underline{a} + \cdots + (l_{s1},\, \cdots,\, l_{sr_s})\,\underline{a}$$

称 $(l_{11},\, \cdots,\, l_{1r_1};\cdots;l_{s1},\, \cdots,\, l_{sr_s})$ 为该序列的与门网络，称 l_{ij} 为与门网络的抽头位置。

注 2.4　零端与门网络序列总被认为是全 0 序列 $\underline{0}$。

注 2.5　单与门是与门网络的特例, 也称为与门网络; r 端与门网络自然是 $r+1$ 端与门网络。

定义 2.3　设 $\underline{b}$ 和 $\underline{c}$ 是 $\underline{a}$ 的两个与门网络序列, 若 $\underline{b}=\underline{c}$, 则称这两个序列所对应的与门网络是等效的。设 r 是正整数, 若一个 r 端与门网络不等效于任意一个 $r-1$ 端与门网络, 则称该与门网络是非退化 r 端与门网络; 特别地, 若一个 r 端单与门不等效于任意一个 $r-1$ 端单与门, 则称该单与门是非退化 r 端单与门。

注 2.6　n 级 m-序列 $\underline{a}$ 的非退化与门网络至多是 n 端的, 所以, 以下都考虑端数 $\leqslant n$ 的与门网络序列。

定理 2.2　设 $\underline{a}$ 是 n 级 m-序列, $f(x)$ 是 $\underline{a}$ 的极小多项式, α 是 $f(x)$ 的根, $\underline{c}$ 是 $\underline{a}$ 的 r 端与门网络序列, 则 $F_{\leqslant r}(x)$ 是 $\underline{c}$ 的一个特征多项式。

证明　只需证明, 当 $1\leqslant s\leqslant r$ 时, $(l_1,\cdots,l_s)\underline{a}$ 是 s 端单与门序列, 则 $F_{\leqslant r}(x)$ 是 $(l_1,\cdots,l_s)\underline{a}$ 的特征多项式。

设 $\underline{a}=(a_0,a_1,a_2,\cdots)$, 由序列的迹表示 (或根表示) 知, 存在 $\beta\in\mathbb{F}_{2^n}$, 使得

$$a_i=\operatorname{Tr}\left(\beta\alpha^i\right)=\beta\alpha^i+\beta^2\alpha^{2i}+\cdots+\beta^{2^{n-1}}\alpha^{2^{n-1}i}$$

记 $\underline{b}=(l_1,\cdots,l_s)\underline{a}=(b_0,b_1,\cdots)$, 则有

$$
\begin{aligned}
b_k&=a_{k+l_1}\cdots a_{k+l_s}\\
&=\left(\beta\alpha^{k+l_1}+\beta^2\alpha^{2(k+l_1)}+\cdots+\beta^{2^{n-1}}\alpha^{2^{n-1}(k+l_1)}\right)\\
&\quad\cdots\left(\beta\alpha^{k+l_s}+\beta^2\alpha^{2(k+l_s)}+\cdots+\beta^{2^{n-1}}\alpha^{2^{n-1}(k+l_s)}\right)\\
&=\left(\left(\beta\alpha^{l_1}\right)\alpha^k+\left(\beta^2\alpha^{2l_1}\right)\alpha^{2k}+\cdots+\left(\beta^{2^{n-1}}\alpha^{2^{n-1}l_1}\right)\alpha^{2^{n-1}k}\right)\\
&\quad\cdots\left(\left(\beta\alpha^{l_s}\right)\alpha^k+\left(\beta^2\alpha^{2l_s}\right)\alpha^{2k}+\cdots+\left(\beta^{2^{n-1}}\alpha^{2^{n-1}l_s}\right)\alpha^{2^{n-1}k}\right)\\
&=\sum_{W_\alpha(\gamma)\leqslant s}\beta_\gamma\gamma^k
\end{aligned}
$$

式中, $\beta_\gamma\in\mathbb{F}_2$。

注意到

$$F_{\leqslant s}(x)=\sum_{W_\alpha(\gamma)\leqslant s}(x-\gamma)$$

所以

$$\underline{b}\in G\left(F_{\leqslant s}(x)\right)\subseteq G\left(F_{\leqslant r}(x)\right)$$

即 $F_{\leqslant r}(x)$ 是 $(l_1,\cdots,l_s)\underline{a}$ 的特征多项式。　　　□

确定 r 端与门网络序列的极小多项式, 不是一件容易的事, 这里只考虑几种特殊情况。

若不做特别说明, 本章总是设 $f(x)$ 是 n 次本原多项式, α 是 $f(x)$ 的一个根, 也是 $\mathbb{F}_{2^n}$ 的本原元, $\mathbb{F}_{2^n}^*$ 中元素的重量均相对于该 α 而言。为叙述方便与演算简便, 设 $\underline{a}=(a_0,a_1,\cdots)\in G(f(x))$ 是自然状态 m-序列, 即 $a_i=\operatorname{Tr}(\alpha^i)\,(i=0,1,\cdots)$。

1）两端单与门序列

定理 2.3　设 $\underline{c} = (l_1, l_2)\underline{a}$，$m(x)$ 为 $\underline{c}$ 的极小多项式，则有：

（1）$f(x) \mid m(x)$；

（2）设 $1 \leqslant d \leqslant [n/2]$，则 $f_{1+2^d}(x) \mid m(x)$ 当且仅当

$$l_1 - l_2 \neq 0 \bmod \frac{2^n - 1}{\gcd(2^d - 1,\ 2^n - 1)}$$

证明　（1）因为 $a_k = \mathrm{Tr}(\alpha^k) = \alpha^k + \alpha^{2k} + \cdots + \alpha^{2^{n-1}k}(k = 0, 1, 2, \cdots)$，所以

$$c_k = a_{k+l_1} \cdot a_{k+l_2}$$
$$= \sum_{i=0}^{n-1} \left(\alpha^{2^i}\right)^{k+l_1} \cdot \sum_{j=0}^{n-1} \left(\alpha^{2^j}\right)^{k+l_2}$$
$$= \sum_{i=0}^{n-1}\sum_{j=0}^{n-1} \alpha^{2^i \cdot l_1 + 2^j \cdot l_2} \cdot \left(\alpha^{2^i + 2^j}\right)^k$$

因为 $2^i + 2^i = 2^{i+1}$，$2^i + 2^j = 2^j + 2^i$，所以上式即为

$$c_k = \sum_{i=0}^{n-1} \alpha^{2^i(l_1+l_2)} \cdot \left(\alpha^{2^{i+1}}\right)^k + \sum_{0 \leqslant i < j \leqslant n-1} \left(\alpha^{2^i l_1 + 2^j l_2} + \alpha^{2^j l_1 + 2^i l_2}\right)\left(\alpha^{2^i + 2^j}\right)^k \tag{2.1}$$

对于 $k = 0, 1, 2, \cdots$，记

$$d_k = \sum_{i=0}^{n-1} \alpha^{2^i \cdot (l_1+l_2)} \cdot \left(\alpha^{2^{i+1}}\right)^k = \sum_{i=0}^{n-1} \left(\alpha^{l_1+l_2} \cdot \alpha^{2k}\right)^{2^i} = \mathrm{Tr}\left(\alpha^{l_1+l_2} \cdot \alpha^{2k}\right)$$

$$e_k = \sum_{0 \leqslant i < j \leqslant n-1} \left(\alpha^{2^i \cdot l_1 + 2^j \cdot l_2} + \alpha^{2^j \cdot l_1 + 2^i \cdot l_2}\right)\left(\alpha^{2^i + 2^j}\right)^k$$

从而序列 $\underline{d} = (d_0, d_1, \cdots)$ 以 $f(x)$ 为极小多项式，而序列 $\underline{e} = (e_0, e_1, \cdots) \in G(F_{=2}(x))$，所以序列 $\underline{c} = \underline{d} + \underline{e}$ 的极小多项式 $m_{\underline{c}}(x)$ 被 $f(x)$ 整除。

（2）由式 (2.1) 可知，对于 $1 \leqslant d \leqslant \lfloor n/2 \rfloor$，有

$$f_{1+2^d}(x) \nmid m_{\underline{c}}(x) \Leftrightarrow \alpha^{l_1 + 2^d \cdot l_2} + \alpha^{2^d \cdot l_1 + l_2} = 0$$
$$\Leftrightarrow l_1 + 2^d l_2 \equiv 2^d l_1 + l_2 \bmod 2^n - 1$$
$$\Leftrightarrow (l_1 - l_2)(2^d - 1) \equiv 0 \bmod 2^n - 1$$
$$\Leftrightarrow l_1 - l_2 \equiv 0 \bmod \frac{2^n - 1}{\gcd(2^d - 1,\ 2^n - 1)}$$

命题得证。　　　　　　　　　　　　　　　　　　　　　　　　　　　　□

注 2.7　定理 2.3 实际上给出了两端单与门序列的极小多项式为 $F_{\leqslant 2}(x)$ 的充分必要条件，即 $(l_1, l_2)\underline{a}$ 以 $F_{\leqslant 2}(x)$ 为极小多项式当且仅当对于任意的 $1 \leqslant d \leqslant \lfloor n/2 \rfloor$，有

$$l_1 - l_2 \neq 0 \bmod \frac{2^n - 1}{\gcd(2^d - 1,\ 2^n - 1)}$$

推论 2.1　设 $0 \leqslant l_1 < l_2 \leqslant 2^n - 2$，则 $\underline{a}$ 的两端单与门序列 $\underline{c} = (l_1, l_2)\underline{a}$ 的周期为 $2^n - 1$。进一步，若 n 是素数，则 $\underline{c}$ 的极小多项式为 $F_{\leqslant 2}(x)$，从而其线性复杂度为 $n + \binom{n}{2}$。

证明　设 $m(x)$ 是 $\underline{c}$ 的极小多项式。因为 $f(x)|m(x)$，$m(x)$ 无重根，并且 $\mathrm{per}(m(x)/f(x))|2^n - 1$，所以 $\mathrm{per}(m(x)) = 2^n - 1$，从而 $\underline{c}$ 的周期为 $2^n - 1$。

因为 n 是素数，所以对于 $1 \leqslant d \leqslant \lfloor n/2 \rfloor$，由引理 2.1 得，$\gcd(2^d - 1, 2^n - 1) = 1$，从而由注 2.7 得 $m(x) = F_{\leqslant 2}(x)$，再由定理 2.1 得 $\deg m(x) = n + \binom{n}{2}$。　□

2）三端单与门序列

三端单与门序列的极小多项式为 $F_{\leqslant 3}(x) = f(x) F_{=2}(x) F_{=3}(x)$ 的因子，类似于两端单与门的讨论，仍利用序列的根表示来分析三端单与门的极小多项式。

定理 2.4　设 $\underline{c} = (l_1, l_2, l_3)\underline{a}$，若

$$x^{l_1} + x^{l_2} + x^{l_3} \equiv 0 \bmod f(x)$$

则 $\underline{c} = \underline{0}$。

证明　显然，$x^{l_1} + x^{l_2} + x^{l_3} \equiv 0 \bmod f(x)$ 等价于 $x^{l_1}\underline{a} + x^{l_2}\underline{a} + x^{l_3}\underline{a} = \underline{0}$，从而有

$$\underline{0} = \left(x^{l_1}\underline{a} + x^{l_2}\underline{a} + x^{l_3}\underline{a}\right)\left(x^{l_2}\underline{a}\right)\left(x^{l_3}\underline{a}\right) = \left(x^{l_1}\underline{a}\right)\left(x^{l_2}\underline{a}\right)\left(x^{l_3}\underline{a}\right)$$ □

定理 2.5　设 $\underline{c} = (l_1, l_2, l_3)\underline{a}$，$m_{\underline{c}}(x)$ 为 $\underline{c}$ 的极小多项式，则有以下结论。

(1) $f(x)|m_{\underline{c}}(x)$ 当且仅当 $x^{l_1} + x^{l_2} + x^{l_3} \not\equiv 0 \bmod f(x)$，从而当 $\underline{c} \neq \underline{0}$ 时，$f(x)|m_{\underline{c}}(x)$。

(2) 对于 $1 \leqslant d \leqslant \lfloor n/2 \rfloor$，$f_{1+2^d}(x)|m_{\underline{c}}(x)$ 当且仅当

$$x^{l_1+l_2+2^{d+1}l_3} + x^{l_1+2^{d+1}l_2+l_3} + x^{2^{d+1}l_1+l_2+l_3} + x^{2^d l_1+2^d l_2+2l_3}$$
$$+ x^{2^d l_1+2l_2+2^d l_3} + x^{2l_1+2^d l_2+2^d l_3} \not\equiv 0 \bmod f(x)$$

(3) 对于 $1 \leqslant d_1 < d_2 < n-1$，$f_{1+2^{d_1}+2^{d_2}}(x)|m_{\underline{c}}(x)$ 当且仅当

$$\begin{vmatrix} x^{l_1} & x^{2^{d_1}l_1} & x^{2^{d_2}l_1} \\ x^{l_2} & x^{2^{d_1}l_2} & x^{2^{d_2}l_2} \\ x^{l_3} & x^{2^{d_1}l_3} & x^{2^{d_2}l_3} \end{vmatrix} \not\equiv 0 \bmod f(x)$$

证明　由序列的根表示得

$$c_k = a_{k+l_1} \cdot a_{k+l_2} \cdot a_{k+l_3}$$
$$= \sum_{i_1=0}^{n-1}\left(\alpha^{2^{i_1}}\right)^{k+l_1} \sum_{i_2=0}^{n-1}\left(\alpha^{2^{i_2}}\right)^{k+l_2} \sum_{i_3=0}^{n-1}\left(\alpha^{2^{i_3}}\right)^{k+l_3}$$
$$= \sum_{i_1=0}^{n-1}\sum_{i_2=0}^{n-1}\sum_{i_3=0}^{n-1}\left(\alpha^{2^{i_1}}\right)^{k+l_1}\left(\alpha^{2^{i_2}}\right)^{k+l_2}\left(\alpha^{2^{i_3}}\right)^{k+l_3}$$
$$= \sum_{i_1=0}^{n-1}\sum_{i_2=0}^{n-1}\sum_{i_3=0}^{n-1}\alpha^{2^{i_1}l_1+2^{i_2}l_2+2^{i_3}l_3} \cdot \alpha^{\left(2^{i_1}+2^{i_2}+2^{i_3}\right)k}$$

$$
\begin{aligned}
&= \sum_{i_1=0}^{n-1}\sum_{i_2=0}^{n-1}\left(\alpha^{2^{i_1}(l_1+l_2)+2^{i_2}l_3}+\alpha^{2^{i_1}(l_1+l_3)+2^{i_2}l_2}+\alpha^{2^{i_1}(l_2+l_3)+2^{i_2}l_1}\right)\alpha^{\left(2^{i_1+1}+2^{i_2}\right)k}\\
&\quad+\sum_{\substack{0\leqslant i_1,\,i_2,\,i_3\leqslant n-1\\ \text{且}i_1、i_2、i_3\text{两两不等}}}\alpha^{2^{i_1}l_1+2^{i_2}l_2+2^{i_3}l_3}\cdot\alpha^{\left(2^{i_1}+2^{i_2}+2^{i_3}\right)k}
\end{aligned}
$$

$$
\begin{aligned}
&= \sum_{i=0}^{n-1}\left(\alpha^{l_1+l_2+2l_3}+\alpha^{l_1+2l_2+l_3}+\alpha^{2l_1+l_2+l_3}\right)^{2^i}\cdot\alpha^{2^{i+2}k}\\
&\quad+\sum_{0\leqslant i_1<i_2\leqslant n-1}\left(\alpha^{l_1+l_2+2^{i_2-i_1+1}l_3}+\alpha^{l_1+l_3+2^{i_2-i_1+1}l_2}+\alpha^{l_2+l_3+2^{i_2-i_1+1}l_1}\right.\\
&\quad\left.+\alpha^{2^{i_2-i_1}(l_1+l_2)+2l_3}+\alpha^{2^{i_2-i_1}(l_1+l_3)+2l_2}+\alpha^{2^{i_2-i_1}(l_2+l_3)+2l_1}\right)^{2^{i_1-1}}\cdot\alpha^{\left(2^{i_1}+2^{i_2}\right)k}\\
&\quad+\sum_{0\leqslant i_1<i_2<i_3\leqslant n-1}\begin{vmatrix}\alpha^{2^{i_1}l_1}&\alpha^{2^{i_2}l_1}&\alpha^{2^{i_3}l_1}\\\alpha^{2^{i_1}l_2}&\alpha^{2^{i_2}l_2}&\alpha^{2^{i_3}l_2}\\\alpha^{2^{i_1}l_3}&\alpha^{2^{i_2}l_3}&\alpha^{2^{i_3}l_3}\end{vmatrix}\cdot\alpha^{\left(2^{i_1}+2^{i_2}+2^{i_3}\right)k}
\end{aligned}
$$

所以结论成立。

注:

$$
\begin{aligned}
&\sum_{\substack{0\leqslant i_1,\,i_2,\,i_3\leqslant n-1\\ \text{且}i_1、i_2、i_3\text{两两不等}}}\alpha^{2^{i_1}l_1+2^{i_2}l_2+2^{i_3}l_3}\cdot\alpha^{\left(2^{i_1}+2^{i_2}+2^{i_3}\right)k}\\
&= \sum_{0\leqslant i_1<i_2<i_3\leqslant n-1}\left(\alpha^{2^{i_1}l_1+2^{i_2}l_2+2^{i_3}l_3}+\alpha^{2^{i_1}l_1+2^{i_3}l_2+2^{i_2}l_3}\right.\\
&\quad\left.+\alpha^{2^{i_2}l_1+2^{i_1}l_2+2^{i_3}l_3}+\alpha^{2^{i_2}l_1+2^{i_3}l_2+2^{i_1}l_3}+\alpha^{2^{i_3}l_1+2^{i_1}l_2+2^{i_2}l_3}\right.\\
&\quad\left.+\alpha^{2^{i_3}l_1+2^{i_2}l_2+2^{i_1}l_3}\right)\cdot\alpha^{\left(2^{i_1}+2^{i_2}+2^{i_3}\right)k}\\
&= \sum_{0\leqslant i_1<i_2<i_3\leqslant n-1}\begin{vmatrix}\alpha^{2^{i_1}l_1}&\alpha^{2^{i_2}l_1}&\alpha^{2^{i_3}l_1}\\\alpha^{2^{i_1}l_2}&\alpha^{2^{i_2}l_2}&\alpha^{2^{i_3}l_2}\\\alpha^{2^{i_1}l_3}&\alpha^{2^{i_2}l_3}&\alpha^{2^{i_3}l_3}\end{vmatrix}\cdot\alpha^{\left(2^{i_1}+2^{i_2}+2^{i_3}\right)k}\qquad\square
\end{aligned}
$$

注 2.8　定理 2.5 实际上给出了三端单与门序列的极小多项式为 $F_{\leqslant 3}(x)$ 的充分必要条件。然而, 具体判断条件的成立, 在计算上还是有一定的困难。

推论 2.2　设等距三端单与门序列 $\underline{c}=(h,\ h+l,\ h+2l)a$, $m_{\underline{c}}(x)$ 是 $\underline{c}$ 的极小多项式, 则有以下结论。

(1) $f(x)\,|\,m_{\underline{c}}(x)$ 当且仅当 $3l\not\equiv 0\bmod 2^n-1$。

(2) 对于 $1\leqslant d\leqslant\lfloor n/2\rfloor$, $f_{1+2^d}(x)\,|\,m_{\underline{c}}(x)$ 当且仅当

$$
\begin{cases}
3l\not\equiv 0\bmod\dfrac{2^n-1}{\gcd\left(2^d-1,\ 2^n-1\right)}\\[3mm]
l\not\equiv 0\bmod\dfrac{2^n-1}{\gcd\left(2^d+1,\ 2^n-1\right)}
\end{cases}
$$

（3）对于 $1 \leqslant d_1 < d_2 < n-1$，$f_{1+2^{d_1}+2^{d_2}}(x) \mid m_{\underline{c}}(x)$ 当且仅当

$$
\begin{cases}
l \not\equiv 0 \bmod \dfrac{2^n-1}{\gcd\left(2^{d_1}-1,\ 2^n-1\right)} \\[3mm]
l \not\equiv 0 \bmod \dfrac{2^n-1}{\gcd\left(2^{d_2}-1,\ 2^n-1\right)} \\[3mm]
l \not\equiv 0 \bmod \dfrac{2^n-1}{\gcd\left(2^{d_2-d_1}-1,\ 2^n-1\right)}
\end{cases}
$$

证明　不妨设 $h=0$。

（1）由定理 2.5 中的（1）得

$$
\begin{aligned}
f(x)\mid m_{\underline{c}}(x) &\Leftrightarrow 1+x^l+x^{2l} \not\equiv 0 \bmod f(x) \\
&\Leftrightarrow x^{3l}+1 \not\equiv 0 \bmod f(x) \\
&\Leftrightarrow 3l \not\equiv 0 \bmod 2^n-1
\end{aligned}
$$

（2）对于 $1 \leqslant d \leqslant \lfloor n/2 \rfloor$，由定理 2.5 中的（2）及 $l_1=0$，$l_2=l$，$l_3=2l$ 得

$$
\begin{aligned}
&f_{1+2^d}(x)\mid m_{\underline{c}}(x) \\
&\Leftrightarrow x^{l_1+l_2+2^{d+1}l_3}+x^{l_1+2^{d+1}l_2+l_3}+x^{2^{d+1}l_1+l_2+l_3}+x^{2^d l_1+2^d l_2+2l_3}+x^{2^d l_1+2l_2+2^d l_3} \\
&\quad +x^{2l_1+2^d l_2+2^d l_3} \not\equiv 0 \bmod f(x) \\
&\Leftrightarrow x^{l+2^{d+2}l}+x^{3l}+x^{2^d l+4l}+x^{3\times 2^d l} \not\equiv 0 \bmod f(x) \\
&\Leftrightarrow x^{3l}\left(x^{3l\left(2^d-1\right)}+1\right)\left(x^{l\left(2^d+1\right)}+1\right) \not\equiv 0 \bmod f(x) \\
&\Leftrightarrow \left(x^{3l\left(2^d-1\right)}+1\right)\left(x^{l\left(2^d+1\right)}+1\right) \not\equiv 0 \bmod f(x) \\
&\Leftrightarrow
\begin{cases}
3l \not\equiv 0 \bmod \dfrac{2^n-1}{\gcd\left(2^d-1,\ 2^n-1\right)} \\[3mm]
l \not\equiv 0 \bmod \dfrac{2^n-1}{\gcd\left(2^d+1,\ 2^n-1\right)}
\end{cases}
\end{aligned}
$$

（3）对于 $1 \leqslant d_1 < d_2 < n-1$，由定理 2.5 中的（3）及 $l_1=0$，$l_2=l$，$l_3=2l$ 得

$$
\begin{aligned}
&f_{1+2^{d_1}+2^{d_2}}(x)\mid m_{\underline{c}}(x) \\
&\Leftrightarrow
\begin{vmatrix}
x^{l_1} & x^{2^{d_1}l_1} & x^{2^{d_2}l_1} \\
x^{l_2} & x^{2^{d_1}l_2} & x^{2^{d_2}l_2} \\
x^{l_3} & x^{2^{d_1}l_3} & x^{2^{d_2}l_2}
\end{vmatrix} \not\equiv 0 \bmod f(x) \\
&\Leftrightarrow
\begin{vmatrix}
1 & 1 & 1 \\
1 & x^{\left(2^{d_1}-1\right)l} & x^{\left(2^{d_2}-1\right)l} \\
1 & \left(x^{\left(2^{d_1}-1\right)l}\right)^2 & \left(x^{\left(2^{d_2}-1\right)l}\right)^2
\end{vmatrix} \not\equiv 0 \bmod f(x)
\end{aligned}
$$

$$\Leftrightarrow \begin{vmatrix} 1 & 1 & 1 \\ 0 & x^{(2^{d_1}-1)l}+1 & x^{(2^{d_2}-1)l}+1 \\ 0 & \left(x^{(2^{d_1}-1)l}\right)^2+1 & \left(x^{(2^{d_2}-1)l}\right)^2+1 \end{vmatrix} \not\equiv 0 \bmod f(x)$$

$$\Leftrightarrow \left(x^{(2^{d_1}-1)l}+1\right)\left(x^{(2^{d_2}-1)l}+1\right)\left(x^{(2^{d_1}-1)l}+x^{(2^{d_2}-1)l}\right) \not\equiv 0 \bmod f(x)$$

$$\Leftrightarrow \begin{cases} x^{(2^{d_1}-1)l}+1 \not\equiv 0 \bmod f(x) \\ x^{(2^{d_2}-1)l}+1 \not\equiv 0 \bmod f(x) \\ x^{(2^{d_1}-1)l}+x^{(2^{d_2}-1)l} \not\equiv 0 \bmod f(x) \end{cases}$$

$$\Leftrightarrow \begin{cases} l \not\equiv 0 \bmod \dfrac{2^n-1}{\gcd(2^{d_1}-1,\,2^n-1)} \\ l \not\equiv 0 \bmod \dfrac{2^n-1}{\gcd(2^{d_2}-1,\,2^n-1)} \\ l \not\equiv 0 \bmod \dfrac{2^n-1}{\gcd(2^{d_2-d_1}-1,\,2^n-1)} \end{cases}$$

综上可知结论成立。

由推论 2.2 得下面的推论。

推论 2.3　设等距三端单与门序列 $\underline{c}=(h,\ h+l,\ h+2l)\underline{a}$，$m_{\underline{c}}(x)$ 是 $\underline{c}$ 的极小多项式，则 $\underline{c}$ 以 $F_{\leqslant 3}(x)$ 为极小多项式当且仅当以下结论成立。

(1) 对于任意 $d\mid n$ 且 $d\neq n$，有

$$3l \not\equiv 0 \bmod \dfrac{2^n-1}{2^d-1}$$

(2) 对于任意 $1\leqslant d\leqslant \lfloor n/2 \rfloor$，有

$$l \not\equiv 0 \bmod \dfrac{2^n-1}{\gcd(2^d-1,\,2^n-1)} \quad \text{且} \quad l \not\equiv 0 \bmod \dfrac{2^n-1}{\gcd(2^d+1,\,2^n-1)}$$

下面举个具体的求极小多项式的例子。

例 2.1　设 $\underline{a}$ 是由 $f(x)=x^4+x+1$ 生成的自然状态 m-序列，$\underline{c}=(0,\ 1,\ 3)\underline{a}$，求 $\underline{c}$ 的极小多项式 $m_{\underline{c}}(x)$。

解　首先，因为

$$1+x+x^3 \not\equiv 0 \bmod f(x)$$

所以 $f(x)\mid m_{\underline{c}}(x)$。

其次，考虑 $f_{1+2^d}(x)$。

当 $d=1$ 时，有

$$x^{1+2^2\times 3}+x^{2^2+3}+x^{1+3}+x^{2+2\times 3}=x^4\left(1+x^3+x^4+x^9\right) \equiv 0 \bmod f(x)$$

所以 $f_3(x)\nmid m_{\underline{c}}(x)$。

当 $d = 2$ 时，有

$$x^{1+2^3 \times 3} + x^{2^3+3} + x^{1+3} + x^{2^2+2 \times 3} + x^{2+2^2 \times 3} + x^{2^2+2^2 \times 3} \equiv x^2 + x \not\equiv 0 \bmod f(x)$$

所以 $f_5(x) | m_{\underline{c}}(x)$。

最后，考虑 $f_{1+2+2^2}(x)$，因为

$$\begin{vmatrix} 1 & 1 & 1 \\ x^1 & x^2 & x^{2^2} \\ x^3 & x^{2 \cdot 3} & x^{2^2 \cdot 3} \end{vmatrix} = x^2 + 1 \not\equiv 0 \bmod f(x)$$

所以 $f_7(x) | m_{\underline{c}}(x)$。

综上可知 $m_{\underline{c}}(x) = f(x) f_5(x) f_7(x)$。 $\qquad\qquad\qquad\qquad\qquad\qquad\square$

3）多端单与门序列

对于三端以上的单与门，其研究难度较大，主要原因是计算过程烦琐。但类似于定理 2.5，有以下结论。

定理 2.6 设 $r \leqslant n$，$\underline{c} = (l_1, l_2, \cdots, l_r)\underline{a}$，$1 \leqslant d_1 < \cdots < d_{r-1} \leqslant n-1$，$m_{\underline{c}}(x)$ 是 $\underline{c}$ 的极小多项式，则 $f_{1+2^{d_1}+\cdots+2^{d_{r-1}}}(x) | m_{\underline{c}}(x)$ 当且仅当

$$\begin{vmatrix} x^{l_1} & x^{2^{d_1}l_1} & \cdots & x^{2^{d_{r-1}}l_1} \\ x^{l_2} & x^{2^{d_1}l_2} & \cdots & x^{2^{d_{r-1}}l_2} \\ \vdots & \vdots & & \vdots \\ x^{l_r} & x^{2^{d_1}l_r} & \cdots & x^{2^{d_{r-1}}l_r} \end{vmatrix} \not\equiv 0 \bmod f(x)$$

详细证明留给读者。

注 2.9 （1）当 $f(x)$ 或 $(l_1, l_2, \cdots, l_r)$ 满足什么条件时，对于任意 $1 \leqslant d_1 < \cdots < d_{r-1} \leqslant n-1$，都有 $f_{1+2^{d_1}+\cdots+2^{d_{r-1}}}(x) | m_{\underline{c}}(x)$？

（2）进一步，重量小于 r 的根如何判断？

定理 2.7 （1）设 s 是正整数，$\underline{c} = (l_1, l_2, \cdots, l_r)\underline{a}$，$\underline{d} = (2^s l_1, 2^s l_2, \cdots, 2^s l_r)\underline{a}$，则 $\underline{c}$ 和 $\underline{d}$ 有相同的极小多项式。

（2）若 $2 | (l_1 + l_j)$ $(j = 2, 3, \cdots, r)$，则 $(l_1, (l_1 + l_2)/2, \cdots, (l_1 + l_r)/2)\underline{a}$ 和 $(l_1, l_2, \cdots, l_r)\underline{a}$ 有相同的极小多项式。

证明 （1）只要对 $s = 1$ 进行证明即可。设 $\underline{d} = (2l_1, 2l_2, \cdots, 2l_r)\underline{a}$。

由于已假设 $\underline{a}$ 是 n 级自然状态 m-序列，所以 $\underline{a}^{(2)} = \underline{a}$，从而对于任意非负整数 t 和 k，有 $a_{t+k} = a_{2(t+k)} = a_{2t+2k}$，即 $x^t \underline{a} = (x^{2t} \underline{a})^{(2)}$，所以

$$\underline{c} = (x^{l_1} \underline{a})(x^{l_2} \underline{a}) \cdots (x^{l_r} \underline{a}) = (x^{2l_1} \underline{a})^{(2)} (x^{2l_2} \underline{a})^{(2)} \cdots (x^{2l_r} \underline{a})^{(2)} = \underline{d}^{(2)}$$

又因为 $F_{\leqslant r}(x)$ 无重根，从而 $\underline{c}$ 和 $\underline{d}$ 有相同的极小多项式。

（2）由（1）知 $(l_1, (l_1+l_2)/2, \cdots, (l_1+l_r)/2)\underline{a}$ 和 $(2l_1, l_1+l_2, \cdots, l_1+l_r)\underline{a}$ 有相同的极小多项式，而 $(2l_1, l_1+l_2, \cdots, l_1+l_r)\underline{a}$ 和 $(l_1, l_2, \cdots, l_r)\underline{a}$ 平移等价，所以结论成立。 $\qquad\qquad\qquad\square$

4）与门网络序列

设 $\underline{c} = (l_1, h_1; l_2, h_2; \cdots; l_r, h_r)\underline{a}$ 是两端与门网络序列，并设 $\underline{c} = (c_0, c_1, \cdots)$，对于 $t \geqslant 1$，由 $a_i = \mathrm{Tr}(\alpha^i)$ 得

$$
\begin{aligned}
c_t &= \sum_{k=1}^{r} a_{t+l_k} a_{t+h_k} \\
&= \sum_{k=1}^{r} \left(\sum_{i=0}^{n-1} \alpha^{2^i(t+l_k)} \right) \left(\sum_{j=0}^{n-1} \alpha^{2^j(t+h_k)} \right) \\
&= \sum_{i=0}^{n-1} \sum_{j=0}^{n-1} \sum_{k=1}^{r} \alpha^{2^i(t+l_k)+2^j(t+h_k)} \\
&= \sum_{i=0}^{n-1} \sum_{j=0}^{n-1} \sum_{k=1}^{r} \alpha^{2^i l_k + 2^j h_k} \alpha^{(2^i+2^j)t} \\
&= \sum_{i=0}^{n-1} \sum_{k=1}^{r} \alpha^{2^i(l_k+h_k)} \alpha^{2^{i+1}t} + \sum_{0 \leqslant i < j \leqslant n-1} \sum_{k=1}^{r} (\alpha^{2^i l_k + 2^j h_k} + \alpha^{2^j l_k + 2^i h_k}) \alpha^{(2^i+2^j)t}
\end{aligned}
$$

从而 α^{2t} 的系数为

$$
\sum_{k=1}^{r} \alpha^{l_k+h_k}
$$

α^{1+2^d} 的系数为

$$
\sum_{k=1}^{r} (\alpha^{2^d l_k + h_k} + \alpha^{l_k + 2^d h_k})
$$

所以有下面的定理。

定理 2.8　设 $\underline{c} = (l_1, h_1; l_2, h_2; \cdots; l_r, h_r)\underline{a}$ 是两端与门网络序列，$m_{\underline{c}}(x)$ 是 $\underline{c}$ 的极小多项式，则有以下结论。

（1）$f(x) \big| m_{\underline{c}}(x)$ 当且仅当

$$
\sum_{k=1}^{r} x^{l_k+h_k} \not\equiv 0 \bmod f(x)
$$

（2）对于任意 $1 \leqslant d \leqslant \lfloor n/2 \rfloor$，$f_{1+2^d}(x) \big| m_{\underline{c}}(x)$ 当且仅当

$$
\sum_{k=1}^{r} (x^{2^d l_k + h_k} + x^{l_k + 2^d h_k}) \not\equiv 0 \bmod f(x)
$$

注 2.10　定理 2.8实际上给出了两端与门网络序列的极小多项式为 $F_{\leqslant 2}(x)$ 的充分必要条件。

同理可以考虑三端与门网络。

下面考虑等距单与门序列 $(0, l, 2l, \cdots, (r-1) l)\underline{a}$ 的线性复杂度。首先给出两个引理。

引理 2.2　设 $\underline{c} = (0, l, 2l, \cdots, (r-1) l)\underline{a}$，其中 $(r-1)l < 2^n - 1$，$m(x)$ 是 $\underline{c}$ 的极小多项式，$e = 2^{e_0} + 2^{e_1} + \cdots + 2^{e_{r-1}}$，$0 \leqslant e_0 < \cdots < e_{r-1} \leqslant n-1$，则 α^e 是 $m(x)$ 的根当且仅当对于任意 $e_i \neq e_j$，有 $(2^n - 1) \nmid (2^{e_i - e_j} - 1) l$。

证明　因为

$$e = 2^{e_0} + 2^{e_1} + \cdots + 2^{e_{r-1}} = 2^{e_0} \left(1 + 2^{e_1 - e_0} + \cdots + 2^{e_{r-1} - e_0}\right) = 2^{e_0} e'$$

所以 α^e 和 $\alpha^{e'}$ 共轭的，其中，$e' = 1 + 2^{e_1 - e_0} + \cdots + 2^{e_{r-1} - e_0}$，所以由定理 2.6 知

$$\alpha^e \text{是} m(x) \text{的根} \Leftrightarrow \begin{vmatrix} 1 & 1 & \cdots & 1 \\ \alpha^l & \alpha^{2^{e_1 - e_0} l} & \cdots & \alpha^{2^{e_{r-1} - e_0} l} \\ \vdots & \vdots & & \vdots \\ \alpha^{(r-1)l} & \alpha^{2^{e_1 - e_0}(r-1)l} & \cdots & \alpha^{2^{e_{r-1} - e_0}(r-1)l} \end{vmatrix} \neq 0$$

$$\Leftrightarrow \begin{vmatrix} 1 & 1 & \cdots & 1 \\ \alpha^{2^{e_0} l} & \alpha^{2^{e_1} l} & \cdots & \alpha^{2^{e_{r-1}} l} \\ \vdots & \vdots & & \vdots \\ \alpha^{2^{e_0}(r-1)l} & \alpha^{2^{e_1}(r-1)l} & \cdots & \alpha^{2^{e_{r-1}}(r-1)l} \end{vmatrix} \neq 0$$

$$\Leftrightarrow \prod_{0 \leqslant j < i < r} \left(\alpha^{l \cdot 2^{e_i}} - \alpha^{l \cdot 2^{e_j}}\right) \neq 0$$

$$\Leftrightarrow \text{对于任意 } e_i \neq e_j，\text{有} l \cdot 2^{e_j} \neq l \cdot 2^{e_i} \bmod 2^n - 1$$

$$\Leftrightarrow \text{对于任意 } e_i \neq e_j，\text{有} (2^n - 1) \nmid (2^{e_i - e_j} - 1) l \qquad \square$$

引理 2.3　设 l、r、e_i、n 同引理 2.2 所设，设 $\mathbb{N}_0$ 是非负整数集，记 $S = \{k \in \mathbb{N}_0 | (2^n - 1) | l(2^k - 1)\}$，$t$ 是 S 中的最小正整数，则 $t | n$，并且 $S = \{0, t, 2t, 3t, \cdots\}$，从而有

$$\prod_{0 \leqslant j < i < r} \left(\alpha^{l \cdot 2^{e_i}} - \alpha^{l \cdot 2^{e_j}}\right) = 0$$

当且仅当存在 $0 \leqslant j < i \leqslant r-1$，使得 $e_i \equiv e_j \bmod t$。

证明　首先，显然有 $t \leqslant n$。设 $n = st + j$，其中 s 是正整数，$0 \leqslant j \leqslant t-1$。因为

$$2^n - 1 = 2^{st+j} - 1 = 2^j \left(2^{st} - 1\right) + \left(2^j - 1\right)$$

所以 $(2^n - 1) l = (2^j (2^{st} - 1) + (2^j - 1)) l$。又因为 $(2^n - 1) | (2^n - 1) l$ 和 $(2^n - 1) | (2^t - 1) l$，所以 $(2^n - 1) | (2^j - 1) l$，从而 $j = 0$，即 $t | n$。

设 $k \in S$ ，记 $k = st + j$ ，其中 $0 \leqslant j \leqslant t - 1$ ，同理可以证明 $j = 0$ 。其次，对于任意非负整数 s ，显然有 $st \in S$ ，所以 $S = 0, t, 2t, 3t, \cdots$ 。最后，因为

$$\alpha^{l \cdot 2^{e_i}} - \alpha^{l \cdot 2^{e_j}} = 0$$
$$\Leftrightarrow l \cdot 2^{e_j} \equiv l \cdot 2^{e_i} \mod 2^n - 1$$
$$\Leftrightarrow (2^n - 1) \mid (2^{e_i - e_j} - 1) l$$
$$\Leftrightarrow t \mid e_i - e_j$$

所以 $\prod_{0 \leqslant j < i < r} \left(\alpha^{l \cdot 2^{e_i}} - \alpha^{l \cdot 2^{e_j}} \right) = 0 \Leftrightarrow$ 存在 $0 \leqslant j < i \leqslant r - 1$ ，使得 $e_i \equiv e_j \mod t$ 。

命题得证。 □

下面给出 $(0, l, 2l, \cdots, (r-1)l) \underline{a}$ 的线性复杂度的一个下界。

定理 2.9 设 $\underline{c} = (0, l, 2l, \cdots, (r-1)l) \underline{a}$ ，其中 $(r-1)l < 2^n - 1$ ，设 t 是使得 $(2^n - 1) \mid (2^t - 1) l$ 的最小正整数，则 $\underline{c}$ 的线性复杂度为

$$\mathrm{LC}(\underline{c}) \geqslant \binom{t}{r} \left(\frac{n}{t} \right)^r$$

证明 设 $m(x)$ 是 $\underline{a}$ 的极小多项式，$e = 2^{e_0} + 2^{e_1} + \cdots + 2^{e_{r-1}}$，$0 \leqslant e_0 < \cdots < e_{r-1} \leqslant n - 1$，由引理 2.2 知，$\alpha^e$ 是 $m(x)$ 的根当且仅当 $e_0, e_1, \cdots, e_{r-1}$ 两两 $\mod t$ 不同余。

由引理 2.3 得 $t \mid n$ ，所以整数集 $\{0, 1, \cdots, n-1\}$ 按 $\mod t$ 分成 t 个同余类 $S_0, \cdots, S_{t-1}$ ，每个同余类 $S_i (i = 0, 1, \cdots,)$ 中有 n/t 个元素，从而 $e_0, e_1, \cdots, e_{r-1}$ 两两 $\mod t$ 不同余当且仅当 $e_0, e_1, \cdots, e_{r-1}$ 取自 r 个不同的 S_i ，故这种取法共有 $\binom{t}{r} \left(\frac{n}{t} \right)^r$ 种，所以 $m(x)$ 至少有 $\binom{t}{r} \left(\frac{n}{t} \right)^r$ 个根，即

$$\mathrm{LC}(\underline{c}) = \deg m(x) \geqslant \binom{t}{r} \left(\frac{n}{t} \right)^r$$ □

推论 2.4 设 $(l_{11}, \cdots, l_{1r_1}; \cdots; l_{s1}, \cdots, l_{sr_s})$ 是 $r-1$ 端与门网络，则 r 端与门网络序列

$$(l_1, l_1 + l, l_1 + 2l, \cdots, l_1 + (r-1)l) \underline{a} + (l_{11}, \cdots, l_{1r_1}; \cdots; l_{s1}, \cdots, l_{sr_s}) \underline{a}$$

的线性复杂度至少为 $\binom{t}{r} \left(\frac{n}{t} \right)^r$ ，其中 t 由定理 2.9 确定。

2.3 与门网络的退化和等效

与门网络的退化和等效的概念在 2.2 节中已介绍，这一节主要研究退化和等效的条件。首先讨论单与门的退化问题。

定义 2.4　设 $(l_1, \cdots, l_r)$ 是 r 端单与门，若序列 $x^{l_1}\underline{a}, \cdots, x^{l_r}\underline{a}$ 线性无关，则称该单与门的抽头位置是线性无关的，简称单与门 $(l_1, \cdots, l_r)$ 线性无关，否则称为线性相关。

注 2.11　显然，$(l_1, \cdots, l_r)$ 线性无关当且仅当对于任意不全为零的 $k_1, k_2, \cdots, k_r \in \mathbb{F}_2$，都有 $k_1 x^{l_1} + \cdots + k_r x^{l_r} \not\equiv 0 \bmod f(x)$。

下面的引理是有限域理论中的一个基本结论。

引理 2.4　设 $\mathbb{F}_{q^n}$ 是 $\mathbb{F}_q$ 的 n 次扩张，$\alpha_1, \cdots, \alpha_n \in \mathbb{F}_{q^n}$，则 $\alpha_1, \cdots, \alpha_n$ 是 $\mathbb{F}_{q^n}/\mathbb{F}_q$ 的一组基当且仅当

$$\begin{vmatrix} \alpha_1 & \alpha_1^q & \cdots & \alpha_1^{q^{n-1}} \\ \alpha_2 & \alpha_2^q & \cdots & \alpha_2^{q^{n-1}} \\ \vdots & \vdots & & \vdots \\ \alpha_n & \alpha_n^q & \cdots & \alpha_n^{q^{n-1}} \end{vmatrix} \neq 0$$

引理 2.5　设 $\mathbb{F}_{q^n}$ 是 $\mathbb{F}_q$ 的 n 次扩张，$\alpha_1, \cdots, \alpha_r \in \mathbb{F}_{q^n}$，$r \leqslant n$，则 $\alpha_1, \cdots, \alpha_r$ 在 $\mathbb{F}_q$ 上线性无关当且仅当存在 $1 \leqslant d_1 < d_2 < \cdots < d_{r-1} \leqslant n-1$，使得

$$\begin{vmatrix} \alpha_1 & \alpha_1^{q^{d_1}} & \cdots & \alpha_1^{q^{d_{r-1}}} \\ \alpha_2 & \alpha_2^{q^{d_1}} & \cdots & \alpha_2^{q^{d_{r-1}}} \\ \vdots & \vdots & & \vdots \\ \alpha_r & \alpha_r^{q^{d_1}} & \cdots & \alpha_r^{q^{d_{r-1}}} \end{vmatrix} \neq 0 \tag{2.2}$$

证明　必要性：因为 $\alpha_1, \cdots, \alpha_r$ 在 $\mathbb{F}_q$ 上线性无关，所以 $\alpha_1, \cdots, \alpha_r$ 可以扩充为一组基 $\alpha_1, \cdots, \alpha_r, \alpha_{r+1}, \cdots, \alpha_n$，从而由引理 2.4 知

$$\begin{vmatrix} \alpha_1 & \alpha_1^{q^{d_1}} & \cdots & \alpha_1^{q^{d_{r-1}}} \\ \alpha_2 & \alpha_2^{q^{d_1}} & \cdots & \alpha_2^{q^{d_{r-1}}} \\ \vdots & \vdots & & \vdots \\ \alpha_r & \alpha_r^{q^{d_1}} & \cdots & \alpha_r^{q^{d_{r-1}}} \end{vmatrix} \neq 0$$

取定前 r 行进行拉普拉斯展开可知，存在 $1 \leqslant d_1 < d_2 < \cdots < d_{r-1} \leqslant n-1$，使得式 (2.2) 成立。

充分性：若 $\alpha_1, \cdots, \alpha_r$ 在 $\mathbb{F}_q$ 上线性相关，设 $a_1\alpha_1 + \cdots + a_r\alpha_r = 0$，其中 $a \in \mathbb{F}_q$ 且不全为零，则对于任意的 $1 \leqslant d \leqslant n-1$，都有

$$a_1\alpha_1^{q^d} + \cdots + a_r\alpha_r^{q^d} = (a_1\alpha_1 + \cdots + a_r\alpha_r)^{q^d} = 0$$

所以对于任意的 $1 \leqslant d_1 < d_2 < \cdots < d_{r-1} \leqslant n-1$，式 (2.2) 的行列式中的行向量线性相关，从而式 (2.2) 不成立。　□

下面给出 r 端单与门退化的充要条件。

定理 2.10　$\underline{a}$ 的 r 端单与门 $(l_1, l_2, \cdots, l_r)$ 是非退化的当且仅当 $(l_1, l_2, \cdots, l_r)$ 是线性无关的。

证明　必要性是显然的，下面证明充分性。

$x^{l_1}\underline{a},\ \cdots,\ x^{l_r}\underline{a}$在$\mathbb{F}_2$上线性无关

$\Rightarrow$对于任意不全为零的$k_1,\ \cdots,\ k_r \in \mathbb{F}_2$，都有$k_1 x^{l_1}+\cdots+k_r x^{l_r} \not\equiv 0 \bmod f(x)$

$\Rightarrow \alpha^{l_1},\ \cdots,\ \alpha^{l_r}$ $\mathbb{F}_2$上线性无关

$\Rightarrow$由引理 2.5知，存在一组$1 \leqslant d_1 < d_2 < \cdots < d_{r-1} \leqslant n-1$，满足

$$\begin{vmatrix} \alpha^{l_1} & \alpha^{2^{d_1}l_1} & \cdots & \alpha^{2^{d_{r-1}}l_1} \\ \alpha^{l_2} & \alpha^{2^{d_1}l_2} & \cdots & \alpha^{2^{d_{r-1}}l_2} \\ \vdots & \vdots & & \vdots \\ \alpha^{l_r} & \alpha^{2^{d_1}l_r} & \cdots & \alpha^{2^{d_{r-1}}l_r} \end{vmatrix} \neq 0$$

即

$$\begin{vmatrix} x^{l_1} & x^{2^{d_1}l_1} & \cdots & x^{2^{d_{r-1}}l_1} \\ x^{l_2} & x^{2^{d_1}l_2} & \cdots & x^{2^{d_{r-1}}l_2} \\ \vdots & \vdots & & \vdots \\ x^{l_r} & x^{2^{d_1}l_r} & \cdots & x^{2^{d_{r-1}}l_r} \end{vmatrix} \not\equiv 0 \bmod f(x)$$

$\Rightarrow$由定理 2.6知，$f_{1+2^{d_1}+\cdots+2^{d_{r-1}}}(x)\,|\,m_{\underline{c}}(x)$，其中$\underline{c}=(l_1,\ l_2,\ \cdots,\ l_r)\underline{a}$

$\Rightarrow (l_1,\ l_2,\ \cdots,\ l_r)$非退化　　　　　□

引理 2.6　设$\underline{a}$是n级 m-序列，$(l_1,\ l_2,\ \cdots,\ l_r)$线性无关$(b_1,\ b_2,\ \cdots,\ b_r)\in\mathbb{F}_2^r\backslash\{0\}$，$r \leqslant n$，则$(b_1,\ b_2,\ \cdots,\ b_r)$在

$$\{(a_{k+l_1},\ a_{k+l_2},\ \cdots,\ a_{k+l_r})|0 \leqslant k \leqslant 2^n-2\}$$

中出现2^{n-r}次，而$\underbrace{(0,\ 0,\ \cdots,\ 0)}_{r}$出现$2^{n-r}-1$次。

证明　因为$\underline{a},\ x\underline{a},\ \cdots,\ x^{n-1}\underline{a}$是$G(f(x))$的一组基，以及$(l_1,\ l_2,\ \cdots,\ l_r)$线性无关，所以存在秩为$r$的矩阵$M_{r\times n}$满足

$$M_{r\times n}\begin{pmatrix} \underline{a} \\ x\underline{a} \\ \vdots \\ x^{n-1}\underline{a} \end{pmatrix} = \begin{pmatrix} x^{l_1}\underline{a} \\ x^{l_2}\underline{a} \\ \vdots \\ x^{l_r}\underline{a} \end{pmatrix}$$

又由 m-序列性质知，当k取遍$0 \sim 2^n-2$时，$(a_k,\ a_{k+1},\ \cdots,\ a_{k+n-1})$取遍$\mathbb{F}_2^n\backslash\{0\}$，所以任意的$r$维非零数组$(b_1,\ b_2,\ \cdots,\ b_r)$在

$$\{(a_{k+l_1},\ a_{k+l_2},\ \cdots,\ a_{k+l_r})|0 \leqslant k \leqslant 2^n-2\}$$

中出现个数就等于下面线性方程组的非零解个数:

$$M_{r \times n} \begin{pmatrix} x_1 \\ x_2 \\ \vdots \\ x_n \end{pmatrix} = \begin{pmatrix} b_1 \\ b_2 \\ \vdots \\ b_r \end{pmatrix}$$

因为上述线性方程组中,系数矩阵 $M_{r \times n}$ 的秩为 r、变元个数为 n、方程个数为 r,所以共有 2^{n-r} 个解,从而当 $(b_1, b_2, \cdots, b_r) \neq (0, 0, \cdots, 0)$ 时,结论成立。

而当 $(b_1, b_2, \cdots, b_r) = (0, 0, \cdots, 0)$ 时,解个数也是 2^{n-r},而非零解个数为 $2^{n-r} - 1$。　　　　　　　　　　　　　　　　　　　　　　　　　　　　　　　□

定理 2.11　设 $(l_1, l_2, \cdots, l_n)$ 线性无关,则有:

(1) 抽头取自 $l_1, l_2, \cdots, l_n$ 的端数 $\leqslant n$ 的全体单与门序列构成 $G(F_{\leqslant n}(x))$ 的一组基;

(2) 抽头取自 $l_1, l_2, \cdots, l_n$ 的端数 $\leqslant r$ 的全体单与门序列构成 $G(F_{\leqslant r}(x))$ 的一组基。

证明　　(1) 因为 $F_{\leqslant n}(x) = x^{2^n-1} - 1$,$\deg F_{\leqslant n}(x) = 2^n - 1$,所以

$$\dim G(F_{\leqslant n}(x)) = 2^n - 1$$

抽头取自 $l_1, l_2, \cdots, l_n$ 的单与门序列之集为

$$\Omega = \left\{ (l_{i_1}, \cdots, l_{i_j}) \underline{a} \mid j = 1, 2, \cdots, n, 1 \leqslant i_1 < \cdots < i_j \leqslant n \right\}$$

显然 $|\Omega| = 2^n - 1$。只要证明 Ω 中的 $2^n - 1$ 个序列是线性无关的即可。

由引理 2.6知,Ω 中的每个序列都不为 $\underline{0}$,所以 Ω 中的单个序列都是线性无关的。

若 Ω 线性相关,即存在 $2 \leqslant v \leqslant 2^n - 1$ 和 $\underline{c}_1, \cdots, \underline{c}_v \in \Omega$,使得

$$\underline{c}_1 + \cdots + \underline{c}_v = \underline{0} \tag{2.3}$$

不妨设 $\underline{c}_1, \cdots, \underline{c}_s$ 是 r 端的,$\underline{c}_{s+1}, \cdots, \underline{c}_v$ 是小于 r 端的,则 $s \geqslant 2$ (否则,$\underline{c}_1$ 是退化的 r 端单与门序列,这与定理 2.10矛盾),此时 $r \leqslant n-1$(因为 Ω 中只有一个 n 端单与门序列)。

对于每个 $\underline{c}_i (2 \leqslant i \leqslant s)$,存在 $l_{k_i} \in \{l_1, l_2, \cdots, l_n\}$,使得 l_{k_i} 是 $\underline{c}_i$ 的抽头,但不是 $\underline{c}_1$ 的抽头。不妨设 $l_1, l_2, \cdots, l_k$ 是 $\{l_{k_2}, \cdots, l_{k_s}\}$ 中的所有不同者。令 $\underline{c} = (l_1, l_2, \cdots, l_k) \underline{a}$,并用 $\underline{c}$ 乘式 (2.3),得

$$\underline{c}_1 \underline{c} + \cdots + \underline{c}_v \underline{c} = \underline{0}$$

显然 $\underline{c}_1 \underline{c}$ 是非退化 $r+k$ 端单与门序列,而 $\underline{c}_2 \underline{c} + \cdots + \underline{c}_v \underline{c}$ 是 $r+k-1$ 端与门网络序列,矛盾,所以 Ω 线性无关,即 Ω 构成 $G(F_{\leqslant n}(x))$ 的一组基。

(2) 由 (1) 知,抽头取自 $l_1, l_2, \cdots, l_n$ 的端数 $\leqslant r$ 的全体单与门序列是线性无关的,并且都属于 $G(F_{\leqslant r}(x))$,再由 $F_{\leqslant r}(x)$ 的次数 = 抽头取自 $l_1, l_2, \cdots, l_n$ 的端数 $\leqslant r$ 的单与门个数可知,结论成立。　　　　　　　　　　　　　　　　　　　　　　　　□

注 2.12　特别地，抽头在移位寄存器之上的端数小于等于 $r(1 \leqslant r \leqslant n)$ 的单与门序列的全体构成 $G(F_{\leqslant r}(x))$ 的一组基。

定理 2.12　r 端单与门 $(l_1, l_2, \cdots, l_r)$ 和非退化 s 端单与门 $(h_1, h_2, \cdots, h_s)$ 等效当且仅当存在一个秩为 s 且行向量的重量都为奇数的 $r \times s$ 矩阵 Q，使得

$$\begin{pmatrix} x^{l_1}\underline{a} \\ x^{l_2}\underline{a} \\ \vdots \\ x^{l_r}\underline{a} \end{pmatrix} = Q \begin{pmatrix} x^{h_1}\underline{a} \\ x^{h_2}\underline{a} \\ \vdots \\ x^{h_s}\underline{a} \end{pmatrix} \left(\text{即} \begin{pmatrix} x^{l_1} \\ x^{l_2} \\ \vdots \\ x^{l_r} \end{pmatrix} \equiv Q \begin{pmatrix} x^{h_1} \\ x^{h_2} \\ \vdots \\ x^{h_s} \end{pmatrix} \bmod f(x) \right) \tag{2.4}$$

证明　必要性：设 $(l_1, l_2, \cdots, l_r)$ 和 $(h_1, h_2, \cdots, h_s)$ 等效。因为对于 $i = 1, 2, \cdots, r$，有

$$(h_1, h_2, \cdots, h_s)\underline{a} = (l_1, l_2, \cdots, l_r, l_i)\underline{a} = (h_1, h_2, \cdots, h_s, l_i)\underline{a}$$

即 $(h_1, h_2, \cdots, h_s, l_i)$ 是退化的，所以 $h_1, h_2, \cdots, h_s, l_i$ 是线性相关的，即存在 $k_{i1}, k_{i2}, \cdots, k_{is} \in \mathbb{F}_2$，使得

$$x^{l_i}\underline{a} = \sum_{j=1}^{s} k_{ij} x^{h_j}\underline{a}$$

令 $Q = (k_{ij})_{r \times s}$，则式 (2.4) 成立。由 $(l_1, l_2, \cdots, l_r)$ 与 $(h_1, h_2, \cdots, h_s)$ 等效且 $(h_1, h_2, \cdots, h_s)$ 非退化知 Q 的秩为 s。

下面说明 $k_{i1} + k_{i2} + \cdots + k_{is} = 1(i = 1, 2, \cdots, r)$。

若存在 $1 \leqslant i \leqslant r$，使得 $k_{i1} + k_{i2} + \cdots + k_{is} = 0$。

因为 $(h_1, h_2, \cdots, h_s)\underline{a} \neq \underline{0}$，所以存在 $j \geqslant 0$，使得序列 $\underline{b} = (h_1, h_2, \cdots, h_s)\underline{a}$ 的第 j 个输出比特 $b_j = 1$，从而 $x^{h_1}\underline{a}, \cdots, x^{h_s}\underline{a}$ 的第 j 个输出比特都是 1，所以 $x^{l_i}\underline{a} = \sum_{k=1}^{s} k_{ik} x^{h_k}\underline{a}$ 的第 j 个输出比特是偶数个 1 之和，即为 0，这使得 $(l_1, l_2, \cdots, l_r)\underline{a}$ 的第 j 个输出比特是 0，这与 $(l_1, l_2, \cdots, l_r)$ 和 $(h_1, h_2, \cdots, h_s)$ 等效矛盾，所以

$$k_{i1} + k_{i2} + \cdots + k_{is} = 1, \quad i = 1, 2, \cdots, r$$

充分性：首先，由 $(h_1, h_2, \cdots, h_s)$ 线性无关及引理 2.6 知，序列 $(h_1, h_2, \cdots, h_s)\underline{a}$ 的一个周期中 1 的个数 $N_2 = 2^{n-s}$。

其次，由 $(h_1, h_2, \cdots, h_s)$ 线性无关和 Q 的秩为 s，得 $x^{l_1}\underline{a}, \cdots, x^{l_r}\underline{a}$ 的秩为 s(即最大线性无关组是 s 个序列)，由引理 2.6 知，序列 $(l_1, l_2, \cdots, l_r)\underline{a}$ 的一个周期中 1 的个数 $N_1 \leqslant 2^{n-s}$。

又由矩阵 Q 的行向量的重量为奇数知，当 $(h_1, h_2, \cdots, h_s)\underline{a}$ 输出为 1 时，$(l_1, l_2, \cdots, l_r)\underline{a}$ 的相应时刻也必输出 1，所以 $N_1 \geqslant 2^{n-s}$。

综上知 $N_1 = 2^{n-s}$ 且 $(h_1, h_2, \cdots, h_s)\underline{a}$ 输出为 1 当且仅当 $(l_1, l_2, \cdots, l_r)\underline{a}$ 输出 1，即 $(l_1, l_2, \cdots, l_r)$ 和 $(h_1, h_2, \cdots, h_s)$ 等效。　　　□

推论 2.5　设 $x^{l_1}\underline{a}$, $x^{l_2}\underline{a}$, $\cdots$, $x^{l_r}\underline{a}$ 的最大线性无关组为 $x^{l_1}\underline{a}$, $x^{l_2}\underline{a}$, $\cdots$, $x^{l_s}\underline{a}$, $(s < r)$。若 $x^{l_1}\underline{a}$, $x^{l_2}\underline{a}$, $\cdots$, $x^{l_r}\underline{a}$ 中有一个序列是 $x^{l_1}\underline{a}$, $x^{l_2}\underline{a}$, $\cdots$, $x^{l_s}\underline{a}$ 中偶数个序列之和，则 $(l_1, l_2, \cdots, l_r)\underline{a} = \underline{0}$；否则，$(l_1, l_2, \cdots, l_r)\underline{a} = (l_1, l_2, \cdots, l_s)\underline{a}$。

证明　不妨设 $x^{l_r}\underline{a}$ 是 $x^{l_1}\underline{a}$, $x^{l_2}\underline{a}$, $\cdots$, $x^{l_s}\underline{a}$ 中偶数个序列之和，则 $(l_1, l_2, \cdots, l_r)\underline{a}$ 是偶数个 $(l_1, l_2, \cdots, l_{r-1})\underline{a}$ 之和，从而 $(l_1, l_2, \cdots, l_r)\underline{a} = \underline{0}$。

第二个结论直接由定理 2.12 得。　　　　　　　　　　　　　　　　　□

推论 2.6　两个非退化 r 端单与门 $(l_1, l_2, \cdots, l_r)$ 和 $(h_1, h_2, \cdots, h_r)$ 等效当且仅当存在一个行重都为奇数的 $r \times r$ 可逆矩阵 Q，使得

$$\begin{pmatrix} x^{l_1}\underline{a} \\ x^{l_2}\underline{a} \\ \vdots \\ x^{l_r}\underline{a} \end{pmatrix} = Q \begin{pmatrix} x^{h_1}\underline{a} \\ x^{h_2}\underline{a} \\ \vdots \\ x^{h_s}\underline{a} \end{pmatrix} \left(\text{即} \begin{pmatrix} x^{l_1} \\ x^{l_2} \\ \vdots \\ x^{l_r} \end{pmatrix} \equiv Q \begin{pmatrix} x^{h_1} \\ x^{h_2} \\ \vdots \\ x^{h_s} \end{pmatrix} \bmod f(x)\right)$$

注 2.13　设 $(l_1, l_2, \cdots, l_r)$ 和 $(h_1, h_2, \cdots, h_r)$ 是两个单与门，若 $l_1, l_2, \cdots, l_r$ 是 $h_1, h_2, \cdots, h_r$ 的一个置换，则把 $(l_1, l_2, \cdots, l_r)$ 与 $(h_1, h_2, \cdots, h_r)$ 视为同一个单与门，即记为 $(l_1, l_2, \cdots, l_r) = (h_1, h_2, \cdots, h_r)$。

注 2.14　对于 $r \geqslant 2$，$(l_1, l_2, \cdots, l_r)$ 是非退化 r 端单与门，则与 $(l_1, l_2, \cdots, l_r)$ 等效的非退化 r 端单与门个数为

$$E_r = \frac{2^{r(r-1)/2} \prod_{i=1}^{r-1} (2^i - 1)}{r!}$$

原因如下。

设 $(h_1, h_2, \cdots, h_r)$ 是 r 端单与门，由推论 2.6 知，$(h_1, h_2, \cdots, h_r)$ 与 $(l_1, l_2, \cdots, l_r)$ 等效当且仅当存在行重为奇数的 $r \times r$ 可逆矩阵 Q，使得

$$\begin{pmatrix} x^{l_1}\underline{a} \\ x^{l_2}\underline{a} \\ \vdots \\ x^{l_r}\underline{a} \end{pmatrix} = Q \begin{pmatrix} x^{h_1}\underline{a} \\ x^{h_2}\underline{a} \\ \vdots \\ x^{h_r}\underline{a} \end{pmatrix}$$

（1）考虑 $\mathbb{F}_2$ 上 $r \times r$ 可逆矩阵的个数。

设 $\zeta_1, \zeta_2, \cdots, \zeta_r \in \mathbb{F}_2^r$ 是矩阵的 r 个行向量，则该矩阵可逆当且仅当这 r 个向量线性无关。

先确定第一行，$\mathbb{F}_2^r$ 中任意一个非 0 向量均可，那么有 $2^r - 1$ 种选择，设 ζ_1 为选定的第一行。

第二行所选择的 ζ_2 满足 ζ_1、ζ_2 线性无关即可，而 ζ_1、ζ_2 线性无关当且仅当 $\zeta_2 \in \mathbb{F}_2^r \setminus V(\zeta_1)$，其中 $V(\zeta_1)$ 表示由 ζ_1 生成的 $\mathbb{F}_2^r$ 的子空间，这样有 $2^r - 2$ 种选择，设 ζ_2 为选定的第二行。

第三行选择的 ζ_3 满足 ζ_1、ζ_2、ζ_3 线性无关，而 ζ_1、ζ_2、ζ_3 线性无关当且仅当 $\zeta_3 \in \mathbb{F}_2^r \setminus V(\zeta_1, \zeta_2)$，其中 $V(\zeta_1, \zeta_2)$ 表示由 ζ_1，ζ_2 生成的 $\mathbb{F}_2^r$ 的子空间，这样有 $2^r - 2^2$ 种选择，设 ζ_3 为选定的第三行。

依次类推，最终可得 $\mathbb{F}_2$ 上的 $r \times r$ 可逆矩阵个数为

$$\left(2^r - 1\right)\left(2^r - 2\right)\left(2^r - 2^2\right) \cdots \left(2^r - 2^{r-1}\right)$$

（2）考虑 $\mathbb{F}_2$ 上 $r \times r$ 行重为奇数的可逆矩阵个数。

在（1）中，选择行重为奇数的 ζ_1 的个数为 2^{r-1}。

$\mathbb{F}_2^r$ 中行重是奇数和偶数的个数各一半，$V(\zeta_1)$ 中行重是奇数和偶数的个数也各一半，所以 $\mathbb{F}_2^r \setminus V(\zeta_1)$ 中行重是奇数和偶数的个数同样是各一半，从而在 $\mathbb{F}_2^r \setminus V(\zeta_1)$ 中选择奇数的 ζ_2 的个数为 $(2^r - 2)/2 = 2^{r-1} - 1$。

同样，$\mathbb{F}_2^r \setminus V(\zeta_1, \zeta_2)$ 中选择奇数的 ζ_3 的个数为 $(2^r - 2^2)/2 = 2^{r-1} - 2$。

依次类推，可得 $\mathbb{F}_2$ 上 $r \times r$ 行重为奇数的可逆矩阵个数为

$$2^{r-1}\left(2^{r-1} - 1\right)\left(2^{r-1} - 2\right) \cdots \left(2^{r-1} - 2^{r-2}\right) = 2^{r(r-1)/2} \prod_{i=1}^{r-1} \left(2^i - 1\right)$$

（3）行置换后单与门与原单与门是同一个单与门，所以与 $(l_1, l_2, \cdots, l_r)$ 等效的非退化 r 端单与门个数为

$$\frac{2^{r(r-1)/2} \prod\limits_{i=1}^{r-1} \left(2^i - 1\right)}{r!}$$

推论 2.7 设 (l_1, l_2) 和 (h_1, h_2) 都是非退化两端单与门，则 (l_1, l_2) 和 (h_1, h_2) 等效当且仅当 $(l_1, l_2) = (h_1, h_2)$。

证明 行重为奇数的 2×2 可逆矩阵按行置换分类只有一类，其代表元为

$$\begin{pmatrix} 1 & 0 \\ 0 & 1 \end{pmatrix}$$

立刻得到结论成立。   □

推论 2.8 设 $\underline{c} = (l_1, l_2, l_3)\underline{a}$ 和 $\underline{d} = (h_1, h_2, h_3)\underline{a}$ 都是非退化三端单与门序列，并记 l 是最小非负整数（必存在），使得 $x^l\underline{a} = x^{l_1}\underline{a} + x^{l_2}\underline{a} + x^{l_3}\underline{a}$，则 $\underline{d} = \underline{c}$ 当且仅当

$$(h_1, h_2, h_3) = (l_1, l_2, l_3) \text{ 或 } (l_1, l_2, l) \text{ 或 } (l_1, l_3, l) \text{ 或 } (l_2, l_3, l)$$

证明 3×3 的行重为奇数的可逆矩阵按行置换分类得到 4 类，其代表元分别选为

$$\begin{pmatrix} 1 & 0 & 0 \\ 0 & 1 & 0 \\ 0 & 0 & 1 \end{pmatrix}, \quad \begin{pmatrix} 1 & 0 & 0 \\ 0 & 1 & 0 \\ 1 & 1 & 1 \end{pmatrix}, \quad \begin{pmatrix} 1 & 0 & 0 \\ 0 & 0 & 1 \\ 1 & 1 & 1 \end{pmatrix}, \quad \begin{pmatrix} 0 & 1 & 0 \\ 0 & 0 & 1 \\ 1 & 1 & 1 \end{pmatrix}$$

则易证结论成立。   □

下面讨论两个单与门网络的退化问题。

定理 2.13　设 $(l_1, l_2, \cdots, l_r)$ 与 $(h_1, h_2, \cdots, h_r)$ 都是 $\underline{a}$ 的非退化 r 端单与门，则有以下结论。

（1）与门网络 $(l_1, l_2, \cdots, l_r; h_1, h_2, \cdots, h_r)$ 退化当且仅当存在 $\mathbb{F}_2$ 上 $r \times r$ 的可逆矩阵 Q，满足

$$\begin{pmatrix} x^{l_1}\underline{a} \\ x^{l_2}\underline{a} \\ \vdots \\ x^{l_r}\underline{a} \end{pmatrix} = Q \begin{pmatrix} x^{h_1}\underline{a} \\ x^{h_2}\underline{a} \\ \vdots \\ x^{h_r}\underline{a} \end{pmatrix} \left(\text{即} \begin{pmatrix} x^{l_1} \\ x^{l_2} \\ \vdots \\ x^{l_r} \end{pmatrix} \equiv Q \begin{pmatrix} x^{h_1} \\ x^{h_2} \\ \vdots \\ x^{h_r} \end{pmatrix} \mod f(x) \right) \tag{2.5}$$

（2）若 $(l_1, l_2, \cdots, l_r; h_1, h_2, \cdots, h_r)$ 退化且 $r \geqslant 2$，则 $(l_1, l_2, \cdots, l_r; h_1, h_2, \cdots, h_r)$ 是非退化 $r-1$ 端与门网络当且仅当 $(l_1, l_2, \cdots, l_r)$ 和 $(h_1, h_2, \cdots, h_r)$ 不等效，即

$$(l_1, l_2, \cdots, l_r; h_1, h_2, \cdots, h_r)\underline{a} \neq \underline{0}$$

证明　（1）必要性：设与门网络 $(l_1, l_2, \cdots, l_r; h_1, h_2, \cdots, h_r)$ 退化，则

$$\underline{d} = (l_1, l_2, \cdots, l_r; h_1, h_2, \cdots, h_r)\underline{a} = (l_1, l_2, \cdots, l_r)\underline{a} + (h_1, h_2, \cdots, h_r)\underline{a}$$

至多是 $r-1$ 端与门网络序列。对于任意的 $1 \leqslant i \leqslant r$，上式两边乘 $x^{l_i}\underline{a}$，得

$$(h_1, h_2, \cdots, h_r, l_i)\underline{a} = (l_1, l_2, \cdots, l_r)\underline{a} + \underline{d} \cdot x^{l_i}\underline{a}$$

上式等号右边是 r 端与门网络，所以 $h_1, h_2, \cdots, h_r, l_i$ 线性相关。而 $h_1, h_2, \cdots, h_r$ 线性无关，所以存在 $k_{i1}, k_{i2}, \cdots, k_{is} \in \mathbb{F}_2 (i=1, 2, \cdots, r)$，使得 $x^{l_i}\underline{a} = \sum\limits_{j=1}^{r} k_{ij}x^{h_j}\underline{a}$。令 $Q = (k_{ij})_{r \times r}$，则 Q 满足式 (2.5)，并且由 $x^{h_1}\underline{a}, x^{h_2}\underline{a}, \cdots, x^{h_r}\underline{a}$ 和 $x^{l_1}\underline{a}, x^{l_2}\underline{a}, \cdots, x^{l_r}\underline{a}$ 都是线性无关的得 Q 是可逆矩阵。

充分性：设可逆矩阵 $Q = (k_{ij})_{r \times r}$ 满足式 (2.5)，则对于任意的 $1 \leqslant i \leqslant r$，有

$$x^{l_i}\underline{a} = \sum_{j=1}^{r} k_{ij}x^{h_j}\underline{a}$$

则有

$$(l_1, l_2, \cdots, l_r)\underline{a} = \left(\sum_{j_1=1}^{r} k_{1j}x^{h_{j_1}}\underline{a} \right) \cdots \left(\sum_{j_r=1}^{r} k_{rj}x^{h_{j_r}}\underline{a} \right) \tag{2.6}$$

因为 $(l_1, l_2, \cdots, l_r)$ 是非退化 r 端单与门，所以式 (2.6) 等号右边唯一的非退化 r 端单与门序列 $(h_1, h_2, \cdots, h_r)\underline{a}$ 的系数为 1。因此，$(l_1, l_2, \cdots, l_r)\underline{a} + (h_1, h_2, \cdots, h_r)\underline{a}$ 至多是 $r-1$ 端与门网络序列，即与门网络 $(l_1, l_2, \cdots, l_r; h_1, h_2, \cdots, h_r)$ 退化。

（2）必要性是显然的，下面证明充分性。

设 $(l_1, l_2, \cdots, l_r)$ 和 $(h_1, h_2, \cdots, h_r)$ 不等效，则当 $r=2$ 时，结论显然成立。

下面设 $r > 2$。

若 $\underline{d} = (l_1, l_2, \cdots, l_r; h_1, h_2, \cdots, h_r)\underline{a}$ 是 $r-2$ 端与门网络序列，则由 2.4 节的定理 2.14 关于与门网络序列的统计特性知，$\underline{d}$ 在长为 $2^n - 1$ 的一段内 1 的个数 $\geqslant 2^{n-r+2}$。

另外，由引理 2.6 知，$(l_1, l_2, \cdots, l_r)\underline{a}$ 和 $(h_1, h_2, \cdots, h_r)\underline{a}$ 在长为 $2^n - 1$ 的一段内 1 的个数都等于 2^{n-r}，所以 $\underline{d}$ 在长为 $2^n - 1$ 的一段内 1 的个数 $\leqslant 2 \times 2^{n-r}$。

这与 1 的个数 $\geqslant 2^{n-r+2}$ 矛盾。因此，$(l_1, l_2, \cdots, l_r; h_1, h_2, \cdots, h_r)$ 是非退化 $r-1$ 端与门网络。 □

注 2.15　设 $(l_1, l_2, \cdots, l_r)$ 和 $(h_1, h_2, \cdots, h_r)$ 都是 $\underline{a}$ 的非退化 r 端单与门，$r > 1$，$(l_1, l_2, \cdots, l_r; h_1, h_2, \cdots, h_r)$ 退化，则 $(l_1, l_2, \cdots, l_r; h_1, h_2, \cdots, h_r)$ 是非退化的 $r-1$ 端与门网络当且仅当满足式 (2.5) 中的 Q 至少有一行重为偶数。

例 2.2　设 $(l_1, l_2, \cdots, l_r; l)$ 和 $(h_1, h_2, \cdots, h_r; h)$ 都是非退化的 r 端与门网络，并记 $r_{t_1 t_2 \cdots t_s}$ 表示最小的 $t \geqslant 0$ 满足

$$x^t \underline{a} = x^{t_1}\underline{a} + x^{t_2}\underline{a} + \cdots + x^{t_s}\underline{a}$$

则有以下结论。

(1) 若 $r \geqslant 3$，则 $(l_1, l_2, \cdots, l_r; l)$ 与 $(h_1, h_2, \cdots, h_r; h)$ 等效当且仅当单与门 $(l_1, l_2, \cdots, l_r)$ 与 $(h_1, h_2, \cdots, h_r)$ 等效且 $l = h$。

(2) 若 $r = 2$，则 $(h_1, h_2; h)$ 与 $(l_1, l_2; l)$ 等效当且仅当 $(h_1, h_2; h) = (l_1, l_2; l)$ 或 $(l_1, r_{l_1 l_2}; r_{l_1 l})$ 或 $(r_{l_1 l_2}, l_2; r_{l_2 l})$。

证明　(1) 充分性是显然的。必要性：设 $(h_1, h_2, \cdots, h_r; h)$ 与 $(l_1, l_2, \cdots, l_r; l)$ 等效，即

$$(h_1, h_2, \cdots, h_r; h)\underline{a} = (l_1, l_2, \cdots, l_r; l)\underline{a}$$

也即 $(l_1, l_2, \cdots, l_r; h_1, h_2, \cdots, h_r)\underline{a} = (l; h)\underline{a}$，因为 $r \geqslant 3$，且该式等号右边是一端与门网络，所以由定理 2.13 得 $(h_1, h_2, \cdots, h_r)$ 和 $(l_1, l_2, \cdots, l_r)$ 等效，从而 $(l; h)\underline{a} = \underline{0}$，即 $l = h$。

(2) 若 $(h_1, h_2; h)$ 与 $(l_1, l_2; l)$ 等效，则与门网络 $(h_1, h_2; l_1, l_2)$ 退化。根据定理 2.13，存在 2×2 的可逆矩阵 Q 满足

$$\begin{pmatrix} x^{h_1}\underline{a} \\ x^{h_2}\underline{a} \end{pmatrix} = Q\begin{pmatrix} x^{l_1}\underline{a} \\ x^{l_2}\underline{a} \end{pmatrix} \tag{2.7}$$

而二阶可逆矩阵按行置换共分三个等效类，每个等效类的代表元可取为

$$\begin{pmatrix} 1 & 0 \\ 0 & 1 \end{pmatrix}, \quad \begin{pmatrix} 1 & 0 \\ 1 & 1 \end{pmatrix}, \quad \begin{pmatrix} 1 & 1 \\ 0 & 1 \end{pmatrix}$$

若 $Q = \begin{pmatrix} 1 & 0 \\ 0 & 1 \end{pmatrix}$，显然 $(h_1, h_2) = (l_1, l_2)$，从而 $h = l$。

若 $Q = \begin{pmatrix} 1 & 0 \\ 1 & 1 \end{pmatrix}$，由式 (2.7) 得 $h_1 = l_1$，$h_2 = r_{l_1 l_2}$，从而

$$x^{h_2}\underline{a} = x^{l_1}\underline{a} + x^{l_2}\underline{a}$$

于是 $(h_1, h_2)\,\underline{a} = (l_1; l_1, l_2)\,\underline{a}$。再由 $(h_1, h_2; h)\,\underline{a} = (l_1, l_2; l)\,\underline{a}$ 可得

$$x^h\underline{a} = x^l\underline{a} + x^{l_1}\underline{a}$$

因此，$(h_1, h_2; h) = (l_1, r_{l_1 l_2}; r_{l_1 l})$。

若 $Q = \begin{pmatrix} 1 & 1 \\ 0 & 1 \end{pmatrix}$，同理可证。 □

2.4　与门网络序列的统计特性

本节讨论与门网络序列的统计特性。

因为 $\underline{a}$ 的与门网络序列的周期整除 $2^n - 1$，所以不失一般性，下面分别讨论 $\underline{a}$ 的与门网络序列连续 $2^n - 1$ 比特中的 0 和 1 个数、游程分布以及自相关函数。

1. 0 和 1 个数

对于 $\underline{a}$ 的与门网络序列 $\underline{c}$，记 $N_{\underline{c}}(1)$ 和 $N_{\underline{c}}(0)$ 分别为 $\underline{c}$ 的连续 $2^n - 1$ 比特中 1 的个数和 0 的个数。

1）0、1 个数的上下界估计

为讨论方便，先引入序列的或运算。

定义 2.5　设 $b, c \in \mathbb{F}_2$，定义 b 和 c 的或运算如下：

$$b \vee c \xlongequal{\text{def}} \begin{cases} 0, & b = c = 0 \\ 1, & \text{否则} \end{cases}$$

设 $\underline{b} = (b_0, b_1, \cdots)$ 和 $\underline{c} = (c_0, c_1, \cdots)$ 为 $\mathbb{F}_2$ 上的两个序列。定义 $\underline{b}$ 和 $\underline{c}$ 的或运算为

$$\underline{b} \vee \underline{c} \xlongequal{\text{def}} (b_0 \vee c_0, b_1 \vee c_1, \cdots)$$

注 2.16　对于 $b, c \in \mathbb{F}_2$，$b \vee c = bc + b + c$，从而对于 $\mathbb{F}_2$ 上的两个序列 $\underline{b}$、$\underline{c}$，$\underline{b} \vee \underline{c} = \underline{b} \cdot \underline{c} + \underline{b} + \underline{c}$。

定理 2.14　设 $\underline{c} \neq \underline{0}$ 是 $\underline{a}$ 的 r 端与门网络序列，$1 \leqslant r \leqslant n$，则有：

（1）$2^{n-r} \leqslant N_{\underline{c}}(1) \leqslant 2^{n-r}(2^r - 1)$ 且上界和下界都可以达到；

（2）对于任意 $1 \leqslant t \leqslant 2^r - 1$，存在 r 端与门网络序列 $\underline{c}$，使得 $N_{\underline{c}}(1) = 2^{n-r}t$。

证明　（1）当 $r = n$ 时，结论平凡。下面设 $1 \leqslant r \leqslant n-1$。

首先证明 $N_{\underline{c}}(1) \geqslant 2^{n-r}$。

设 $\underline{c}(x)$ 是序列 $\underline{c}$ 的母函数，即 $\underline{c}(x) = \sum\limits_{i=0}^{\infty} c_i x^i$，令 $c(x) = \sum\limits_{i=0}^{2^n-2} c_i x^i$，则有

$$\underline{c}(x) = \frac{c(x)}{1 + x^{2^n - 1}}$$

另外，因为 $\underline{0} \neq \underline{c} \in G\left(F_{\leqslant r}\left(x\right)\right)$，所以

$$\underline{c}\left(x\right) = \frac{g\left(x\right)}{F_{\leqslant r}\left(x\right)^*}$$

式中，$F_{\leqslant r}\left(x\right)^*$ 是 $F_{\leqslant r}\left(x\right)$ 的互反多项式，$0 \neq g\left(x\right) \in \mathbb{F}_2\left[x\right]$ 且 $\deg g\left(x\right) < \deg F_{\leqslant r}\left(x\right)^*$，从而有

$$\frac{c\left(x\right)}{1 + x^{2^n - 1}} = \frac{g\left(x\right)}{F_{\leqslant r}\left(x\right)^*}$$

即

$$c\left(x\right) = \sum_{i=0}^{2^n - 2} c_i x^i = g\left(x\right) h\left(x\right) \tag{2.8}$$

式中，

$$h\left(x\right) = \frac{1 + x^{2^n - 1}}{F_{\leqslant r}\left(x\right)^*} = \frac{F_{\leqslant n}\left(x\right)^*}{F_{\leqslant r}\left(x\right)^*}$$

对于 $\beta \in \mathbb{F}_{2^n}^*$，$W_\alpha\left(\beta\right) = n - W_\alpha\left(\beta^{-1}\right)$，并且

$$\beta 是 F_{\leqslant r}\left(x\right)^* 的根当且仅当 \beta^{-1} 是 F_{\leqslant r}\left(x\right) 的根$$

所以

$$F_{\leqslant r}\left(x\right)^* = \prod_{n-r \leqslant W_\alpha(\alpha^i) \leqslant n-1} \left(x - \alpha^i\right)$$

$$h\left(x\right) = \left(x - 1\right) \prod_{1 \leqslant W_\alpha(\alpha^i) < n-r} \left(x - \alpha^i\right)$$

从而 $1, \alpha, \alpha^2, \cdots, \alpha^{2^{n-r} - 2}$ 都是 $h\left(x\right)$ 的根。由式 (2.8)，得

$$\sum_{i=0}^{2^n - 2} c_i \alpha^{ji} = 0, \quad j = 0, 1, \cdots, 2^{n-r} - 2$$

即

$$A \cdot \left(c_0, c_1, \cdots, c_{2^n - 2}\right)^{\mathrm{T}} = 0$$

式中，T 是转置，$A = \left(\alpha^{ji}\right)_{(2^{n-r} - 1) \times (2^n - 1)}$。因为 A 的任意 $2^{n-r} - 1$ 列都构成 $2^{n-r} - 1$ 阶范德蒙矩阵，又因为 α 是 $\mathbb{F}_{2^n}$ 中的本原元，$1, \alpha, \alpha^2, \cdots, \alpha^{2^{n-r} - 2}$ 必定两两不同，故上述任意一个范德蒙矩阵都是满秩的，即 A 的任意 $2^{n-r} - 1$ 列线性无关，所以 $\left(c_0, c_1, \cdots, c_{2^n - 2}\right)$ 中至少有 2^{n-r} 个 1，即 $N_{\underline{c}}\left(1\right) \geqslant 2^{n-r}$。

然后证明 $N_{\underline{c}}\left(1\right) \leqslant 2^{n-r}\left(2^r - 1\right)$。

设 $\underline{d} = \left(d_0, d_1, \cdots\right) = \underline{c} + \underline{1}$ 是 $\underline{c}$ 的对偶序列，$\underline{d}\left(x\right)$ 是 $\underline{d}$ 的母函数，$d\left(x\right) = \sum_{i=0}^{2^n - 2} d_i x^i$，则有

$$\underline{d}\left(x\right) = \frac{d\left(x\right)}{1 + x^{2^n - 1}}$$

另外，因为 $(x+1)F_{\leqslant r}(x)$ 是 $\underline{d}$ 的一个特征多项式，所以

$$\underline{d}(x) = \frac{g_1(x)}{((x+1)F_{\leqslant r}(x))^*} = \frac{g_1(x)}{(x+1)F_{\leqslant r}(x)^*}$$

式中，$g_1(x) \neq 0$ 且 $\deg g_1(x) < \deg\left((x+1)F_{\leqslant r}(x)^*\right)$，从而有

$$\frac{d(x)}{1+x^{2^n-1}} = \frac{g_1(x)}{(x+1)F_{\leqslant r}(x)^*}$$

即

$$\sum_{i=0}^{2^n-2} d_i x^i = d(x) = g_1(x) h_1(x)$$

式中，

$$h_1(x) = \frac{F_{\leqslant n}(x)}{(x+1)F_{\leqslant r}(x)^*}$$

因为 α，α^2，$\cdots$，$\alpha^{2^{n-r}-2}$ 都是 $h_1(x)$ 的根，所以

$$\sum_{i=0}^{2^n-2} d_i \alpha^{ji} = 0, \quad j = 1, 2, \cdots, 2^{n-r}-2$$

类似于对 $N_{\underline{c}}(1) \geqslant 2^{n-r}$ 的证明，可得 $N_{\underline{d}}(1) \geqslant 2^{n-r}-1$，其中 $N_{\underline{d}}(1)$ 表示 $\underline{d}$ 在连续 2^n-1 比特中 1 的个数。于是有

$$N_{\underline{c}}(1) = N_{\underline{d}}(0) = 2^n - 1 - N_{\underline{d}}(1) \leqslant 2^n - 1 - \left(2^{n-r}-1\right) = 2^n - 2^{n-r}$$

下面证明，对于 $1 \leqslant r \leqslant n$，$N_{\underline{c}}(1)$ 能达到上界和下界。

首先，由定理 2.10 及引理 2.6 知，非退化 r 端单与门序列 $\underline{c}$ 中 1 的个数达到下界 2^{n-r}。

其次，由注 2.16 知，$\underline{c} = \underline{a} \vee x\underline{a} \vee \cdots \vee x^{r-1}\underline{a}$ 是 r 端与门网络序列，因为

$$c_k = 1 \text{当且仅当} a_k, a_{k+1}, \cdots, a_{k+r-1} \text{不全为零}$$

而这样的非零数组共有 $2^r - 1$ 个。又由引理 2.6 知，任一给定的 r 维非零数组在

$$\{(a_k, a_{k+1}, \cdots, a_{k+r-1}) | 0 \leqslant k \leqslant 2^n - 2\}$$

中出现 2^{n-r} 次，所以 $N_{\underline{c}}(1) = 2^{n-r}(2^r - 1)$，达到上界。

（2）对于 $1 \leqslant t \leqslant 2^r - 1$，取 t 个两两不同的 r 维非 0 向量 $(e_{i0}, e_{i1}, \cdots, e_{i,r-1}) \in \mathbb{F}_2^r \backslash \{0\}(i = 1, 2, \cdots, t)$。令

$$\underline{b}_i = \prod_{j=0}^{r-1} \left(x^j \underline{a} + (e_{ij} + 1) \cdot \underline{1}\right)$$

$$\underline{c} = \underline{b}_1 \vee \underline{b}_2 \vee \cdots \vee \underline{b}_t$$

则 $\underline{c}$ 是 r 端与门网络序列, 下面证明 $N_{\underline{c}}(1) = 2^{n-r}t$。

记 $\underline{c} = (c_0, c_1, \cdots)$, $\underline{b}_i = (b_{i0}, b_{i1}, \cdots)(i = 1, 2, \cdots, t)$, 则

$$c_k = b_{1k} \vee b_{2k} \vee \cdots \vee b_{tk}$$

而对于 $1 \leqslant i \leqslant t$, 有

$$b_{ik} = (a_k + (e_{i0} + 1))(a_{k+1} + (e_{i1} + 1)) \cdots (a_{k+r-1} + (e_{i, r-1} + 1))$$

从而对于 $0 \leqslant k \leqslant 2^n - 2$, 有

$$c_k = 1 \Leftrightarrow 存在 i(1 \leqslant i \leqslant t) 使得 b_{ik} = 1$$

$$\Leftrightarrow (a_k, a_{k+1}, \cdots, a_{k+r-1}) \in \{ (e_{i0}, e_{i1}, \cdots, e_{i, r-1}) \mid i = 1, 2, \cdots, t \}$$

由引理 2.6 知, $(e_{i0}, e_{i1}, \cdots, e_{i, r-1})$ 在 $\{(a_k, a_{k+1}, \cdots, a_{k+r-1}) \mid 0 \leqslant k \leqslant 2^n - 2\}$ 中出现 2^{n-r} 次, 所以 t 个不同的 r 维非零数组 $(e_{10}, \cdots, e_{1, r-1})$, $\cdots$, $(e_{t0}, \cdots, e_{t, r-1})$ 在

$$\{(a_k, a_{k+1}, \cdots, a_{k+r-1}) \mid 0 \leqslant k \leqslant 2^n - 2\}$$

中共出现 $2^{n-r}t$ 次, 因此 $N_{\underline{c}}(1) = 2^{n-r}t$。 $\qquad\square$

2) 0 和 1 个数的上下界估计

首先给出 $\mathbb{F}_2$ 上周期序列的一般性结论。

引理 2.7 设 $\underline{b}$ 和 $\underline{c}$ 是 $\mathbb{F}_2$ 上周期整除 T 的周期序列。令 $\underline{d} = \underline{b} + \underline{c}$, $\underline{e} = \underline{b} \cdot \underline{c}$, 则在长为 T 的一段中, 1 的个数有如下关系:

$$N_{\underline{d}}(1) = N_{\underline{b}}(1) + N_{\underline{c}}(1) - 2N_{\underline{e}}(1)$$

证明留作思考。更一般地有以下结论。

定理 2.15 设 $\underline{c}_1, \underline{c}_2, \cdots, \underline{c}_t$ 是 $\mathbb{F}_2$ 上周期整除 T 的周期序列, 记

$$\underline{c} = \underline{c}_1 + \underline{c}_2 + \cdots + \underline{c}_t$$

则 $\underline{c}$ 在长为 T 的一段中, 1 的个数有如下关系:

$$N_{\underline{c}}(1) = \sum_{k=1}^{t} (-1)^{k-1} 2^{k-1} S_k$$

式中,

$$S_k = \sum_{1 \leqslant i_1 < \cdots < i_k \leqslant t} N_{\underline{c}_{i_1} \cdots \underline{c}_{i_k}}(1)$$

证明 对 $\underline{c}_i$ 的个数 t 进行数学归纳。

当 $t = 2$ 时, 由引理 2.7 知结论成立。

设归纳假设 $t=n$ 时结论成立，考虑 $t=n+1$。令

$$\underline{c}' = \underline{c}_1 + \underline{c}_2 + \cdots + \underline{c}_n + \underline{c}_{n+1} = \underline{c} + \underline{c}_{n+1}$$

式中，$\underline{c} = \underline{c}_1 + \underline{c}_2 + \cdots + \underline{c}_n$。令

$$\underline{d} = \underline{c} \cdot \underline{c}_{n+1} = (\underline{c}_1 + \underline{c}_2 + \cdots + \underline{c}_n) \cdot \underline{c}_{n+1} = \underline{d}_1 + \underline{d}_2 + \cdots + \underline{d}_n$$

式中，$\underline{d}_i = \underline{c}_i \cdot \underline{c}_{n+1}(i=1,2,\cdots,n)$。由归纳假设得

$$N_{\underline{c}'}(1) = N_{\underline{c}}(1) + N_{\underline{c}_{n+1}}(1) - 2N_{\underline{c}\cdot\underline{c}_{n+1}} = N_{\underline{c}}(1) + N_{\underline{c}_{n+1}}(1) - 2N_{\underline{d}}(1)$$

$$N_{\underline{c}}(1) = \sum_{k=1}^{n} (-1)^{k-1} 2^{k-1} \sum_{1 \leqslant i_1 < \cdots < i_k \leqslant n} N_{\underline{c}_{i_1}\cdots\underline{c}_{i_k}}(1)$$

$$N_{\underline{d}}(1) = \sum_{k=1}^{n} (-1)^{k-1} 2^{k-1} \sum_{1 \leqslant i_1 < \cdots < i_k \leqslant n} N_{\underline{d}_{i_1}\cdots\underline{d}_{i_k}}(1)$$

$$= \sum_{k=1}^{n} (-1)^{k-1} 2^{k-1} \sum_{1 \leqslant i_1 < \cdots < i_k \leqslant n} N_{\underline{c}_{i_1}\cdots\underline{c}_{i_k}\underline{c}_{n+1}}(1)$$

所以

$$N_{\underline{c}'}(1) = N_{\underline{c}}(1) + N_{\underline{c}_{n+1}}(1) - 2N_{\underline{d}}(1)$$

$$= N_{\underline{c}}(1) + N_{\underline{c}_{n+1}}(1) - 2\sum_{k=1}^{n} (-1)^{k-1} 2^{k-1} \sum_{1 \leqslant i_1 < \cdots < i_k \leqslant n} N_{\underline{c}_{i_1}\cdots\underline{c}_{i_k}\underline{c}_{n+1}}(1)$$

$$= N_{\underline{c}}(1) + N_{\underline{c}_{n+1}}(1) + \sum_{k=1}^{n} (-1)^{k} 2^{k} \sum_{1 \leqslant i_1 < \cdots < i_k \leqslant n} N_{\underline{c}_{i_1}\cdots\underline{c}_{i_k}\underline{c}_{n+1}}(1)$$

$$= \sum_{k=1}^{n+1} (-1)^{k-1} 2^{k-1} \sum_{1 \leqslant i_1 < \cdots < i_k \leqslant n+1} N_{\underline{c}_{i_1}\cdots\underline{c}_{i_k}}(1)$$

$$= \sum_{k=1}^{n+1} (-1)^{k-1} 2^{k-1} S_k$$

命题得证。　　　　　□

定理 2.16　设 $(l_1, l_2, \cdots, l_r)$ 和 $(h_1, h_2, \cdots, h_s)$ 分别是 $\underline{a}$ 的非退化 r 端和 s 端单与门，$\underline{c} = (l_1, l_2, \cdots, l_r; h_1, h_2, \cdots, h_s)\underline{a}$。又设 $x^{l_1}\underline{a}, \cdots, x^{l_r}\underline{a}, x^{h_1}\underline{a}, \cdots, x^{h_k}\underline{a}$ 是 $x^{l_1}\underline{a}, \cdots, x^{l_r}\underline{a}, x^{h_1}\underline{a}, \cdots, x^{h_s}\underline{a}$ 中的最大线性无关组，其中 $1 \leqslant k \leqslant s$。

（1）若 $k < s$ 且 $x^{h_{k+1}}\underline{a}, x^{h_{k+2}}\underline{a}, \cdots, x^{h_s}\underline{a}$ 中存在序列可表为最大线性无关组中偶数个序列之和，则有

$$N_{\underline{c}}(1) = 2^{n-r} + 2^{n-s}$$

（2）若 $k=s$，或者 $k<s$ 且 $x^{h_{k+1}}\underline{a}$, $x^{h_{k+2}}\underline{a}$, $\cdots$, $x^{h_s}\underline{a}$ 中不存在序列可表为最大线性无关组中偶数个序列之和，则有

$$N_{\underline{c}}(1) = 2^{n-r} + 2^{n-s} - 2^{n-r-k+1}$$

证明 首先设 $\underline{b} = (l_1, \cdots, l_r)\underline{a}$, $\underline{d} = (h_1, \cdots, h_s)\underline{a}$, $\underline{e} = (l_1, \cdots, l_r, h_1, \cdots, h_s)\underline{a}$, 则有

$$N_{\underline{c}}(1) = N_{\underline{b}}(1) + N_{\underline{d}}(1) - 2N_{\underline{e}}(1) = 2^{n-r} + 2^{n-s} - 2N_{\underline{e}}(1)$$

（1）由推论 2.5 知，$\underline{e} = (l_1, \cdots, l_r, h_1, \cdots, h_s)\underline{a} = \underline{0}$，所以

$$N_{\underline{c}}(1) = 2^{n-r} + 2^{n-s}$$

（2）若 $k=s$，则 $N_{\underline{e}}(1) = 2^{n-(r+s)} = 2^{n-(r+k)}$，所以

$$N_{\underline{c}}(1) = 2^{n-r} + 2^{n-s} - 2^{n-r-k+1}$$

若 $k<s$ 且 $x^{h_{k+1}}\underline{a}$, $x^{h_{k+2}}\underline{a}$, $\cdots$, $x^{h_s}\underline{a}$ 中不存在序列可表为最大线性无关组中偶数个序列之和，则由推论 2.5 知

$$\underline{e} = (l_1, \cdots, l_r, h_1, \cdots, h_s)\underline{a} = (l_1, \cdots, l_r, h_1, \cdots, h_k)\underline{a}$$

所以 $N_{\underline{e}}(1) = 2^{n-(r+k)}$，从而有

$$N_{\underline{c}}(1) = 2^{n-r} + 2^{n-s} - 2^{n-r-k+1}$$

命题得证。 □

注 2.17 利用定理 2.15 和定理 2.16，可以计算出与门网络序列的 0、1 个数。

例 2.3 设 $\underline{c} = (l_1, l_2, \cdots, l_r; h)\underline{a}$，其中 $x^{l_1}\underline{a}$, $x^{l_2}\underline{a}$, $\cdots$, $x^{l_r}\underline{a}$ 线性无关，则有

$$N_{\underline{c}}(1) = \begin{cases} 2^{n-1}, & x^h\underline{a}, x^{l_1}\underline{a}, \cdots, x^{l_r}\underline{a} \text{ 线性无关} \\ 2^{n-1} + 2^{n-r}, & x^h\underline{a} \text{ 是 } x^{l_1}\underline{a}, \cdots, x^{l_r}\underline{a} \text{ 中偶数个序列之和} \\ 2^{n-1} - 2^{n-r}, & x^h\underline{a} \text{ 是 } x^{l_1}\underline{a}, \cdots, x^{l_r}\underline{a} \text{ 中奇数个序列之和} \end{cases}$$

例 2.4 设 $\underline{c} = (l_{11}, \cdots, l_{1r}; \cdots; l_{k1}, \cdots, l_{kr})\underline{a}$, $rk \leqslant n$，若这 rk 个抽头位置彼此不同且都取在移位寄存器之上（即 $0 \leqslant l_{ij} < n$），计算 $N_{\underline{c}}(1)$。

解 设 $\underline{c}_i = (l_{i1}, \cdots, l_{ir})\underline{a}(i=1, \cdots, k)$，则 $\underline{c} = \underline{c}_1 + \cdots + \underline{c}_k$。

因为 $0 \leqslant l_{ij} < n$ 且 l_{ij} 两两不同，所以对于 $1 \leqslant i_1 < \cdots < i_j \leqslant r$，由引理 2.6 知 $N_{\underline{c}_{i_1}\cdots\underline{c}_{i_j}}(1) = 2^{n-jr}$。又由定理 2.15 得

$$N_{\underline{c}}(1) = \sum_{j=1}^{k} (-1)^{j-1} 2^{j-1} \sum_{1 \leqslant i_1 < \cdots < i_j \leqslant k} N_{\underline{c}_{i_1}\cdots\underline{c}_{i_j}}(1)$$

$$= \sum_{j=1}^{k} (-1)^{j-1} 2^{j-1} \binom{k}{j} 2^{n-jr}$$

$$= \left(2^{n-1} - \binom{k}{0} 2^{n-1} \right) + \sum_{j=1}^{k} (-1)^{j-1} 2^{n-j(r-1)-1} \binom{k}{j} 2^{n-jr}$$

$$= 2^{n-1} - \sum_{j=0}^{k} (-1)^{j} 2^{n-j(r-1)-1} \binom{k}{j}$$

$$= 2^{n-1} - 2^{n-(r-1)k-1} \sum_{j=0}^{k} (-1)^{j} 2^{(r-1)(k-j)} \binom{k}{j}$$

$$= 2^{n-1} - 2^{n-(r-1)k-1} \left(2^{r-1} - 1 \right)^{k}$$

命题得证。　　　　　　　　　　　　　　　　　　　　　　　　　　　　　□

例 2.5　设 m-序列 $\underline{a} = (1111000100110101 \cdots)$（其极小多项式为 $x^4 + x + 1$，此序列为非自然状态 m-序列），$\mathrm{per}(\underline{a}) = 15$，$\underline{c} = (2; 0, 1; 1, 2, 3)\underline{a}$，计算 $N_{\underline{c}}(1)$。

解　令 $\underline{c} = \underline{c}_1 + \underline{c}_2 + \underline{c}_3$，其中 $\underline{c}_1 = (2)\underline{a}$，$\underline{c}_2 = (0, 1)\underline{a}$，$\underline{c}_3 = (1, 2, 3)\underline{a}$，且都非退化，故

$$S_1 = 2^{4-1} + 2^{4-2} + 2^{4-3} = 14$$

而 $\underline{c}_1\underline{c}_2 = (0, 1, 2)\underline{a}$，$\underline{c}_2\underline{c}_3 = (0, 1, 2, 3)\underline{a}$，$\underline{c}_1\underline{c}_3 = (1, 2, 3)\underline{a}$，且都非退化，故

$$S_2 = 2^{4-3} + 2^{4-4} + 2^{4-3} = 5$$

同理 $S_3 = 2^{4-4} = 1$。于是 $N_{\underline{c}}(1) = 14 - 2 \times 5 + 4 \times 1 = 8$。　　　　　□

为了方便计算任意周期序列中不同长度的 0 游程的个数，下面给出或序列中 1 个数的计算式。

引理 2.8　设 $\underline{b}$、$\underline{c}$ 是 $\mathbb{F}_2$ 上周期为 T 的序列，$\underline{d} = \underline{b} \vee \underline{c}$，$\underline{e} = \underline{b} \cdot \underline{c}$，则有

$$N_{\underline{d}}(1) = N_{\underline{b}}(1) + N_{\underline{c}}(1) - N_{\underline{e}}(1)$$

证明是显然的。

引理 2.8 推广到一般情形可得以下结论。

定理 2.17　设 $\underline{c} = \underline{c}_1 \vee \underline{c}_2 \vee \cdots \vee \underline{c}_t$，其中 $\underline{c}_i (1 \leqslant i \leqslant t)$ 是 $\mathbb{F}_2$ 上周期整除 T 的周期序列，则在长为 T 的一段中，有

$$N_{\underline{c}}(1) = \sum_{k=1}^{t} (-1)^{k-1} S_k$$

式中，$S_k = \sum_{1 \leqslant i_1 < \cdots < i_k \leqslant t} N_{\underline{c}_{i_1} \cdots \underline{c}_{i_k}}(1)$。

证明　类似于定理 2.15，用归纳法即可证明。　　　　　　　　　　　　□

2. r 端与门网络序列的游程

设 $\underline{c}$ 是 $\mathbb{F}_2$ 上周期整除 T 的周期序列，在长为 T 的周期圆中，记 $N_{\underline{c}}(s, 1)$ 是 $\underline{c}$ 的长为 s 的 1 游程的个数，$N_{\underline{c}}(\geqslant s, 1)$ 是 $\underline{c}$ 的长大于等于 s 的 1 游程的个数，同理记 $N_{\underline{c}}(s, 0)$ 是长为 s 的 0 游程的个数，$N_{\underline{c}}(\geqslant s, 0)$ 是 $\underline{c}$ 的长大于等于 s 的 0 游程的个数，从而 $N_{\underline{c}}(\geqslant 1, 1)$ 和 $N_{\underline{c}}(\geqslant 1, 0)$ 分别是 $\underline{c}$ 的 1 游程和 0 游程个数。

引理 2.9　设 $\underline{c}$ 是 $\mathbb{F}_2$ 上的周期序列，$\operatorname{per}(\underline{c})|T$，对于正整数 t，令

$$\underline{c}_{(t-1)} = \underline{c} \cdot x\underline{c} \cdots \cdot x^{t-1}\underline{c}$$

$$\underline{C}_{(t-1)} = \underline{c} \vee x\underline{c} \vee \cdots \vee x^{t-1}\underline{c}$$

则在长为 T 的周期圆中，有

$$N_{\underline{c}_{(t-1)}}(\geqslant 1, 1) = N_{\underline{c}}(\geqslant t, 1), \quad N_{\underline{C}_{(t-1)}}(\geqslant 1, 0) = N_{\underline{c}}(\geqslant t, 0)$$

证明是显然的。

引理 2.10　设 $\underline{c}$ 是 $\mathbb{F}_2$ 上的周期序列，$\operatorname{per}(\underline{c})|T$，则在长为 T 的周期圆中 $\underline{c}$ 的 1 游程的个数为

$$N_{\underline{c}}(\geqslant 1, 1) = N_{\underline{c}}(1) - N_{\underline{c} \cdot x\underline{c}}(1)$$

0 游程的个数为

$$N_{\underline{c}}(\geqslant 1, 0) = N_{\underline{c}}(0) - N_{\underline{c} \vee x\underline{c}}(0)$$

证明留作思考。

定理 2.18　设 $\underline{c}$ 是 $\mathbb{F}_2$ 上的周期整除 T 的周期序列，则在长为 T 的周期圆中，有

$$N_{\underline{c}}(t, 1) = N_{\underline{c}_{(t-1)}}(1) - 2N_{\underline{c}_{(t)}}(1) + N_{\underline{c}_{(t+1)}}(1)$$
$$N_{\underline{c}}(t, 0) = N_{\underline{C}_{(t-1)}}(0) - 2N_{\underline{C}_{(t)}}(0) + N_{\underline{C}_{(t+1)}}(0)$$
$$= 2N_{\underline{C}_{(t)}}(1) - N_{\underline{C}_{(t-1)}}(1) - N_{\underline{C}_{(t+1)}}(1)$$

证明　因为长为 t 的游程个数等于长度大于等于 t 的游程个数与长度大于等于 $t+1$ 的游程个数之差，所以

$$N_{\underline{c}}(t, 1) = N_{\underline{c}}(\geqslant t, 1) - N_{\underline{c}}(\geqslant t+1, 1)$$
$$= N_{\underline{c}_{(t-1)}}(\geqslant 1, 1) - N_{\underline{c}_{(t)}}(\geqslant 1, 1) \quad (\text{由引理 2.9得})$$
$$= \left(N_{\underline{c}_{(t-1)}}(1) - N_{\underline{c}_{(t)}}(1)\right) - \left(N_{\underline{c}_{(t)}}(1) - N_{\underline{c}_{(t+1)}}(1)\right) \quad (\text{由引理 2.10得})$$
$$= N_{\underline{c}_{(t-1)}}(1) - 2N_{\underline{c}_{(t)}}(1) + N_{\underline{c}_{(t+1)}}(1)$$

同理可得

$$N_{\underline{c}}(t, 0) = N_{\underline{c}}(\geqslant t, 0) - N_{\underline{c}}(\geqslant t+1, 0)$$
$$= N_{\underline{C}_{(t-1)}}(\geqslant 1, 0) - N_{\underline{C}_{(t)}}(\geqslant 1, 0) \quad (\text{由引理 2.9得})$$

$$= \left(N_{\underline{C}_{(t-1)}}(0) - N_{\underline{C}_{(t)}}(0) \right) - \left(N_{\underline{C}_{(t)}}(0) - N_{\underline{C}_{(t+1)}}(0) \right) \text{ （由引理 2.10 得）}$$

$$= N_{\underline{C}_{(t-1)}}(0) - 2N_{\underline{C}_{(t)}}(0) + N_{\underline{C}_{(t+1)}}(0)$$

因为 $N_{\underline{C}_{(t)}}(0) = T - N_{\underline{C}_{(t)}}(1)$，所以也有

$$N_{\underline{c}}(t,\, 0) = 2N_{\underline{C}_{(t)}}(1) - N_{\underline{C}_{(t-1)}}(1) - N_{\underline{C}_{(t+1)}}(1) \qquad \Box$$

下面利用定理 2.18，讨论与门网络序列中不同长度的游程个数计算。

（1）设 $\underline{c}$ 是 $\underline{a}$ 的与门网络序列，在长为 $2^n - 1$ 的周期圆上考虑游程。设 $\underline{c}$ 的最长 0 游程的长度为 s，最长 1 游程长度为 t，则 $k \geqslant s$ 当且仅当 $N_{\underline{C}_{(k)}}(1) = 2^n - 1$，即 $\underline{C}_{(k)} = \underline{1}$，而 $v \geqslant t$ 当且仅当 $N_{\underline{c}_{(v)}}(1) = 0$，即 $\underline{c}_{(v)} = \underline{0}$。

（2）由定理 2.18 知，要计算与门网络序列 $\underline{c}$ 的游程分布，只需计算 $N_{\underline{C}_{(0)}}(1)$，$N_{\underline{C}_{(1)}}(1)$，$\cdots$，$N_{\underline{C}_{(s-1)}}(1)$，$N_{\underline{c}}(1)$，$N_{\underline{c}_{(1)}}(1)$，$\cdots$，$N_{\underline{c}_{(t-1)}}(1)$。而由定理 2.15~定理 2.17 不难求出 $N_{\underline{C}_{(i)}}(1)$ 和 $N_{\underline{c}_{(j)}}(1)$ $(i < s,\, j < t)$。

（3）对于 $\underline{a}$ 的一般 r 端与门网络序列 $\underline{c} \neq \underline{0}$，因为 $F_{\leqslant r}(x)$ 是其特征多项式，且 $\deg F_{\leqslant r}(x) = \sum\limits_{i=1}^{r}\binom{n}{i}$，易得 $\sum\limits_{i=1}^{r}\binom{n}{i}$ 是 1 游程长度的平凡上界，$\sum\limits_{i=1}^{r}\binom{n}{i} - 1$ 是 0 游程长度的平凡上界。

下面的定理对一类单与门序列，给出更精确的 1 游程的最大长度。

定理 2.19 设 $\underline{c} = (l_1,\, l_2,\, \cdots,\, l_r)\underline{a}$ 是 $\underline{a}$ 的非退化单与门序列，其中 $0 \leqslant l_1 < l_2 < \cdots < l_r \leqslant n-1$。若对于 $i = 2,\, 3,\, \cdots,\, r$，都有 $l_i - l_{i-1} - 1 \leqslant n - l_r$，则 $\underline{c}$ 中 1 游程的最大长度为 $n - l_r$。

证明 设 $\underline{a}$ 的极小多项式为 $f(x) = x^n + b_1 x^{n-1} + \cdots + b_n$，则有

$$x^n \underline{a} = b_n \underline{a} + b_{n-1} x \underline{a} + \cdots + b_1 x^{n-1} \underline{a}$$

由于 $f(x)$ 是 n 次本原多项式，故 $b_1,\, b_2,\, \cdots,\, b_n$ 中有偶数个 1，即 $x^n \underline{a}$ 是 $\underline{a}$，$x\underline{a}$，$\cdots$，$x^{n-1}\underline{a}$ 中偶数个序列之和。

不妨设 $l_1 = 0$。因为 $\underline{c} = (0,\, l_2,\, \cdots,\, l_r)\underline{a}$，所以

$$\underline{c}_{(k)} = \underline{c} \cdot x\underline{c} \cdot \cdots \cdot x^k \underline{c}$$

$$= (0,\, 1,\, \cdots,\, k,\, l_2,\, l_2+1,\, \cdots,\, l_2+k,\, \cdots,\, l_r,\, l_r+1,\, \cdots,\, l_r+k)\underline{a}$$

（1）当 $k < n - l_r$ 时，$l_r + k < n$。因此上述 $r(k+1)$ 个抽头都在移位寄存器之上，从而线性无关 (不计重复抽头)，故 $\underline{c}_{(k)} \neq \underline{0}$，$\underline{c}$ 中 1 游程的最大长度大于等于 $n - l_r$。

（2）当 $k \geqslant n - l_r$ 时，$l_r + k \geqslant n$。由于 $l_i - l_{i-1} - 1 \leqslant n - l_r$，故

$$(0,\, 1,\, \cdots,\, k,\, l_2,\, l_2+1,\, \cdots,\, l_2+k,\, \cdots,\, l_r,\, l_r+1,\, \cdots,\, l_r+k)$$

$$= (0,\, 1,\, 2,\, \cdots,\, l_r+k)$$

因为 $x^n \underline{a}$ 是 $\underline{a}$，$x\underline{a}$，$\cdots$，$x^{n-1}\underline{a}$ 中偶数个序列之和，由推论 2.5 知 $\underline{c}_{(k)} = \underline{0}$，则 $\underline{c}$ 中 1 游程的最大长度小于等于 $n - l_r$。

综上可得结论成立。 $\qquad \Box$

注 2.18　因为 $(l_1, l_2, \cdots, l_r)\underline{a}$ 和 $(0, l_2 - l_1, \cdots, l_r - l_1)\underline{a}$ 平移等价，所以在讨论单与门序列最长 1 游程时，只需考虑形如 $(0, l_2, \cdots, l_r)$ 的单与门。

推论 2.9　在所有非退化 r 端单与门序列中，1 游程的最大长度为 $n - r + 1$。

例 2.6　设序列 $\underline{a}$ 以本原多项式 $f(x) = x^6 + x + 1$ 为极小多项式，$\underline{c} = (0, 3; 0, 5)\underline{a}$，求 $\underline{c}$ 的 1 游程分布。

解　令 $\underline{c} = \underline{c}_1 + \underline{c}_2$，其中 $\underline{c}_1 = (0, 3)\underline{a}$，$\underline{c}_2 = (0, 5)\underline{a}$，则有

$$N_{\underline{c}}(1) = \sum_{i=1}^{2} (-1)^{i-1} 2^{i-1} S_i = 16$$

式中，$S_1 = 2^{6-2} + 2^{6-2} = 32$，$S_2 = 2^{6-3} = 8$。

因为

$$\begin{aligned}
\underline{c}_{(1)} &= (\underline{c}_1 + \underline{c}_2)(x\underline{c}_1 + x\underline{c}_2) \\
&= \underline{c}_1 \cdot x\underline{c}_1 + \underline{c}_1 \cdot x\underline{c}_2 + \underline{c}_2 \cdot x\underline{c}_1 + \underline{c}_2 \cdot x\underline{c}_2 \\
&= \underline{d}_1 + \underline{d}_2 + \underline{d}_3 + \underline{d}_4
\end{aligned}$$

式中，

$$\begin{aligned}
\underline{d}_1 &= (0, 1, 3, 4)\underline{a} \\
\underline{d}_2 &= (0, 1, 3, 6)\underline{a} = \underline{0} \\
\underline{d}_3 &= (0, 1, 4, 5)\underline{a} \\
\underline{d}_4 &= (0, 1, 5, 6)\underline{a} = \underline{0}
\end{aligned}$$

故 $S_1 = 8$，$S_2 = 2$，$S_3 = 0$，$S_4 = 0$，$N_{\underline{c}_{(1)}}(1) = 4$。

同理，有

$$\begin{aligned}
\underline{c}_{(2)} &= (\underline{d}_1 + \underline{d}_3)(x^2\underline{c}_1 + x^2\underline{c}_2) \\
&= \underline{d}_1(x^2\underline{c}_1) + \underline{d}_1(x^2\underline{c}_2) + \underline{d}_3(x^2\underline{c}_1) + \underline{d}_3(x^2\underline{c}_2) \\
&= \underline{e}_1 + \underline{e}_2 + \underline{e}_3 + \underline{e}_4
\end{aligned}$$

式中，

$$\begin{aligned}
\underline{e}_1 &= (0, 1, 2, 3, 4, 5)\underline{a} \\
\underline{e}_2 &= (0, 1, 2, 3, 4, 7)\underline{a} = \underline{0} \\
\underline{e}_3 &= (0, 1, 2, 4, 5)\underline{a} \\
\underline{e}_4 &= (0, 1, 2, 4, 5, 7)\underline{a} = \underline{0}
\end{aligned}$$

故可计算出 $N_{\underline{c}_{(2)}}(1) = 1$。而 $\underline{c}_{(3)} = \underline{0}$，即 1 游程最大长度为 3，故

$$N_{\underline{c}}(1, 1) = N_{\underline{c}}(1) - 2N_{\underline{c}_{(1)}}(1) + N_{\underline{c}_{(2)}}(1) = 9$$

$$N_{\underline{c}}(2,\ 1) = 2$$

$$N_{\underline{c}}(3,\ 1) = 1 \hfill \square$$

例 2.7 设 $\underline{a}$ 以本原多项式 $f(x) = x^4 + x + 1$ 为极小多项式, $\underline{c} = (0,\ 1)\underline{a}$, 求 $\underline{c}$ 的 0 游程分布。

解 因为 $\underline{C}_{(1)} = \underline{c} \vee x\underline{c}$, 所以

$$N_{\underline{C}_{(1)}}(1) = N_{\underline{c}}(1) + N_{x\underline{c}}(1) - N_{\underline{c} \cdot x\underline{c}}(1) = 2^2 + 2^2 - 2^{4-3} = 6$$

而对于 $\underline{C}_{(2)} = \underline{c} \vee x\underline{c} \vee x^2\underline{c}$, 有

$$N_{\underline{C}_{(2)}}(1) = S_1 - S_2 + S_3 = 8$$

式中,

$$S_1 = N_{\underline{c}}(1) + N_{x\underline{c}}(1) + N_{x^2\underline{c}}(1) = 2^2 \times 3 = 12$$

$$S_2 = N_{\underline{c} \cdot x\underline{c}}(1) + N_{\underline{c} \cdot x^2\underline{c}}(1) + N_{x\underline{c} \cdot x^2\underline{c}}(1) = 2^{4-3} + 2^{4-4} + 2^{4-3} = 5$$

$$S_3 = N_{\underline{c} \cdot x\underline{c} \cdot x^2\underline{c}}(1) = 1$$

同理, 有

$$N_{\underline{C}_{(3)}}(1) = 10, \quad N_{\underline{C}_{(4)}}(1) = 12, \quad N_{\underline{C}_{(5)}}(1) = 13, \quad N_{\underline{C}_{(6)}}(1) = 14, \quad N_{\underline{C}_{(7)}}(1) = 15$$

由 $N_{\underline{C}_{(7)}}(1) = \mathrm{per}(\underline{a})$ 知, $\underline{c}$ 中 0 游程最大长度为 7, 故

$$N_{\underline{c}}(1,\ 0) = 2N_{\underline{C}_{(1)}}(1) - N_{\underline{C}_{(0)}}(1) - N_{\underline{C}_{(2)}}(1)$$

$$= 2 \times 6 - 4 - 8 = 0$$

$$N_{\underline{c}}(2,\ 0) = 2 \times 8 - 6 - 10 = 0$$

$$N_{\underline{c}}(3,\ 0) = 2 \times 10 - 8 - 1 = 11$$

$$N_{\underline{c}}(4,\ 0) = 2 \times 12 - 10 - 13 = 1$$

$$N_{\underline{c}}(5,\ 0) = N_{\underline{c}}(6,\ 0) = 0$$

$$N_{\underline{c}}(7,\ 0) = 1 \hfill \square$$

3. r 端与门网络序列的自相关与互相关函数

定义 1.9 定义了序列的自相关函数, 一般地, 二元周期序列的互相关函数定义如下。

定义 2.6 设 $\underline{u} = (u_0,\ u_1,\ u_2,\ \cdots),\ \underline{v} = (v_0,\ v_1,\ v_2,\ \cdots)$ 是 $\mathbb{F}_2$ 上周期为 T 的序列, $0 \leqslant \tau \leqslant T - 1$, 称

$$C_{\underline{u},\ \underline{v}}(\tau) = \sum_{k=0}^{T-1} (-1)^{u_k + v_{k+\tau}}$$

为序列 $\underline{u}$, $\underline{v}$ 的互相关函数。

注 2.19　互相关函数中的运算是实数运算，其函数值为整数。特别地，当 $\underline{u} = \underline{v}$ 时，$C_{\underline{u}, \underline{v}}(\tau) = C_{\underline{u}}(\tau)$。

引理 2.11　设 $\underline{u}$、$\underline{v}$ 是 $\mathbb{F}_2$ 上周期为 T 的序列，令 $\underline{\theta} = \underline{u} + x^\tau \underline{v}$，则有

$$C_{\underline{u}, \underline{v}}(\tau) = T - 2N_{\underline{\theta}}(1)$$

证明　由 $C_{\underline{u}, \underline{v}}(\tau)$ 的定义即可证明。　　　　　　　　　　　　　　□

下面不加证明地分别给出非退化的单与门序列的自相关、互相关函数值以及任意两个 r 端与门网络序列的互相关函数值。利用定理 2.15，读者可自己给出证明。

定理 2.20　设 $\underline{c} = (l_1, l_2, \cdots, l_r)\underline{a}$ 是 $\underline{a}$ 的非退化的单与门序列，$x^{l_1}\underline{a}$，$x^{l_2}\underline{a}$，$\cdots$，$x^{l_r}\underline{a}$，$x^{l_1+\tau}\underline{a}$，$x^{l_2+\tau}\underline{a}$，$\cdots$，$x^{l_r+\tau}\underline{a}$ 的秩为 $r+m(m \leqslant r)$。令 $\underline{e} = \underline{c} \cdot x^\tau \underline{c}$，则有：

(1) 当 $\underline{e} = \underline{0}$ 时，$C_{\underline{c}}(\tau) = 2^n - 2^{n-r+2} - 1$；

(2) 当 $\underline{e} \neq \underline{0}$ 时，$C_{\underline{c}}(\tau) = 2^n - 2^{n-r+2} + 2^{n-r-m+2} - 1$。

定理 2.21　设 $\underline{b} = (l_1, l_2, \cdots, l_r)\underline{a}$，$\underline{c} = (h_1, h_2, \cdots, h_s)\underline{a}$ 都是非退化的单与门序列。又设 $x^{l_1}\underline{a}$，$x^{l_2}\underline{a}$，$\cdots$，$x^{l_r}\underline{a}$，$x^{h_1+\tau}\underline{a}$，$x^{h_2+\tau}\underline{a}$，$\cdots$，$x^{h_s+\tau}\underline{a}$ 的秩为 $r+m(m \leqslant s)$。令 $\underline{e} = \underline{b} \cdot x^\tau \underline{c}$，则有：

(1) 当 $\underline{e} = \underline{0}$ 时，$C_{\underline{b}, \underline{c}}(\tau) = 2^n - 2^{n-r+1} - 2^{n-s+1} - 1$；

(2) 当 $\underline{e} \neq \underline{0}$ 时，$C_{\underline{b}, \underline{c}}(\tau) = 2^n - 2^{n-r+1} - 2^{n-s+1} + 2^{n-r-m+2} - 1$。

定理 2.22　设 $\underline{b} = \underline{b}_1 + \underline{b}_2 + \cdots + \underline{b}_t$，$\underline{c} = \underline{c}_1 + \underline{c}_2 + \cdots + \underline{c}_r$ 是两个与门网络序列，其中 $\underline{b}_i = \left(l_1^{(i)}, l_2^{(i)}, \cdots, l_{r_i}^{(i)} \right)\underline{a}\,(1 \leqslant i \leqslant t)$，$\underline{c}_j = \left(m_1^{(j)}, m_2^{(j)}, \cdots, m_{n_j}^{(j)} \right)\underline{a}\,(1 \leqslant j \leqslant r)$，则有

$$\underline{b} \cdot x^\tau \underline{c} = (\underline{b}_1 + \underline{b}_2 + \cdots + \underline{b}_t)(x^\tau \underline{c}_1 + x^\tau \underline{c}_2 + \cdots + x^\tau \underline{c}_r)$$

$$= \underline{b}_1 \cdot x^\tau \underline{c}_1 + \cdots + \underline{b}_1 \cdot x^\tau \underline{c}_r + \underline{b}_2 \cdot x^\tau \underline{c}_1 + \cdots + \underline{b}_t \cdot x^\tau \underline{c}_r$$

类似于定理 2.15的记号，记

$$N_{\underline{b}}(1) = \sum_{i=1}^{t} (-1)^{i-1} 2^{i-1} S_i$$

$$N_{\underline{c}}(1) = \sum_{j=1}^{r} (-1)^{j-1} 2^{j-1} S_j'$$

$$N_{\underline{b} \cdot x^\tau \underline{c}}(1) = \sum_{k=1}^{rt} (-1)^{k-1} 2^{k-1} S_k''$$

则有

$$C_{\underline{b}, \underline{c}}(1) = 2^n - 1 - 2\left(N_{\underline{b}}(1) + N_{\underline{c}}(1) - 2N_{\underline{b} \cdot x^\tau \underline{c}}(1) \right)$$

$$= 2^n - 1 - 2\sum_{i=1}^{t} (-1)^{i-1} S_i 2^{i-1} - 2\sum_{j=1}^{r} (-1)^{j-1} S_j' 2^{j-1}$$

$$+ 4\sum_{k=1}^{rt} (-1)^{k-1} S_k'' 2^{k-1}$$

2.5　多个序列的非线性组合

2.1~2.4 节讨论的前馈序列实质上是对一个 m-序列进行非线性组合，那么同样地，对多个 m-序列进行非线性组合，也可以较大地提高序列的线性复杂度，基本模型如图 2.2所示。其中 $\underline{a}_1 = (a_{10}, a_{11}, \cdots)$，$\cdots$，$\underline{a}_n = (a_{n0}, a_{n1}, \cdots)$ 是 n 个 LFSR 的输出序列，$g(x_1, x_2, \cdots, x_n)$ 是 n 元布尔函数，输出序列 $\underline{z} = g(\underline{a}_1, \underline{a}_2, \cdots, \underline{a}_n)$，其中 $z_t = g(a_{1t}, a_{2t}, \cdots, a_{nt})(t = 0, 1, 2, \cdots)$。

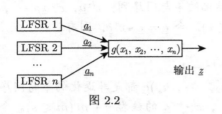

图 2.2

由图 2.2 知，非线性组合序列主要由驱动序列和组合函数两部分构成。因此，对于非线性组合序列的设计需要考虑两方面：一方面是驱动序列的选择，选择怎样的驱动序列可以使得非线性组合序列达到可能的最大线性复杂度；另一方面是组合函数 $g(x_1, x_2, \cdots, x_n)$ 的选择，组合函数 $g(x_1, x_2, \cdots, x_n)$ 应该遵循一些重要的密码准则，如代数次数、相关免疫、非线性度、代数免疫等。

本节讨论非线性组合序列的线性复杂度，主要结论来源于文献 [5]。

设 $\mathbb{F}_2$ 上周期序列 $\underline{a}$ 和 $\underline{b}$ 的线性复杂度分别为 L_a 和 L_b，显然，乘积序列 $\underline{a} \cdot \underline{b}$ 的线性复杂度小于等于 $L_a L_b$。下面首先讨论在什么条件下，乘积序列 $\underline{a} \cdot \underline{b}$ 的线性复杂度能够达到极大，即 $L_a L_b$。

对于两个互素的正整数 s 和 r，记 s 模 r 的乘法阶为 $\mathrm{ord}_r(s)$，即 $\mathrm{ord}_r(s)$ 是满足 $s^k \equiv 1 \bmod r$ 的最小正整数 k。

定理 2.23　设 $\mathbb{F}_2$ 上的周期序列 $\underline{a}$ 和 $\underline{b}$ 分别以 $m_{\underline{a}}(x)$ 和 $m_{\underline{b}}(x)$ 为极小多项式，并且 $m_{\underline{a}}(x)$ 无重根，$m_{\underline{b}}(x)$ 不可约。记

$$T_a = \mathrm{per}(\underline{a}), \quad T_b = \mathrm{per}(\underline{b}), \quad L_a = \deg m_{\underline{a}}(x), \quad L_b = \deg m_{\underline{b}}(x)$$

$$t_b = T_b / \gcd(T_a, T_b)$$

若 $\mathrm{ord}_{t_b}(2) = L_b$，即 $\mathrm{ord}_{t_b}(2) = \mathrm{ord}_{T_b}(2)$，则 $\mathrm{LC}(\underline{a} \cdot \underline{b}) = L_a L_b$。

证明　设 $\underline{a} = (a_0, a_1, \cdots)$，$\underline{b} = (b_0, b_1, \cdots)$，并设 K 是 $\mathbb{F}_2$ 的扩域，使得 $m_{\underline{a}}(x)$ 和 $m_{\underline{b}}(x)$ 在 K 上分裂。

设 $\alpha_1, \cdots, \alpha_{L_a} \in K$ 是 $m_{\underline{a}}(x)$ 的全部根,则由序列的根表示可知,存在 $\rho_1, \cdots, \rho_{L_a} \in K$，使得

$$a_k = \rho_1 \alpha_1^k + \rho_2 \alpha_2^k + \cdots + \rho_{L_a} \alpha_{L_a}^k, \quad k = 0, 1, 2\cdots$$

因为 $m_{\underline{b}}(x)$ 是 $\mathbb{F}_2$ 上的不可约多项式，可设 $\beta, \beta^2, \cdots, \beta^{2^{L_b-1}} \in K$ 是 $m_{\underline{b}}(x)$ 的全部根。因此存在 $\omega \in K$，使得

$$b_k = \omega \beta^k + \omega^2 \beta^{2k} + \cdots + \omega^{2^{L_b-1}} \beta^{2^{L_b-1}k}, \quad k = 0, 1, 2, \cdots$$

则对于乘积序列 $\underline{a} \cdot \underline{b} = (a_0 b_0, \ a_1 b_1, \ \cdots)$，有

$$a_k b_k = \left(\sum_{i=1}^{L_a} \rho_i \alpha_i^k\right)\left(\sum_{j=0}^{L_b-1} \omega^{2^j} \beta^{2^j k}\right) = \sum_{i=1}^{L_a} \sum_{j=0}^{L_b-1} \rho_i \omega^{2^j} \left(\alpha_i \beta^{2^j}\right)^k, \quad k = 0, \ 1, \ 2, \ \cdots$$

为证明 $\mathrm{LC}\,(\underline{a} \cdot \underline{b}) = L_a L_b$，只需证明 $\alpha_i \beta^{2^j}(i = 1, \ 2, \ \cdots, \ L_a; \ j = 0, \ 1, \ \cdots, \ L_b - 1)$ 是两两不同的。

设 $\alpha_i \beta^{2^m} = \alpha_j \beta^{2^n}$，其中 $1 \leqslant i \leqslant L_a$, $1 \leqslant j \leqslant L_a$, $0 \leqslant n \leqslant m < L_b$，即

$$\beta^{2^n\left(2^{m-n}-1\right)} = \alpha_j \alpha_i^{-1}$$

因为 $\alpha_i^{T_a} = 1$，所以 $\beta^{2^n\left(2^{m-n}-1\right)T_a} = 1$，从而 $2^n\left(2^{m-n} - 1\right)T_a \equiv 0 \ \mathrm{mod}\ T_b$，即

$$2^n\left(2^{m-n} - 1\right)t_a \equiv 0 \ \mathrm{mod}\ t_{\underline{b}}$$

式中，$t_a = T_a / \gcd\,(T_a, \ T_b)$。因为 t_a 与 t_b 互素且 2 与 t_b 互素，所以 $2^{m-n} - 1 \equiv 0 \ \mathrm{mod}\ t_b$。又因为 $\mathrm{ord}_{t_b}\,(2) = L_b$, $0 \leqslant n \leqslant m < L_b$，所以 $m = n$，再由 $\alpha_i \beta^{2^m} = \alpha_j \beta^{2^n}$ 得 $\alpha_i = \alpha_j$，即 $i = j$。　　　　$\square$

注 2.20　在定理 2.23 中，设 $m_{\underline{a}}(x)$ 和 $m_{\underline{b}}(x)$ 都是 $\mathbb{F}_2$ 上的不可约多项式，若 $\mathrm{ord}_{t_a}\,(2) = L_a$ 或 $\mathrm{ord}_{t_b}\,(2) = L_b$，其中 $L_a = \deg m_{\underline{a}}(x)$, $L_b = \deg m_{\underline{b}}(x)$，则 $\mathrm{LC}\,(\underline{a} \cdot \underline{b}) = L_a L_b$。

推论 2.10　设 $f_1(x)$, $\cdots$, $f_n(x)$ 是 $\mathbb{F}_2$ 上的 n 个不可约多项式，$n \geqslant 2$, $m_i = \deg f_i(x) \geqslant 2$, $T_i = \mathrm{per}(f_i(x))$, $\underline{0} \neq \underline{a}_i \in G\,(f_i(x))(i = 1, \ 2, \ \cdots, \ n)$。令

$$t_k = \frac{T_k}{\gcd(T_k, \ \mathrm{lcm}(T_1, \ \cdots, \ T_{k-1}))}$$

若 $\mathrm{ord}_{t_k}\,(2) = m_k(k = 2, \ \cdots, \ n)$，则对于 $1 \leqslant i_1 < \cdots < i_k \leqslant n$，有

$$\mathrm{LC}\,\left(\underline{a}_{i_1} \cdots \underline{a}_{i_k}\right) = m_{i_1} \cdots m_{i_k}$$

证明　只需证明 $\underline{a}_1 \cdots \underline{a}_n$ 的线性复杂度为 $m_1 \cdots m_n$。

当 $n = 2$ 时，由定理 2.23 知结论成立。

设 $n \geqslant 3$，并归纳假设 $\mathrm{LC}\,(\underline{a}_1 \cdots \underline{a}_{n-1}) = m_1 \cdots m_{n-1}$。

记 $\underline{b} = \underline{a}_1 \cdots \underline{a}_{n-1}$, $T_b = \mathrm{per}(\underline{b})$。由于 $T_b \,|\, \mathrm{lcm}\,(T_1, \ \cdots, \ T_{n-1})$，所以对于

$$t_n = \frac{T_n}{\gcd\,(T_n, \ \mathrm{lcm}\,(T_1, \ \cdots, \ T_{n-1}))}$$

有 $t_n \,|\, t_n'$，其中，

$$t_n' = \frac{T_n}{\gcd(T_n, \ T_b)}$$

从而由

$$t_n \mid t'_n, \ t'_n \mid T_n \text{ 及 } \operatorname{ord}_{t_n}(2) = m_n = \operatorname{ord}_{T_n}(2)$$

得 $\operatorname{ord}_{t'_n}(2) = m_n$。因此由定理 2.23知

$$\mathrm{LC}\left(\underline{a}_1 \cdots \underline{a}_{n-1}\underline{a}_n\right) = \mathrm{LC}\left(\underline{b} \cdot \underline{a}_n\right) = \mathrm{LC}\left(\underline{b}\right) \cdot m_n = m_1 \cdots m_n$$

命题成立。 □

注 2.21 分析定理 2.23中的条件。在定理 2.23中，若 t_b 含有素因子 p，使得 $\operatorname{ord}_p(2) = L_b$，则由

$$p \mid t_b, \ t_b \mid T_b \text{ 及 } \operatorname{ord}_p(2) = L_b = \operatorname{ord}_{T_b}(2)$$

得

$$\operatorname{ord}_{t_b}(2) = L_b$$

从而 $\mathrm{LC}\left(\underline{a} \cdot \underline{b}\right) = L_a L_b$。

为进一步分析非线性组合序列的线性复杂度，在 t_b 中考虑这样的素因子 p。为此，讨论数论中的本原素因子问题。

定义 2.7 设 $n \geqslant 2$，若 $2^n - 1$ 的素因子 p 满足 $\operatorname{ord}_p(2) = n$，则称 p 为 $2^n - 1$ 的一个本原素因子。

事实上，$2^n - 1$ 的素因子 p 是 $2^n - 1$ 的一个本原素因子当且仅当 $p \nmid (2^i - 1)\,(i = 1, 2, \cdots, n-1)$。

由定理 2.23可得以下结论。

推论 2.11 设 $f(x), g(x) \in \mathbb{F}_2[x]$ 是不可约多项式，$\deg f(x) = m$，$\deg g(x) = n$，设 $\underline{0} \neq \underline{a} \in G(f(x))$，$\underline{0} \neq \underline{b} \in G(g(x))$，令

$$T_a = \operatorname{per}(f(x)), \quad T_b = \operatorname{per}(g(x))$$

$$t_a = \frac{T_a}{\gcd(T_a, T_b)}, \quad t_b = \frac{T_b}{\gcd(T_a, T_b)}$$

若 t_a 包含 $2^m - 1$ 的一个本原素因子，或 t_b 包含 $2^n - 1$ 的一个本原素因子，则 $\mathrm{LC}\left(\underline{a} \cdot \underline{b}\right) = mn$。

证明 设 $p \mid t_a$ 且 p 是 $2^m - 1$ 的一个本原素因子，则 $\operatorname{ord}_p(2) = m$，又由 $p \mid t_a$，$t_a \mid T_a$，$\operatorname{ord}_{T_a}(2) = m$，得 $\operatorname{ord}_{t_a}(2) = m$，从而由定理 2.23知结论成立。 □

下面讨论 $2^n - 1$ 的本原素因子的存在性。假定 $n \geqslant 2$。

定义 2.8 设 ξ 是有理数域 $\mathbb{Q}$ 的 n 次本原单位根，多项式

$$\Phi_n(x) = \prod_{\substack{i=1 \\ \gcd(i, n)=1}}^{n} \left(x - \xi^i\right)$$

称为 n 次分圆多项式。

注 2.22　关于有理数域上的分圆多项式，有以下性质。

（1）$\Phi_n(x) \in \mathbb{Z}[x]$ 是整系数多项式，并且

$$x^n - 1 = \prod_{d|n} \Phi_d(x)$$

由 Moebius 反演，得

$$\Phi_n(x) = \prod_{d|n} \left(x^{n/d} - 1\right)^{\mu(d)}$$

（2）因为 $\Phi_n(x) | (x^n - 1)$，从而对于任意正整数 s，有 $\Phi_n(s) | (s^n - 1)$，特别地有 $\Phi_n(2) | (2^n - 1)$。

（3）设 $t|n$ 且 $1 \leqslant t \neq n$，则 $\gcd(\Phi_n(x), x^t - 1) = 1$ 且 $(x^t - 1)|(x^n - 1)$，所以

$$\Phi_n(x) \left| \frac{x^n - 1}{x^t - 1} \right.$$

从而对于任意正整数 a，有 $\Phi_n(a) \left| \dfrac{a^n - 1}{a^t - 1} \right.$，特别地有

$$\Phi_n(2) \left| \frac{2^n - 1}{2^t - 1} \right.$$

（4）设 $n = p^s m$，其中 p 是素数，$s \geqslant 1$ 且 $\gcd(p, m) = 1$，则有

$$\Phi_n(x) = \frac{\Phi_m\left(x^{p^s}\right)}{\Phi_m\left(x^{p^{s-1}}\right)}$$

由此可知，对于任意正整数 $a > 1$，有 $\Phi_n(a) = \dfrac{\Phi_m\left(a^{p^s}\right)}{\Phi_m\left(a^{p^{s-1}}\right)}$，特别地有

$$\Phi_n(2) = \frac{\Phi_m\left(2^{p^s}\right)}{\Phi_m\left(2^{p^{s-1}}\right)}$$

引理 2.12　设素数 p 是 $2^n - 1$ 的本原素因子，则 $p | \Phi_n(2)$。

证明　因为

$$\Phi_n(x) = \prod_{d|n} \left(x^{n/d} - 1\right)^{\mu(d)}$$

所以

$$\Phi_n(2) = \prod_{d|n} \left(2^d - 1\right)^{\mu(n/d)} = (2^n - 1) \prod_{\substack{d|n \\ d<n}} \left(2^d - 1\right)^{\mu(n/d)}$$

又因为 $p|(2^n - 1)$ 且对于任意 $d < n$，$p \nmid (2^d - 1)$，从而 $p | \Phi_n(2)$。　　□

引理 2.12表明 $2^n - 1$ 的本原素因子必是 $\Phi_n(2)$ 的因子，但反之不一定成立，即 $\Phi_n(2)$ 的素因子未必都是 $2^n - 1$ 的本原素因子。

引理 2.13　设素数 $p|\Phi_n(2)$ 且 p 不是 $2^n - 1$ 的本原素因子，则 $n = p^s m$，其中 $m = \mathrm{ord}_p(2)$，$s \geqslant 1$。

证明　首先证明 $p|n$。

因为 $p|\Phi_n(2)$，所以 $p|(2^n - 1)$。又因为 p 不是 $2^n - 1$ 的本原素因子，所以存在 n 的素因子 r，使得 $p|(2^{n/r} - 1)$，即 $2^{n/r} \equiv 1 \bmod p$。下面证明 $r = p$，从而 $p|n$。

因为

$$\frac{2^n - 1}{2^{n/r} - 1} = 2^{\frac{n}{r}(r-1)} + 2^{\frac{n}{r}(r-2)} + \cdots + 2^{\frac{n}{r}} + 1 \equiv r \bmod p$$

又因为

$$p \,|\, \Phi_n(2), \quad \Phi_n(2) \left| \frac{2^n - 1}{2^{n/r} - 1} \right.$$

故

$$r \equiv 0 \bmod p$$

而 r 和 p 都是素数，所以 $r = p$，即 $p|n$。

设 $n = p^s m$，$s \geqslant 1$，$\gcd(m, p) = 1$。然后证明 $m = \mathrm{ord}_p(2)$。

首先，由 $2^p \equiv 2 \bmod p$ 和 $p|2^n - 1$，得 $1 \equiv 2^n \equiv (2^{p^s})^m \equiv 2^m \bmod p$，所以 $\mathrm{ord}_p(2)|m$。

其次，若 $\mathrm{ord}_p(2) < m$，则存在 m 的素因子 r，使得 $2^{m/r} \equiv 1 \bmod p$。因为 $m|n$，所以 $2^{n/r} \equiv 1 \bmod p$，同上面的证明，有 $r = p$，矛盾。

因此，$m = \mathrm{ord}_p(2)$。　　　　　　　　　　　　　　　　□

注 2.23　由引理 2.13可得：

(1) 若 $p|\Phi_n(2)$ 且 p 不是 $2^n - 1$ 的本原素因子，则 $n = p^s m$，其中 $m = \mathrm{ord}_p(2) \leqslant p-1$，$s \geqslant 1$，从而 p 也是 n 的最大素因子；

(2) 若 $2^n - 1$ 不含本原素因子，则 $\Phi_n(2)$ 是某个素数的方幂。

进一步，有以下结论，

推论 2.12　若 $2^n - 1$ 不含本原素因子，则 $\Phi_n(2)$ 是素数。进一步，设 $p = \Phi_n(2)$，则 $n = p^s m$，其中 $m = \mathrm{ord}_p(2)$，$s \geqslant 1$。

证明　首先由引理 2.13知，$\Phi_n(2)$ 是某个奇素数 p 的方幂，并且 $n = p^s m$，其中 $m = \mathrm{ord}_p(2)$，$s \geqslant 1$。下面只要证明 $p^2 \nmid \Phi_n(2)$。

令 $d = 2^{n/p} - 1$，因为 $m|(n/p)$ 且 $m = \mathrm{ord}_p(2)$，所以 $p|d$。

因为

$$\frac{2^n - 1}{2^{n/p} - 1} = \frac{(1+d)^p - 1}{d} = \frac{\sum\limits_{i=1}^{p} \binom{p}{i} d^i}{d} = p + \sum_{i=2}^{p} \binom{p}{i} d^{i-1}$$

注意到对于任意 $2 \leqslant i \leqslant p$，由 $p|d$，得 $p^2 \left| \binom{p}{i} d^{i-1} \right.$，所以由上式得

$$\frac{2^n-1}{2^{n/p}-1} \equiv p \bmod p^2$$

从而有

$$p^2 \nmid \frac{2^n-1}{2^{n/p}-1}$$

并由此得 $p^2 \nmid \Phi_n(2)$。

定理 2.24　（Zsigmondy 定理）设正整数 $n>1$，若 $n \neq 6$，则 2^n-1 至少含有一个本原素因子。

证明　设 2^n-1 不含本原素因子，下面证明 $n=6$。

因为 2^n-1 不含本原素因子，由推论 2.12可得，$\Phi_n(2)=p$，$n=p^s m$，其中 $m=\mathrm{ord}_p(2)$，$i \geqslant 1$。

设 $b=2^{p^{s-1}} \geqslant 2$，并设 $\alpha_1, \cdots, \alpha_{\phi(m)}$ 是 $\mathbb{Q}$ 上所有 m 次本原单位根，则有

$$p=\Phi_n(2)=\frac{\Phi_m\left(2^{p^s}\right)}{\Phi_m\left(2^{p^{s-1}}\right)}=\frac{\left|\Phi_m\left(b^p\right)\right|}{\left|\Phi_m(b)\right|}$$

$$=\frac{\prod\limits_{i=1}^{\phi(m)}\left|b^p-\alpha_i\right|}{\prod\limits_{i=1}^{\phi(m)}\left|b-\alpha_i\right|}$$

$$\geqslant \frac{\prod\limits_{i=1}^{\phi(m)}\left(\left|b^p\right|-\left|\alpha_i\right|\right)}{\prod\limits_{i=1}^{\phi(m)}\left(|b|+\left|\alpha_i\right|\right)}$$

$$=\left(\frac{b^p-1}{b+1}\right)^{\phi(m)}$$

因为 $b^p-1 \geqslant b^{p-2}(b^2-1)$，所以由上式得

$$p \geqslant \left(\frac{b^p-1}{b+1}\right)^{\phi(m)} \geqslant \left(b^{p-2}(b-1)\right)^{\phi(m)} \geqslant b^{p-2}=2^{p^{s-1}(p-2)}$$

而由 $p \geqslant 2^{p^{s-1}(p-2)}$ 得 $p=3$ 且 $s=1$，并由此得

$$m=\mathrm{ord}_p(2)=\mathrm{ord}_3(2)=2$$

从而 $n=p^s m=3 \times 2=6$。

所以当 $n \neq 6$ 时，2^n-1 至少含有一个本原素因子。

定理 2.25　设 $f(x)$、$g(x)$ 分别是 $\mathbb{F}_2$ 上的 m 次和 n 次本原多项式，次数不同且都大于 1，则它们输出的 m-序列之积具有极大线性复杂度，即对于 $\underline{0} \neq \underline{a} \in G(f(x))$，$\underline{0} \neq \underline{b} \in G(g(x))$，$\mathrm{LC}(\underline{a} \cdot \underline{b})=mn$。

证明　不妨设 $m < n$。令

$$t = \frac{2^n - 1}{\gcd(2^n - 1,\ 2^m - 1)}$$

由推论 2.11 得，只要证明 t 中含有 $2^n - 1$ 的一个本原素因子即可。

情形 1：若 $m < n \neq 6$。根据定理 2.24，可设 p 是 $2^n - 1$ 的本原素因子，因为 $m < n$，所以 $p \nmid 2^m - 1$，从而 $p \nmid \gcd(2^n - 1,\ 2^m - 1)$，所以 $p|t$。

情形 2：若 $2 \leqslant m < n = 6$。

（1）当 $m = 2$，有 $t = \dfrac{2^6 - 1}{\gcd(2^6 - 1,\ 2^2 - 1)} = 21$，此时有

$$\mathrm{ord}_t(2) = \mathrm{ord}_{21}(2) = 6 = n$$

（2）当 $m = 3$，有 $t = \dfrac{2^6 - 1}{\gcd(2^6 - 1,\ 2^3 - 1)} = 9$，此时有

$$\mathrm{ord}_t(2) = \mathrm{ord}_9(2) = 6 = n$$

（3）当 $m = 4$，有 $t = \dfrac{2^6 - 1}{\gcd(2^6 - 1,\ 2^4 - 1)} = 21$，此时有

$$\mathrm{ord}_t(2) = \mathrm{ord}_{21}(2) = 6 = n$$

（4）当 $m = 5$，有 $t = \dfrac{2^6 - 1}{\gcd(2^6 - 1,\ 2^5 - 1)} = 63$，此时有

$$\mathrm{ord}_t(2) = \mathrm{ord}_{63}(2) = 6 = n$$

综上，结论成立。　　　　　　　　　　　　　　　　　　　　　　　　　　　□

注 2.24　次数都为 L 的两个不可约多项式所产生的乘积序列其复杂度也可能是 L^2。

定理 2.26　设 $f_1(x),\ \cdots,\ f_n(x)$ 是 $\mathbb{F}_2$ 上的 n 个不可约多项式，$n \geqslant 2$，$\deg f_i(x) = m_i \geqslant 2$，$\mathrm{per}(f_i(x)) = T_i$，$\underline{0} \neq \underline{a}_i \in G(f_i(x))$。若对于每个 $k = 2,\ \cdots,\ n$，存在 $2^{m_k} - 1$ 的本原素因子 u_k，满足

$$u_k | T_k \text{ 且 } \gcd(u_k,\ \mathrm{lcm}(T_1,\ \cdots,\ T_{k-1})) = 1$$

则对于任意 n 元布尔函数 $F_n(x_1,\ \cdots,\ x_n)$，序列 $F_n(\underline{a}_1,\ \cdots,\ \underline{a}_n)$ 达到极大线性复杂度 $F_n(m_1,\ \cdots,\ m_n)$，这里 $F_n(m_1,\ \cdots,\ m_n)$ 是整数运算值。

证明　当 $n = 1$ 时，$F_1(x_1) = c_0 + c_1 x_1$，结论显然成立。

归纳假设定理对 $n - 1$ 成立，下面证明定理对 n 成立。

设

$$F_n(x_1,\ \cdots,\ x_n) = x_n G_{n-1}(x_1,\ \cdots,\ x_{n-1}) + H_{n-1}(x_1,\ \cdots,\ x_{n-1})$$

由归纳假设知

$$\text{LC}\left(G_{n-1}\left(\underline{a}_1,\ \cdots,\ \underline{a}_{n-1}\right)\right) = G_{n-1}(m_1,\ \cdots,\ m_{n-1})$$

$$\text{LC}\left(H_{n-1}\left(\underline{a}_1,\ \cdots,\ \underline{a}_{n-1}\right)\right) = H_{n-1}(m_1,\ \cdots,\ m_{n-1})$$

下面首先证明 $\text{LC}\left(\underline{a}_n G_{n-1}\left(\underline{a}_1,\ \cdots,\ \underline{a}_{n-1}\right)\right) = m_n G_{n-1}(m_1,\ \cdots,\ m_{n-1})$。

显然 $\text{per}\left(G_{n-1}\left(\underline{a}_1,\ \cdots,\ \underline{a}_{n-1}\right)\right)\big|\text{lcm}\left(T_1,\ \cdots,\ T_{n-1}\right)$，$2^{m_n}-1$ 的本原素因子 u_n 与 $\text{lcm}\left(T_1,\ \cdots,\ T_{n-1}\right)$ 互素，从而也与 $\text{per}\left(G_{n-1}\left(\underline{a}_1,\ \cdots,\ \underline{a}_{n-1}\right)\right)$ 互素。

记

$$t = \frac{T_n}{\gcd\left(T_n,\ \text{per}\left(G_{n-1}\left(\underline{a}_1,\ \cdots,\ \underline{a}_{n-1}\right)\right)\right)}$$

由条件 $u_n|T_n$，得 $u_n|t$。由

$$u_n|t,\ t|T_n\ \text{及}\ \text{ord}_{u_n}(2) = m_n = \text{ord}_{T_n}(2)$$

得 $\text{ord}_t(2) = m_n$。从而由定理 2.23 知

$$\text{LC}\left(\underline{a}_n G_{n-1}\left(\underline{a}_1,\ \cdots,\ \underline{a}_{n-1}\right)\right) = m_n G_{n-1}(m_1,\ \cdots,\ m_{n-1})$$

最后要证明

$$\text{LC}\left(\underline{a}_n G_{n-1}\left(\underline{a}_1,\ \cdots,\ \underline{a}_{n-1}\right) + H_{n-1}\left(\underline{a}_1,\ \cdots,\ \underline{a}_{n-1}\right)\right)$$

$$= \text{LC}\left(\underline{a}_n G_{n-1}\left(\underline{a}_1,\ \cdots,\ \underline{a}_{n-1}\right)\right) + \text{LC}\left(H_{n-1}\left(\underline{a}_1,\ \cdots,\ \underline{a}_{n-1}\right)\right)$$

为此只需要证明 $\underline{a}_n G_{n-1}\left(\underline{a}_1,\ \cdots,\ \underline{a}_{n-1}\right)$ 和 $H_{n-1}\left(\underline{a}_1,\ \cdots,\ \underline{a}_{n-1}\right)$ 的极小多项式是互素的，即两个极小多项式没有公共根。

设 $\underline{a}_n G_{n-1}\left(\underline{a}_1,\ \cdots,\ \underline{a}_{n-1}\right)$、$G_{n-1}\left(\underline{a}_1,\ \cdots,\ \underline{a}_{n-1}\right)$、$H_{n-1}\left(\underline{a}_1,\ \cdots,\ \underline{a}_{n-1}\right)$ 的极小多项式分别为 $f(x)$、$g(x)$、$h(x)$，并设 α 是 $f(x)$ 的一个根，β 是 $h(x)$ 的一个根，需要证明 $\alpha \neq \beta$。

由序列的根表示可知，$\alpha = \alpha_1 \alpha_2$，其中 α_1 是 $f_n(x)$ 的根，α_2 是 $g(x)$ 的根。

显然 $\text{ord}(\alpha_2)|\text{lcm}\left(T_1,\ \cdots,\ T_{n-1}\right)$，而 u_n 与 $\text{lcm}\left(T_1,\ \cdots,\ T_{n-1}\right)$ 互素，所以 $\text{ord}(\alpha_2)$ 与 u_n 互素。又因为 u_n 是 $\text{ord}(\alpha_1) = T_n$ 的因子，所以 $u_n|\text{ord}(\alpha_1\alpha_2)$，即 $u_n|\text{ord}(\alpha)$。

同样，由 $\text{ord}(\beta)|\text{lcm}\left(T_1,\ \cdots,\ T_{n-1}\right)$ 可知 $\text{ord}(\beta)$ 与 u_n 互素。

因此 $\alpha \neq \beta$。

从而 $F_n\left(\underline{a}_1,\ \cdots,\ \underline{a}_n\right) = \underline{a}_n G_{n-1}\left(\underline{a}_1,\ \cdots,\ \underline{a}_{n-1}\right) + H_{n-1}\left(\underline{a}_1,\ \cdots,\ \underline{a}_{n-1}\right)$ 的线性复杂度为

$$m_n G_{n-1}(m_1,\ \cdots,\ m_{n-1}) + H_{n-1}(m_1,\ \cdots,\ m_{n-1}) = F_n(m_1,\ \cdots,\ m_n) \qquad \square$$

最后给出下面的结论。详细证明留给读者。

定理 2.27　设 $f_1(x)$，$\cdots$，$f_n(x)$ 是 $\mathbb{F}_2$ 上的 n 个本原多项式，$\deg f_i(x) = m_i > 2$，且互不相同，设 $\underline{0} \neq \underline{a}_i \in G(f_i(x))$，则对于任意 n 元布尔函数 $F_n(x_1, \cdots, x_n)$，序列 $F_n(\underline{a}_1, \cdots, \underline{a}_n)$ 达到极大线性复杂度 $F_n(m_1, \cdots, m_n)$。

注 2.25　上述定理证明中注意下面的事实：若序列 $\underline{a}_1$、$\underline{a}_2$、$\underline{a}_3$、$\underline{a}_4$ 的周期分别为 $2^3 - 1$、$2^4 - 1$、$2^5 - 1$、$2^6 - 1$，则周期不满足推论 2.10 的条件。但若 $\underline{a}_1$、$\underline{a}_2$、$\underline{a}_3$、$\underline{a}_4$ 的周期分别为 $2^3 - 1$、$2^6 - 1$、$2^4 - 1$、$2^5 - 1$，则周期满足定理 2.26 的条件。读者可以自己验证周期为 $2^2 - 1$、$2^3 - 1$、$2^4 - 1$、$2^5 - 1$、$2^6 - 1$ 的所有序列都不满足定理 2.26 的条件。

第 3 章　钟控序列

在第 2 章介绍了通过非线性过滤提高序列的线性复杂度，在这一章中介绍另一类更能有效提高序列线性复杂度的方法——时钟控制。时钟控制方法很多，本章介绍几种经典的钟控生成器。

3.1　stop-and-go 序列

本节介绍 1984 年由 Beth 和 Piper 提出的一种钟控序列——stop-and-go 序列，结论来源于文献 [6]。该序列是由两个线性反馈移位寄存器所组成的，其中一个 LFSR 用作时钟来控制另一个 LFSR，如图 3.1 所示。

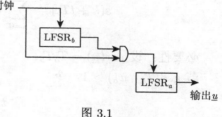

图 3.1

定义 3.1　设 $\underline{a} = (a_0,\ a_1,\ a_2,\ \cdots)$ 和 $\underline{b} = (b_0,\ b_1,\ b_2,\ \cdots)$ 分别是 LFSR_a 和 LFSR_b 的输出序列，记

$$s(k) = \sum_{i=0}^{k} b_i$$

式中，$\sum$ 表示整数加，令

$$u_k = a_{s(k)}, \quad k = 0,\ 1,\ \cdots$$

称输出序列 $\underline{u} = (u_0,\ u_1,\ u_2,\ \cdots)$ 为 LFSR_a 受 LFSR_b（或 $\underline{a}$ 受 $\underline{b}$）控制的 stop-and-go 序列，记为 $\underline{a_b}$。

注 3.1　设 $\underline{a} = (a_0,\ a_1,\ a_2,\ \cdots)$ 和 $\underline{b} = (b_0,\ b_1,\ b_2,\ \cdots)$ 是周期序列，$\mathrm{per}(\underline{a}) = T_a$，$\mathrm{per}(\underline{b}) = T_b$，则 $\underline{a_b}$ 是周期序列且 $\mathrm{per}(\underline{a_b}) \mid T_a T_b$，原因如下。

设

$$w_b = s(T_b - 1) = \sum_{i=0}^{T_b - 1} b_i$$

因为

$$s(k + T_a T_b) = \sum_{i=0}^{k + T_a T_b} b_i = \sum_{i=0}^{k} b_i + \sum_{i=k+1}^{k + T_a T_b} b_i = s(k) + T_a w_b$$

所以，对于 $k \geqslant 0$，有

$$u_{k + T_a T_b} = a_{s(k + T_a T_b)} = a_{s(k) + T_a w_b} = a_{s(k)} = u_k$$

从而 $\mathrm{per}(\underline{a_b}) \mid T_a T_b$。

当 $\mathrm{per}(\underline{a}) = 1$ 时，显然有 $\mathrm{per}(\underline{a}_b) = 1$，故下面只考虑 $\mathrm{per}(\underline{a}) > 1$ 的情况。

下面的定理给出了 $\underline{a}_b$ 达到极大周期的充要条件。

定理 3.1　设 $\underline{a}$ 和 $\underline{b}$ 是周期序列，并设 $T_a = \mathrm{per}(\underline{a}) > 1$ 和 $T_b = \mathrm{per}(\underline{b})$，$\underline{u} = \underline{a}_b$。令

$$w_b = s(T_b - 1) = \sum_{i=0}^{T_b-1} b_i$$

则有

$$\mathrm{per}(\underline{u}) = T_a T_b \text{ 当且仅当 } \gcd(w_b, T_a) = 1$$

证明　设 $\underline{u} = (u_0, u_1, \cdots)$，由定义 3.1 知，$u_k = a_{s(k)}$，$s(k) = \sum_{i=0}^{k} b_i$。

对于任意的 $k \geqslant 0$ 和 $t \geqslant 0$，由 $s(k)$ 的定义可知

$$s(k + tT_b) = \sum_{i=0}^{k+tT_b} b_i = \sum_{i=0}^{k} b_i + \sum_{i=k+1}^{k+tT_b} b_i = s(k) + tw_b \tag{3.1}$$

必要性：设 $\mathrm{per}(\underline{u}) = T_a T_b$。

若 $\gcd(T_a, w_b) > 1$，令

$$t_1 = \frac{T_a}{\gcd(T_a, w_b)}$$

则 $t_1 < T_a$ 且 $T_a \mid t_1 w_b$。再由式（3.1）知，对于任意的 $k \geqslant 0$，有

$$u_k = a_{s(k)} = a_{s(k)+t_1 w_b} = a_{s(k+t_1 T_b)} = u_{k+t_1 T_b}$$

从而 $\mathrm{per}(\underline{u}) \mid t_1 T_b$，再由 $t_1 < T_a$，得 $\mathrm{per}(\underline{u}) < T_a T_b$，矛盾，所以 $\gcd(w_b, T_a) = 1$。

充分性：设 $\gcd(w_b, T_a) = 1$。

为证 $\mathrm{per}(\underline{u}) = T_a T_b$，首先证 $T_b \mid \mathrm{per}(\underline{u})$。记 $T = \mathrm{per}(\underline{u})$。

因为对于任意 $k \geqslant 0$，有

$$a_{s(k+T)} = u_{k+T} = u_k = a_{s(k)}$$

所以对于任意的非负整数 i 和 j，有

$$a_{s(iT_b+j+T)} = a_{s(iT_b+j)}$$

又由式（3.1），得

$$a_{iw_b+s(j+T)} = a_{iw_b+s(j)}$$

因为 $\gcd(w_b, T_a) = 1$，所以当 i 跑遍 $\{0, 1, \cdots, T_a-1\}$ 时，$iw_b \mod T_a$ 也跑遍 $\{0, 1, \cdots, T_a - 1\}$。因此对于任意 $0 \leqslant i \leqslant T_a - 1$，有

$$a_{i+s(j+T)} = a_{i+s(j)}$$

从而 $s(j+T) - s(j) \equiv 0 \bmod T_a$，即

$$\sum_{i=0}^{j+T} b_i - \sum_{i=0}^{j} b_i \equiv 0 \bmod T_a, \quad j = 0, 1, 2, \cdots$$

所以

$$0 \equiv \sum_{i=0}^{j+1+T} b_i - \sum_{i=0}^{j+1} b_i = b_{j+1+T} - b_{j+1} + \sum_{i=0}^{j+T} b_i - \sum_{i=0}^{j} b_i \equiv b_{j+1+T} - b_{j+1} \bmod T_a$$

再由 $b_i \in \{0, 1\}$ 及 $T_a > 1$ 知 $b_{j+1+T} = b_{j+1}$，所以 $T_b \mid T$。

因为 $T \mid T_a T_b$ 且 $T_b \mid T$，可设 $T = t_1 T_b$，其中 $t_1 \mid T_a$。

下面证明 $t_1 = T_a$。

对于任意 $k \geqslant 0$，有 $u_k = u_{k+T} = u_{k+t_1 T_b}$，即 $a_{s(k)} = a_{s(k+t_1 T_b)}$，根据式 (3.1)，有

$$a_{s(k)} = a_{s(k)+t_1 w_b}$$

而 $s(k)$ 可以取任意正整数，从而有 $T_a \mid t_1 w_b$，又因为 $\gcd(w_b, T_a) = 1$，所以 $t_1 = T_a$，从而 $T = T_a T_b$。 $\qquad\square$

引理 3.1 设 $\underline{a}$ 和 $\underline{b}$ 是周期序列，$\underline{a}$ 的极小多项式 $f(x)$ 是不可约的，$\mathrm{per}(\underline{b}) = T$，$w = \sum\limits_{i=0}^{T-1} b_i$。设 $h(x)$ 是 $\underline{a}^{(w)}$ 的极小多项式，若 $\gcd(w, \mathrm{per}(\underline{a})) = 1$，则 $h(x^T)$ 是 $\underline{a_b}$ 的一个特征多项式。

证明 记 $\underline{u} = \underline{a_b} = (u_0, u_1, u_2, \cdots)$，对于任意的 $k \geqslant 0$ 和 $i \geqslant 0$，有

$$u_{i+kT} = a_{s(i+kT)} = a_{s(i)+kw}$$

所以 $(x^i \underline{u})^{(T)} = (x^{s(i)} \underline{a})^{(w)}$。因为 $\underline{a}$ 的极小多项式不可约且 $\gcd(w, \mathrm{per}(\underline{a})) = 1$，所以由推论 1.6 知，对于任意 $i \geqslant 0$，$(x^{s(i)} \underline{a})^{(w)}$ 与 $\underline{a}^{(w)}$ 有相同的极小多项式，即都为 $h(x)$，从而 $h(x)$ 是 $(x^i \underline{u})^{(T)}$ 的极小多项式。

记 $h(x)(x^i \underline{u})^{(T)} = (v_{i0}, v_{i1}, v_{i2}, \cdots) = \underline{0}$，则有

$$h(x^T)\underline{u} = (v_{00}, v_{10}, v_{20}, \cdots) = \underline{0}$$

所以 $h(x^T)$ 是 $\underline{u}$ 的一个特征多项式。 $\qquad\square$

注 3.2 引理 3.1 中，若 $\underline{b}$ 是 n 级 m-序列，则 $h(x) = f(x)$。

定理 3.2 设 $\underline{a}$ 和 $\underline{b}$ 是周期序列，$\underline{a}$ 以 n 次不可约多项式 $f(x)$ 为极小多项式，$\mathrm{per}(\underline{b}) = T$，$w = \sum\limits_{i=0}^{T-1} b_i$。

(1) 若 w 是 2 的方幂，则 $f(x^T)$ 是 $\underline{a_b}$ 的特征多项式。

(2) 若 w 是 2 的方幂且 T 也是 2 的方幂，则 $\underline{u}$ 的极小多项式为 $f(x)^M$，其中 $T/2 < M \leqslant T$，从而线性复杂度 $\mathrm{LC}(\underline{a_b}) > nT/2$。

证明　（1）因为 w 是 2 的方幂且 $f(x)$ 不可约，所以由引理 3.1 知 $f(x^T)$ 是 $\underline{a}_b$ 的一个特征多项式。

（2）若 $T = 2^m$，则 $f(x^{2^m}) = f(x)^{2^m}$，又因为 $f(x)$ 不可约，所以 $\underline{a}_b$ 的极小多项式为 $f(x)^M$，其中 $0 \leqslant M \leqslant 2^m$，又由定理 3.1 知

$$\operatorname{per}(f(x)^M) = \operatorname{per}(\underline{u}) = \operatorname{per}(f(x))2^m$$

从而 $2^{m-1} < M \leqslant 2^{m-1}$，即 $T/2 < M \leqslant T$。　　　　　　　　　　□

引理 3.2 [1]　设 $f_1(x)$, $f_2(x)$, $\cdots$, $f_N(x)$ 是 $F_q[x]$ 上所有次数为 m、阶为 e 的不同首一不可约多项式。设整数 $t \geqslant 2$ 且满足：

（1）t 的所有素因子皆整除 e，但不整除 $q^m - 1/e$；

（2）当 $t \equiv 0 \bmod 4$ 时，满足 $q^m \equiv 1 \bmod 4$。

因此 $f_1(x^t)$, $f_2(x^t)$, $\cdots$, $f_N(x^t)$ 是 $\mathbb{F}_q[x]$ 中所有不同的次数为 mt 且阶为 et 的首一不可约多项式。

定理 3.3　设 $\underline{a}$ 和 $\underline{b}$ 的极小多项式分别为本原多项式 $f(x)$ 和 $g(x)$，$\deg f(x) = n$，$\deg g(x) = m$，若 $m \mid n$，则 $\underline{a}_b$ 的极小多项式为 $f(x^T)$，其中 $T = \operatorname{per}(g(x)) = 2^m - 1$，从而 $\mathrm{LC}(\underline{a}_b) = (2^m - 1)n$。

证明　由引理 3.1 知 $f(x^T)$ 是 $\underline{a}_b$ 的特征多项式。又由引理 3.2 知 $f(x^T)$ 是不可约多项式，而 $\underline{a}_b \neq \underline{0}$，所以 $f(x^T)$ 是 $\underline{a}_b$ 的极小多项式，$\mathrm{LC}(\underline{a}_b) = (2^m - 1)n$。　　　□

下面的例子说明定理 3.3 的条件充分但不必要。

例 3.1　设 $\underline{a} = (0, 1, 1, \cdots) \in G(x^2 + x + 1)$，$\underline{b} = (0, 0, 1, 0, 1, 1, 1, \cdots) \in G(x^3 + x + 1)$，则有

$$\underline{u} = (0, 0, 1, 1, 1, 0, 1, 1, 1, 1, 1, 0, 1, 1, 1, 1, 0, 0, 1, 1, 0, \cdots)$$

其周期为 21，极小多项式为 $x^{14} + x^7 + 1$，线性复杂度为 14。

推论 3.1　设 $\underline{a}$ 和 $\underline{b}$ 的极小多项式分别为两个 n 次本原多项式 $f(x)$ 和 $g(x)$，则 $\underline{a}_b$ 的极小多项式为 $f(x^{2^n-1})$，从而有

$$\mathrm{LC}(\underline{a}_b) = (2^n - 1)n, \quad \operatorname{per}(\underline{a}_b) = (2^n - 1)^2$$

注 3.3　文献 [6] 还给出了如下结论：设 $\underline{a}$ 和 $\underline{b}$ 的极小多项式分别为本原多项式 $f(x)$ 和 $g(x)$，$\deg f(x) = n$，$\deg g(x) = m$，若 $\gcd(n, m) = 1$，则 $\underline{a}_b$ 的线性复杂度为 $(2^m - 1)n$。

下面的例子说明这个结论有误。

取 $f(x) = x^3 + x + 1$，$g(x) = x^7 + x^6 + x^3 + x + 1$，并取

$$\underline{a} = (0, 0, 1, \cdots) \in G(f(x)), \qquad \underline{b} = (0, 0, 0, 0, 0, 0, 1, \cdots) \in G(g(x))$$

则 $\underline{a}_b$ 的极小多项式为 $f(x^{2^7-1})/f(x)$，而不是 $f(x^{2^7-1})$，从而 $\underline{a}_b$ 的线性复杂度为 $(2^7 - 1) \times 3 - 3$，而不是 $(2^7 - 1) \times 3$。

线性递归序列经过 stop-and-go 处理，生成的序列虽呈现出周期大、高线性复杂度的特点，但它的统计特性不是很理想，如游程分布不好。为此，瑞典学者 Gunther 对 stop-and-go 做了改进[7]，即如下的 Gunther 生成器 (也称 alternating step generator)，其结构见图 3.2

Gunther 序列生成器的具体工作方式如下：

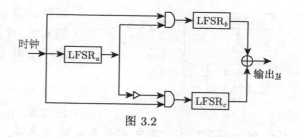

图 3.2

（1）$LFSR_a$ 受时钟控制，它的输出比特控制 $LFSR_b$ 和 $LFSR_c$ 的输出；

（2）若 $LFSR_a$ 输出 1，则 $LFSR_b$ 输出下一比特，$LFSR_c$ 重复输出前一比特；

（3）若 $LFSR_a$ 输出 0，则 $LFSR_c$ 输出下一比特，$LFSR_b$ 重复输出前一比特；

（4）生成器每一时钟的输出为 $LFSR_b$ 和 $LFSR_c$ 的输出比特的模 2 加。

用序列表达如下：设 $\underline{a} = (a_0, a_1, \cdots)$、$\underline{b} = (b_0, b_1, \cdots)$、$\underline{c} = (c_0, c_1, \cdots)$ 分别是 $LFSR_a$、$LFSR_b$、$LFSR_c$ 的输出序列，$s(k) = \sum_{i=0}^{k} a_i$，令 $u_k = b_{s(k)} + c_{k+1-s(k)}$，称序列 $\underline{u} = (u_0, u_1, u_2, \cdots)$ 为 Gunther 序列。

定义 3.2 由 n 级移位寄存器产生的周期等于 2^n 的序列称为最大长度的 n 级移位寄存器序列，也称为 n 级 de Bruijn 序列。

注 3.4 n 级 de Bruijn 序列的一个周期中 0 和 1 的个数都为 2^{n-1}。

定理 3.4 设 $\underline{a}$ 是 L_a 级 de Bruijn 序列，$\underline{b}$ 和 $\underline{c}$ 分别是 L_b 级和 L_c 级 m-序列，$f_b(x)$ 和 $f_c(x)$ 分别是 $\underline{b}$ 和 $\underline{c}$ 的极小多项式，$\underline{u}$ 是输出的 Gunther 序列。若 $f_b(x) \neq f_c(x)$，则有以下结论。

（1）$\underline{u}$ 的极小多项式 $m_{\underline{u}}(x) = f_b(x)^{M_b} f_c(x)^{M_c}$，其中 $2^{L_a-1} < M_b, M_c \leqslant 2^{L_a}$。

（2）$\underline{u}$ 的线性复杂度满足

$$(L_b + L_c)2^{L_a-1} < LC(\underline{u}) \leqslant (L_b + L_c)2^{L_a}$$

（3）$\text{per}(\underline{u}) = 2^{L_a}\text{lcm}(2^{L_b} - 1, 2^{L_c} - 1)$。特别地，当 $\gcd(L_b, L_c) = 1$ 时，有

$$\text{per}(\underline{u}) = 2^{L_a}(2^{L_b} - 1)(2^{L_c} - 1)$$

证明留作思考。

3.2 $[d, k]$-自采样序列

1987 年，Rainer A.Rueppel 提出了一种采样钟控序列——$[d, k]$-自采样序列[8]，生成器的模型见图 3.3。

定义 3.3 $[d, k]$-自采样序列按图 3.3方式产生，遇 0 时走 d 步，遇 1 时走 k 步，即设 LFSR 序列 $\underline{a} = (a_0, a_1, a_2, \cdots)$，取 $u_0 = a_0$，并已产生 $u_0, u_1, \cdots, u_i$，若 $u_i = a_{j_i} = 1$，则 $u_{i+1} = a_{j_i+k}$；若 $u_i = a_{j_i} = 0$，则 $u_{i+1} = a_{j_i+d}(i = 0, 1, \cdots)$，并称序列 $\underline{u}$ 为 $\underline{a}$ 的 $[d, k]$-自采样序列，记序列 $\underline{u}$ 为 $\underline{a}[d, k]$。

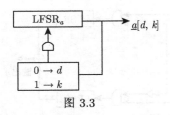

图 3.3

显然，若 $\underline{a}$ 是周期序列，则 $\underline{a}[d, k]$ 是准周期序列。

例 3.2 设 $\underline{a} = (111100010011010\cdots) \in G(x^4+x+1)$，则 $\underline{a}$ 的 [1, 2]-自采样序列为

$$\underline{a}[1, 2] = (1100010101\cdots)$$

注 3.5 $\underline{a}$ 为 n 级 m-序列时，若 d 与 2^n-1 互素，则 $\underline{a}[d, k] = \underline{a}[d][1, t]$，其中 $\underline{a}[d]$ 是 $\underline{a}$ 的 d 采样，$t = kd^{-1} \bmod 2^n-1$。

在这一节中，讨论了 $\underline{a}[1, 2]$ 的周期，并给出其线性复杂度的部分实验结果。

注 3.6 设 $\underline{a}$ 是周期序列，$\underline{a}[1, 2] = (u_0, u_1, u_2, \cdots)$，则有以下结论。

(1) 设 $k \geqslant 1$，$\underline{b} = x^k\underline{a}$，则存在 $s, t \geqslant 0$，使得 $x^s(\underline{b}[1, 2]) = x^t(\underline{a}[1, 2])$，其中 x 是左移作用，从而 $\mathrm{per}(\underline{b}[1, 2]) = \mathrm{per}(\underline{a}[1, 2])$。

(2) 若 $u_k = 0$，则 $x^{k+1}\underline{u}$ 一定是周期序列。

(3) 若 $a_0 = 0$，则 $x(\underline{a}[1, 2]) = (u_1, u_2, \cdots)$ 是周期序列。

为讨论简便，在这一节中，总是设 $a_0 = 0$，并记

$$\underline{a}[1, 2]' = x(\underline{a}[1, 2])$$

(4) 设 $a_0 = 0$。序列中连续 s 个 1，即 $\underbrace{1, \cdots, 1}_{s}$，记为 1^s。对于 $k \geqslant 1$，a_k 是 $\underline{a}$ 中的一个比特，则 a_k 在 $\underline{a}[1, 2]'$ 中出现当且仅当 $01^{2h}a_k$ 在 $\underline{a}$ 中出现，其中 h 是非负整数。

引理 3.3 设 $\underline{a}$ 是 n 级 m-序列，则序列 $\underline{a}[1, 2]$ 的周期整除 $\left\lfloor \dfrac{2}{3}(2^n - 1) \right\rfloor$。

证明 设 $\underline{a} = (a_0, a_1, a_2, \cdots)$，$T = 2^n - 1$。

只需要考虑序列 $\underline{a}[1, 2]'$ 的周期 $\mathrm{per}(\underline{a}[1, 2]')$。记 $\underline{v} = \underline{a}[1, 2]'$。

注意到 $a_0 = a_T = 0$，所以 a_1 和 a_{1+T} 都在 $\underline{v}$ 中出现。从而对于 $k \geqslant 1$，a_k 在 $\underline{v}$ 中出现当且仅当 a_{k+T} 在 $\underline{v}$ 中出现。

设 T_n 是 $a_1, a_2, \cdots, a_T$ 在 $\underline{v}$ 中出现的次数，则 $\mathrm{per}(\underline{v}) \mid T_n$。下面计算 T_n。

注意到

$$a_i \text{ 在 } \underline{v} \text{ 中出现} \Leftrightarrow 01^{2h}a_i \text{ 在 } \underline{a} \text{ 中出现 (包括 } h = 0)$$

因此，T_n 等于在 $\underline{a}$ 的周期圆中形如 $01^{2h}x(x = 0 \text{ 或 } 1)$ 的数组出现的次数。

由 m-序列的性质知，在 $\underline{a}$ 的周期圆中：$0x$ 出现的次数为 $2^{n-1} - 1$；$01^{2h}x$ 出现的次数为 2^{n-2h-1}，其中 $2 \leqslant 2h \leqslant n-1$；$01^n0$ 出现的次数为 1。

所以，当 n 为奇数时，有

$$T_n = 2^{n-1} - 1 + \sum_{h=1}^{(n-1)/2} 2^{n-2h-1} = \frac{2}{3}(2^n - 2) = \left\lfloor \frac{2}{3}(2^n - 1) \right\rfloor$$

而当 n 为偶数时，有

$$T_n = 2^{n-1} - 1 + \sum_{h=1}^{(n-2)/2} 2^{n-2h-1} + 1 = \frac{2}{3}(2^n - 1) = \left\lfloor \frac{2}{3}(2^n - 1) \right\rfloor$$

结论成立。　　　　　　　　　　　　　　　　　　　　　　　　　　　　　　　□

定理 3.5 设 $\underline{a}$ 是 n 级 m-序列，$T_n = \left\lfloor \dfrac{2}{3}(2^n-1) \right\rfloor$，并设定 $a_0 = 0$，则 $\underline{a}[1, 2]'$ 的一个长为 T_n 的周期圆中 1 出现的次数为 $N_n(1) = \left\lceil \dfrac{1}{3}(2^n-1) \right\rceil$。

证明 根据引理 3.3 的证明过程，$\underline{a}[1, 2]'$ 的一个长为 T_n 的周期圆中 1 的个数等于在 $\underline{a}$ 的周期圆中形如 $01^{2h}1$ 的数组出现的次数，又因为在 $\underline{a}$ 的周期圆中 $01^{2h}1$ 出现 2^{n-2h-2} 次，其中 $0 \leqslant 2h \leqslant n-2$，$01^{n-1}1$ 出现 1 次，所以

$$N_n(1) = \begin{cases} \displaystyle\sum_{h=0}^{(n-3)/2} 2^{n-2h-2} + 1 = \dfrac{2^n+1}{3}, & n \text{ 是奇数} \\[4mm] \displaystyle\sum_{h=0}^{(n-2)/2} 2^{n-2h-2} = \dfrac{2^n-1}{3}, & n \text{ 是偶数} \end{cases}$$

当 n 是奇数时，$3 \mid (2^n+1)$，此时有 $\left\lceil \dfrac{1}{3}(2^n-1) \right\rceil = \dfrac{1}{3}(2^n+1)$。

综上有

$$N_n(1) = \left\lceil \dfrac{1}{3}(2^n-1) \right\rceil$$　　　　　　　□

定理 3.6 设 $\underline{a}$ 是 n 级 m-序列，$T_n = \left\lfloor \dfrac{2}{3}(2^n-1) \right\rfloor$，并设定 $a_0 = 0$，则 $\underline{a}[1, 2]'$ 的长为 T_n 的一个周期圆中数组 xy 对出现的次数 $N_n(xy)$ 为

$$N_n(00) = \left\lfloor \dfrac{2^{n-1}-2}{3} \right\rfloor, \quad N_n(01) = \left\lfloor \dfrac{2^{n-1}+1}{3} \right\rfloor, \quad N_n(10) = \left\lfloor \dfrac{2^{n-1}+1}{3} \right\rfloor$$

$$N_n(11) = \begin{cases} \dfrac{2^{n-1}+2}{3}, & n \text{ 是奇数} \\[4mm] \dfrac{2^{n-1}-2}{3}, & n \text{ 是偶数} \end{cases}$$

证明 （1）考虑 00 出现的次数。

$\underline{a}[1, 2]'$ 的长为 T_n 的周期圆中 00 出现的次数等于 $01^{2h}00$ 在 $\underline{a}$ 的周期圆中出现的次数（包括 $h = 0$）。而 000 出现 $2^{n-3}-1$ 次，$01^{2h}00$ 出现 2^{n-2h-3} 次，$2 \leqslant 2h \leqslant n-3$。另外，$01^{n-1}00$ 不出现，$01^{n-2}00$ 和 01^n00 之一出现，但不都出现。

若 n 为奇数，则 $n-2$ 也为奇数，所以

$$N_n(00) = 2^{n-3} - 1 + \sum_{h=1}^{(n-3)/2} 2^{n-2h-3} = \dfrac{2^{n-1}-4}{3} = \left\lfloor \dfrac{2^{n-1}-2}{3} \right\rfloor$$

若 n 为偶数，则 $n-2$ 也为偶数，而 $01^{n-2}00$ 和 01^n00 在 $\underline{a}$ 的周期圆中共出现 1 次，因此有

$$N_n(00) = 2^{n-3} - 1 + \sum_{h=1}^{(n-4)/2} 2^{n-2h-3} + 1 = \frac{2^{n-1}-2}{3} = \left\lfloor \frac{2^{n-1}-2}{3} \right\rfloor$$

（2）同理考虑 01 出现的次数，得

$$N_n(01) = \left\lfloor \frac{2^{n-1}+1}{3} \right\rfloor$$

（3）考虑 10 出现的次数。$\underline{a}[1, 2]'$ 的长为 T_n 的周期圆中 10 出现的次数等于 $01^{2h+1}x0$ 在 $\underline{a}$ 的周期圆中出现的次数 ($x=0$ 或 1)；而 $01^{2h+1}x0$ 在 $\underline{a}$ 的周期圆中出现 2^{n-2h-3} 次，$1 \leqslant 2h+1 \leqslant n-3$，$01^{2h+1}x0$ 出现 0 或 1 次，$2h+1 = n-2$，$n-1$，n。

若 n 为奇数，则 $n-2$ 也为奇数，又因为 01^n00 和 $01^{n-2}00$ 在 $\underline{a}$ 的周期圆中共出现 1 次，所以

$$N_n(10) = \sum_{h=1}^{(n-5)/2} 2^{n-2h-3} + 1 = \frac{2^{n-1}-1}{3} = \left\lfloor \frac{2^{n-1}+1}{3} \right\rfloor$$

若 n 为偶数，则 $n-1$ 为奇数，又因为 $01^{n-1}10$ 在 $\underline{a}$ 的周期圆中出现 1 次，所以

$$N_n(10) = \sum_{h=1}^{(n-4)/2} 2^{n-2h-3} + 1 = \frac{2^{n-1}+1}{3} = \left\lfloor \frac{2^{n-1}+1}{3} \right\rfloor$$

（4）考虑 11 出现的次数。$\underline{a}[1, 2]'$ 的长为 T_n 的周期圆中 11 出现的次数等于 $01^{2h+1}x1$ 在 $\underline{a}$ 的周期圆中出现的次数 ($x=0$ 或 1)；而 $01^{2h+1}x1$ 在 $\underline{a}$ 的周期圆中出现 2^{n-2h-3} 次，$2h+1 \leqslant n-3$，$01^{2h+1}x1$ 出现 0 或 1 次，$2h+1 = n-2$，$n-1$，n。

若 n 为奇数，则 $n-2$ 也为奇数，又因为 $01^{n-2}11$ 在 $\underline{a}$ 的周期圆中出现 1 次，01^n01 和 $01^{n-2}01$ 在 $\underline{a}$ 的周期圆中共出现 1 次，所以

$$N_n(11) = \sum_{h=0}^{(n-5)/2} 2^{n-2h-3} + 2 = \frac{2^{n-1}+2}{3}$$

若 n 为偶数，则 $n-1$ 为奇数，又因为 $01^{n-1}01$ 和 $01^{n-1}11$ 在 $\underline{a}$ 的周期圆中都不出现，所以

$$N_n(11) = \sum_{h=0}^{(n-4)/2} 2^{n-2h-3} = \frac{2^{n-1}-2}{3}$$

命题得证。　　　　　　　　　　　　　　　　　　　　　　　　　　　　　　□

注意到 $\underline{a}[1, 2]'$ 的一个长为 T_n 的周期圆中，$N_n(00)$ 和 $N_n(10)$ 互素，从而有以下结论。

推论 3.2　设 $\underline{a}$ 是 n 级 m-序列，则 $\mathrm{per}(\underline{a}[1, 2]) = \lfloor 2(2^n - 1)/3 \rfloor$。

关于 $\underline{a}[1, 2]$ 的线性复杂度目前还没有结论，但大量实验数据显示，线性复杂度接近周期。表 3.1是 $n = 5, 6, 7, 8$ 时的实验数据，其中 T_n 是 [1, 2]-自采样序列的周期，L_{avg} 和 L_{min} 分别是线性复杂度的平均值和最小值。

表 3.1

n	T_n	L_{avg}	L_{min}
5	20	19.3	16
6	42	38.7	33
7	84	82	78
8	170	169.3	166

3.3 收缩序列和自收缩序列

本节将介绍两种通过缩减控制所得的钟控序列，即收缩序列和自收缩序列。首先，1993 年美国学者 D.Coppersmith、H.Krawczyk 和 Y.Mansour 提出了收缩序列生成器[9]。

定义 3.4 设

$$\underline{a} = (a_0, a_1, a_2, \cdots)$$
$$\underline{s} = (s_0, s_1, s_2, \cdots)$$

是 $\mathbb{F}_2$ 上的两个序列，当 $s_i = 1$ 时，选取 a_i，否则删去 a_i，所得序列记为 $\underline{z}$，称为由 $\underline{s}$ 控制的 $\underline{a}$ 的收缩序列。

例 3.3 设

$$\underline{a} = (1, 1, 1, 1, 0, 0, 0, 1, 0, 0, 1, 1, 0, 1, 0, \cdots) \in G(x^4 + x + 1)$$
$$\underline{s} = (1, 1, 1, 0, 0, 1, 0, 1, 1, 1, 0, 0, 1, 0, 1, \cdots) \in G(x^3 + x + 1)$$

则 $\underline{z} = (a_0, a_1, a_2, a_5, a_7, a_8, \cdots) = (1, 1, 1, 0, 1, 0, \cdots)$。

定理 3.7 设 $\underline{a}$ 和 $\underline{s}$ 分别是 n 级和 m 级 m-序列，$m < 2^n - 1$，$\underline{z}$ 是由 $\underline{s}$ 控制的 $\underline{a}$ 的收缩序列，若 $\gcd(n, m) = 1$，则有

$$\mathrm{per}(\underline{z}) = \mathrm{per}(\underline{a}) \cdot 2^{m-1} = (2^n - 1) \cdot 2^{m-1}$$

证明 设

$$\underline{a} = (a(0), a(1), \cdots), \quad \underline{s} = (s(0), s(1), \cdots), \quad \underline{z} = (z(0), z(1), \cdots)$$

$$T_a = \mathrm{per}(\underline{a}) = 2^n - 1, \quad T_s = \mathrm{per}(\underline{s}) = 2^m - 1, \quad T_z = \mathrm{per}(\underline{z})$$

记 $k_0 < k_1 < k_2 < \cdots$，表示 $\underline{s}$ 中所有 1 的位置，即 $\underline{s}$ 中等于 1 的比特是

$$s(k_0), s(k_1), s(k_2), \cdots$$

从而有

$$z(i) = a(k_i), \quad i = 0, 1, \cdots$$

令 $w = 2^{m-1}$，则

$$k_0, k_1, \cdots, k_{w-1}$$

就是序列 $\underline{s}$ 的第一个周期中 1 的位置，并且

$$k_w = k_0 + T_s$$

而对于 $i \geqslant 0$，有

$$k_{i+w} = k_i + T_s$$

并且对 $j \geqslant 0$，有

$$k_{i+jw} = k_i + jT_s$$

从而有

$$z(i + jw) = a(k_{i+jw}) = a(k_i + jT_s), \quad i \geqslant 0; \; j \geqslant 0$$

特别地，有

$$z(i + T_a w) = a(k_i + T_a T_s) = a(k_i) = z(i)$$

所以 $\mathrm{per}(\underline{z}) \mid T_a w$。下面证 $T_a w \mid \mathrm{per}(\underline{z})$。

首先证明对于任意 $i \geqslant 0$，有 $T_a \mid (k_{i+T_z} - k_i)$。

因为对任意 $i \geqslant 0$，$j \geqslant 0$，有

$$
\begin{aligned}
a(k_i + jT_s) &= a(k_{i+jw}) = z(i+jw) = z(i + jw + T_z) = a(k_{i+jw+T_z}) \\
&= a(k_{i+T_z} + jT_s)
\end{aligned}
\tag{3.2}
$$

因为 $\gcd(n, m) = 1$，所以 $\gcd(T_s, T_a) = 1$，从而有

$$\{jT_s \bmod T_a \mid 0 \leqslant j \leqslant T_a - 1\} = \{0, 1, \cdots, T_a - 1\}$$

所以

$$T_a \mid (k_{i+T_z} - k_i)$$

其次证明 $w \mid T_z$。

因为 $T_a \mid (k_{i+T_z} - k_i)$，所以对于每个 i，存在 $j_i \geqslant 0$，使得

$$k_{i+T_z} = k_i + j_i \cdot T_a$$

从而有

$$k_{i+T_z+1} - k_{i+T_z} = k_{i+1} - k_i + (j_{i+1} - j_i) \cdot T_a$$

若 $j_{i+1} - j_i \neq 0$，则 $k_{i+T_z+1} - k_{i+T_z} \geqslant T_a$ 或 $k_{i+1} - k_i \geqslant T_a$，注意到序列 $\underline{s}$ 中 $s(k_{i+T_z}+1)$，$s(k_{i+T_z}+2)$，$\cdots$，$s(k_{i+T_z+1}-1)$ 以及 $s(k_i+1)$，$s(k_i+2)$，$\cdots$，$s(k_{i+1}-1)$ 全是 0，所以 $\underline{s}$ 中有连续 T_a 个 0，而 $m < T_a$，矛盾，从而 $j_{i+1} - j_i = 0$，即

$$k_{i+T_z+1} - k_{i+T_z} = k_{i+1} - k_i$$

这意味着 $x^{k_i}\underline{s}$ 和 $x^{k_{i+T_z}}\underline{s}$ 中 1 的位置相同，即 $x^{k_i}\underline{s} = x^{k_{i+T_z}}\underline{s}$，所以

$$T_s \mid (k_{i+T_z} - k_i)$$

又因为 $\underline{s}$ 的一个周期内 1 的个数为 w，所以 $w \mid (i + T_z) - i$，即 $w \mid T_z$。

而 $T_z \mid wT_a$，所以 $T_z = wt$，其中 $t \mid T_a$。

取某个 i 满足 $a(k_i) = 1$，则对于任意 j，有

$$a(k_i) = z(i) = z(i + jT_z) = z(i + jtw) = a(k_i + jtT_s)$$

即 $x^{k_i}\underline{a}$ 的 tT_s 采样是常值序列 1，即周期为 1，所以 $T_a \mid tT_s$，而 $\gcd(T_s, T_a) = 1$，从而 $T_a \mid t$，故 $T_z = wT_a$。 □

定理 3.8　条件同定理 3.7，则 $\underline{z}$ 的线性复杂度满足

$$n \cdot 2^{m-2} < \mathrm{LC}(\underline{z}) \leqslant n \cdot 2^{m-1}$$

证明　设 $\underline{a}$ 的 T_s 采样的极小多项式为 $h(x)$，显然 $h(x)$ 是 n 次本原多项式，容易证明 $h(x^{2^{m-1}})$ 是序列 $\underline{z}$ 的一个特征多项式，而 $h(x^{2^{m-1}}) = h(x)^{2^{m-1}}$，所以 $\underline{z}$ 的极小多项式为 $h(x)^d$，其中 $1 \leqslant d \leqslant 2^{m-1}$；又因为 $\gcd(T_s, T_a) = 1$，而

$$T_a \cdot 2^{m-1} = T_a \cdot w = T_z = \mathrm{per}(h(x)^d) = T_a \cdot 2^k$$

式中，$2^{k-1} < d \leqslant 2^k$，所以 $k = m - 1$，即 $2^{m-2} < d \leqslant 2^{m-1}$。结论成立。 □

在收缩序列的基础上，1994 年瑞士学者 Willi Meier 和 Othmar Staffelbach 提出了自收缩序列。

定义 3.5　设 $\underline{a} = (a_0, a_1, a_2, \cdots)$ 是 $\mathbb{F}_2$ 上的序列，考虑 (a_0, a_1)，(a_2, a_3)，$\cdots$。若 $a_{2i} = 1$，则输出 a_{2i+1}；若 $a_{2i} = 0$，则不输出。所得序列 $\underline{z} = (z_0, z_1, z_2, \cdots)$ 称为 $\underline{a}$ 的自收缩序列。

例 3.4　设 $\underline{a} = (111100010011010, 111100010011010\cdots)$，对序列为 (11)，(11)，(00)，(01)，(00)，(11)，(01)，(01)，(11)，(10)，(00)，(10)，(01)，(10)，(10)，$\cdots$，则其自收缩序列为

$$\underline{z} = (z_0, z_1, z_2, \cdots) = (11110000\cdots)$$

注 3.7　自收缩序列生成器可以由收缩序列生成器来实现：对于 $\underline{a} = (a_0, a_1, a_2, \cdots)$，设 $\underline{a}' = (a_1, a_3, a_5, \cdots)$，取 $\underline{s} = (a_0, a_2, a_4, \cdots)$，则 $\underline{s}$ 控制 $\underline{a}'$ 所得的收缩序列 $\underline{z}$ 就是 $\underline{a}$ 的自收缩序列，反之，收缩序列生成器也可以由自收缩序列生成器来实现：设 $\underline{a} = (a_0, a_1, a_2, \cdots)$，$\underline{s} = (a_0, a_2, a_4, \cdots)$，取 $\underline{a}' = (a_1, a_3, a_5, \cdots)$，则 $\underline{s}$ 控制 $\underline{a}'$ 所得的收缩序列为 $\underline{z}$。

定理 3.9　设 $\underline{a}$ 是 n 级 m-序列，$\underline{s}$ 是由 $\underline{a}$ 导出的自收缩序列，则 $\underline{s}$ 是周期整除 2^{n-1} 的平衡序列。

证明　设 $T = 2^n - 1$，则在

$$(a_0, a_1),\ (a_2, a_3),\ \cdots,\ (a_{T-1}, a_T),\ \cdots,\ (a_{2T-2}, a_{2T-1})$$

中 10 和 11 各出现 2^{n-2} 次，所以 $\underline{s}$ 是平衡的且周期整除 2^{n-1}。 □

定理 3.10   设 $\underline{a}$ 是 n 级 m-序列，$\underline{s}$ 是由 $\underline{a}$ 导出的自收缩序列，则 $\underline{s}$ 的周期 $P \geqslant 2^{\lfloor n/2 \rfloor}$。

证明   设 $T = 2^n - 1$，$m = \lfloor n/2 \rfloor$，对于任意的 $(x_1, \cdots, x_m) \in \mathbb{F}_2^m$，在

$$a_0, a_1, \cdots, a_{T-1}, a_T, \cdots, a_{2T-2}, a_{2T-1}, a_{2T}, \cdots, a_{2T+n-1}$$

中 $(1, x_1, 1, x_2, \cdots, 1, x_m)$ 在其偶数位上必出现，所以 $\underline{s}$ 中长为 m 的所有状态都出现，即 $P \geqslant 2^{\lfloor n/2 \rfloor}$。   □

定理 3.11   设 $\underline{s}$ 同定理 3.10 所设，则 $\underline{s}$ 的线性复杂度 $\mathrm{LC}(\underline{s}) > 2^{\lfloor n/2 \rfloor - 1}$。

证明   由定理 3.9 和定理 3.10 可知，$\underline{s}$ 的周期 $P = 2^u$，其中 $\lfloor n/2 \rfloor \leqslant u \leqslant n-1$，则 $x^P - 1$ 是 $\underline{s}$ 的一个特征多项式，而 $x^P - 1 = (x-1)^{2^u}$，所以 $\underline{s}$ 的极小多项式为 $f(x) = (x-1)^L$，断言 $L > 2^{u-1}$，否则 $f(x) \mid (x-1)^{2^{u-1}} = x^{2^{u-1}} - 1$，则 $\underline{s}$ 的周期整除 2^{u-1}，矛盾。   □

注 3.8   经过实验，除了 $n = 3$，由其他 $n < 20$ 的 n 级 m-序列所导出的自收缩序列的周期都达到极大周期 2^{n-1}。

而对于线性复杂度，有如下实验结果，见表 3.2。

表 3.2

n	n 次本原多项式个数	$L_{\min}(\underline{z})$	$L_{\max}(\underline{z})$	2^{n-1}	$2^{n-1} - L_{\max}(\underline{z})$
4	2	5	5	8	3
5	6	10	13	16	3
6	6	25	28	32	4
7	18	54	59	64	5
8	16	118	122	128	6
9	48	243	249	256	7
10	60	498	504	512	8
11	176	1009	1015	1024	9
12	144	2031	2038	2048	10
13	630	4072	4085	4096	11
14	756	8170	8180	8192	12
15	1800	16362	16371	18384	13

第 4 章 环 $\mathbb{Z}/(N)$ 上的线性递归序列

设整数 $N > 1$，$\mathbb{Z}/(N)$ 是整数模 N 剩余类环，视 $\mathbb{Z}/(N)$ 为整数集 $\{0, 1, \cdots, N-1\}$。在这一章中，介绍由环 $\mathbb{Z}/(N)$ 上的线性递归序列导出的二元序列。

首先对一些符号给出说明。设整数 $t(2 \leqslant t \leqslant N)$。

对于 $a \in \mathbb{Z}/(N)$，记 $a_{\bmod t}$ 表示满足

$$a \equiv a_{\bmod t} \bmod t$$

的最小非负整数，视 $a_{\bmod t} \in \mathbb{Z}/(t)$。

对于 $\mathbb{Z}/(N)$ 上的序列 $\underline{a} = (a_0, a_1, a_2, \cdots)$，记

$$\underline{a}_{\bmod t} = ((a_0)_{\bmod t}, (a_1)_{\bmod t}, (a_2)_{\bmod t}, \cdots)$$

视 $\underline{a}_{\bmod t}$ 为 $\mathbb{Z}/(t)$ 上的序列。

对于 $\mathbb{Z}/(N)$ 上的多项式 $f(x) = a_n x^n + a_{n-1}x^{n-1} + \cdots + a_0$，记

$$f(x)_{\bmod t} = (a_n)_{\bmod t} x^n + (a_{n-1})_{\bmod t} x^{n-1} + \cdots + (a_0)_{\bmod t}$$

视 $f(x)_{\bmod t}$ 为 $\mathbb{Z}/(t)$ 上的多项式。

设 $f(x), g(x), h(x) \in \mathbb{Z}/(p^d)[x]$，$1 \leqslant k \leqslant d$，$(f(x), p^k)$ 表示环 $\mathbb{Z}/(p^d)[x]$ 中由 $f(x)$ 和 p^k 所生成的理想，同余式

$$g(x) \equiv h(x) \bmod (f(x), p^k)$$

是指

$$g(x) - h(x) \in (f(x), p^k)$$

即存在 $u(x), v(x) \in \mathbb{Z}/(p^d)[x]$，使得

$$g(x) - h(x) = u(x)f(x) + v(x)p^k$$

4.1 $\mathbb{Z}/(p^d)$ 上的多项式与线性递归序列

下面介绍环上多项式的周期和本原多项式。

设 $f(x) \in \mathbb{Z}/(p^d)[x]$ 是首一多项式且 $f(0) \not\equiv 0 \bmod p$，记 $\mathrm{per}(f(x), p)$ 为 $f(x)$ 在 $\mathbb{Z}/(p)$ 上的周期，即 $\mathrm{per}(f(x), p)$ 是 $\mathbb{Z}/(p)$ 上满足 $f(x)_{\bmod p} \mid x^T - 1$ 的最小正整数 T，也即满足 $x^T - 1 \not\equiv 0 \bmod (f(x), p)$ 的最小正整数 T。

定理 4.1 设 $f(x) \in \mathbb{Z}/(p^d)[x]$ 是首一 n 次多项式，$f(0) \not\equiv 0 \bmod p$，$\mathrm{per}(f(x),\ p) = T$，则 $x^{p^{d-1}T} - 1 \equiv 0 \bmod (f(x),\ p^d)$。进一步，对于 $i = 1,\ 2,\ \cdots,\ d-1$，存在 $h_i(x) \in \mathbb{Z}/(p^d)[x]$，$\deg h_i(x) < n$，使得

$$x^{p^{i-1}T} - 1 \equiv p^i h_i(x) \bmod (f(x),\ p^d) \tag{4.1}$$

证明 因为 $f(x)$ 是首一的，以及 $x^T - 1 \equiv 0 \bmod (f(x),\ p^d)$，所以存在 $h_1(x) \in \mathbb{Z}/(p^d)[x]$ 且 $\deg h_1(x) < n$，使得

$$x^T - 1 \equiv p h_1(x) \bmod (f(x),\ p^d)$$

即

$$x^T \equiv 1 + p h_1(x) \bmod (f(x),\ p^d)$$

上式两边 p 次幂，得

$$x^{pT} \equiv 1 + p^2 h_2(x) \bmod (f(x),\ p^d)$$

式中，$h_2(x) \in \mathbb{Z}/(p^d)[x]$，$\deg h_2(x) < n$。一般有

$$x^{p^{i-1}T} \equiv 1 + p^i h_i(x) \bmod (f(x),\ p^d),\quad i = 1,\ 2,\ \cdots,\ d$$

式中，$h_i(x) \in \mathbb{Z}/(p^d)[x]$，$\deg h_i(x) < n$。特别地，有

$$x^{p^{d-1}T} - 1 \equiv 0 \bmod (f(x),\ p^d) \qquad \square$$

注 4.1 在定理 4.1 中，有以下结论。

(1) 当 $1 \leqslant i \leqslant d-1$ 时，$h_i(x)$ 在 $\bmod\ p^{d-i}$ 下是唯一确定的，即 $h_i(x)_{\bmod p^{d-i}}$ 是唯一的。这是因为，若另有 $h_i'(x) \in \mathbb{Z}/(p^d)[x]$，$\deg h_i'(x) < n$，使得

$$x^{p^{i-1}T} \equiv 1 + p^i h_i'(x) \bmod (f(x),\ p^d)$$

将其与式 (4.1) 进行比较，得 $p^i h_i'(x) \equiv p^i h_i(x) \bmod p^d$，从而 $h_i'(x) \equiv h_i(x) \bmod p^{d-i}$，即 $h_i'(x)_{\bmod p^{d-i}} = h_i(x)_{\bmod p^{d-i}}$。

(2) 若 $p \geqslant 3$，则有

$$h_1(x) \equiv \cdots \equiv h_{d-1}(x) \bmod p$$

若 $p = 2$，则有

$$h_2(x) \equiv h_1(x) + h_1(x)^2 \bmod (f(x),\ 2)$$
$$h_2(x) \equiv \cdots \equiv h_{d-1}(x) \bmod 2$$

(3) 在本章中会频繁使用式 (4.1)，若不做特别说明，本章出现的 $h_i(x)$ 都如式 (4.1) 定义。

定义 4.1 设 $f(x) \in \mathbb{Z}/(p^d)[x]$ 是首一 n 次多项式，$f(0) \not\equiv 0 \bmod p$，由定理 4.1 知，存在正整数 P，使得 $f(x) \mid x^P - 1$。称最小的这样的 P 为 $f(x)$ 的周期 (或阶)，记为 $\mathrm{per}(f(x), p^d)$。对于 $1 \leqslant k < d$，记 $\mathrm{per}(f(x), p^k)$ 表示 $f(x)_{\bmod p^k}$ 在 $\mathbb{Z}/(p^k)$ 上的周期，即满足 $x^S - 1 \equiv 0 \bmod (f(x),\ p^k)$ 的最小正整数 S。

注 4.2　设 $f(x)$ 如定义 4.1 所设，则对于 $1 \leqslant k \leqslant d-1$，有

$$\mathrm{per}(f(x),\, p^k)\ \mid\ \mathrm{per}(f(x),\, p^{k+1})$$

$$\mathrm{per}(f(x),\, p^{k+1})\ \mid\ p \cdot \mathrm{per}(f(x),\, p^k)$$

于是，有

$$\mathrm{per}(f(x),\, p^{k+1}) = \mathrm{per}(f(x),\, p^k)\ \text{或}\ p \cdot \mathrm{per}(f(x),\, p^k)$$

$$\mathrm{per}(f(x),\, p^d) \leqslant p^{d-1} \cdot \mathrm{per}(f(x),\, p) \leqslant p^{d-1} \cdot (p^n - 1)$$

式中，$n = \deg f(x)$。

定义 4.2　设 $f(x) \in \mathbb{Z}/(p^d)[x]$ 是首一 n 次多项式，$f(0) \not\equiv 0 \bmod p$，若 $\mathrm{per}(f(x),\, p^d) = p^{d-1}(p^n - 1)$，则称 $f(x)$ 是 $\mathbb{Z}/(p^d)$ 上的 n 次本原多项式。

注 4.3　若 $f(x)$ 是 $\mathbb{Z}/(p^d)$ 上的 n 次本原多项式，则 $f(x) \bmod p^k$ 是 $\mathbb{Z}/(p^k)$ 上的 n 次本原多项式，即 $\mathrm{per}(f(x),\, p^k) = p^{k-1}(p^n - 1)\,(k = 1,\, 2,\, \cdots,\, d-1)$。特别地，$f(x) \bmod p$ 是 $\mathbb{Z}/(p)$ 上的 n 次本原多项式。

定理 4.2[10]　设 $f(x) \in \mathbb{Z}/(p^d)[x]$ 是首一 n 次多项式，$d \geqslant 2$，$f(0) \not\equiv 0 \bmod p$，记

$$h_f(x) \xlongequal{\mathrm{def}} \begin{cases} h_2(x), & p = 2\ \text{且}\ d \geqslant 3 \\ h_1(x), & p = d = 2 \\ h_1(x), & p \geqslant 3 \end{cases} \tag{4.2}$$

则 $f(x)$ 是 $\mathbb{Z}/(p^d)$ 上的本原多项式当且仅当 $f(x) \bmod p$ 是 $\mathbb{Z}/(p)$ 上的 n 次本原多项式并且 $h_f(x) \not\equiv 0 \bmod p$。

证明留作思考。

定义 4.3　设 $f(x)$ 是 $\mathbb{Z}/(p^d)$ 上的 n 次本原多项式，若 $\deg(h_f(x) \bmod p) \geqslant 1$，则称 $f(x)$ 是 $\mathbb{Z}/(p^d)$ 上的 n 次强本原多项式。

注 4.4　在 $\mathbb{Z}/(p^d)$ 上的所有 n 次本原多项式中，非强本原多项式只占极小一部分。特别地，当 $p = 2$ 且 $d \geqslant 3$ 时，若 n 为奇数，则 $\mathbb{Z}/(p^d)$ 上的 n 次本原多项式都是强本原多项式。这是因为 $h_f(x) \equiv h_1(x) + h_1(x)^2 \bmod (f(x),\, 2)$。若 $\deg(h_f(x) \bmod 2) = 0$，即 $h_f(x) \equiv 1 \bmod 2$，则 $h_1(x)$ 是 $\mathbb{F}_{2^n} = R[x]/(f(x),\, 2)$ 中的 3 阶元，其中 $R = \mathbb{Z}/(2^d)$，而当 n 为奇数时，有限域 $\mathbb{F}_{2^n}$ 上不存在 3 阶元，矛盾。

注 4.5　思考：设 $d \geqslant 2$，则 $\mathbb{Z}/(p^d)$ 上的 n 次本原多项式的个数为

$$N = \begin{cases} \dfrac{\phi(p^n - 1)(p^n - 2)p^{n(d-2)}}{n}, & p = 2\ \text{且}\ d \geqslant 3 \\[3mm] \dfrac{\phi(p^n - 1)(p^n - 1)p^{n(d-2)}}{n}, & p = d = 2\ \text{或}\ d \geqslant 3 \end{cases}$$

定义 4.4　设 $c_0,\, c_1,\, \cdots,\, c_{n-1} \in \mathbb{Z}/(p^d)$，若 $\mathbb{Z}/(p^d)$ 上的序列 $\underline{a} = (a_0,\, a_1,\, \cdots)$ 满足递归关系：

$$a_{k+n} = c_0 a_k + c_1 a_{k+1} + \cdots + c_{n-1} a_{k+n-1}, \quad k = 0,\, 1,\, 2,\, \cdots$$

则称 $\underline{a} = (a_0, a_1, \cdots)$ 是 $\mathbb{Z}/(p^d)$ 上的线性递归序列，并称

$$f(x) = x^n - (c_{n-1}x^{n-1} + \cdots + c_0)$$

是序列 $\underline{a}$ 的特征多项式；称次数最小的特征多项式为序列 $\underline{a}$ 的极小多项式；记 $G(f(x), p^d)$ 表示 $\mathbb{Z}/(p^d)$ 上以 $f(x)$ 为特征多项式的序列全体；一般地，对于 $1 \leqslant k \leqslant d$，记 $G(f(x), p^k)$ 表示 $\mathbb{Z}/(p^k)$ 上以 $f(x)_{\bmod p^k}$ 为特征多项式的序列全体。

对于 $\mathbb{Z}/(p^d)$ 上的序列 $\underline{a} = (a_0, a_1, \cdots)$，定义移位作用 $x\underline{a} \stackrel{\text{def}}{=\!=} (a_1, a_2, \cdots)$，则对于 $\mathbb{Z}/(p^d)$ 上的首一多项式 $f(x)$，有

$$G(f(x), p^d) = \{\underline{a} \in \mathbb{Z}/(p^d)^\infty \mid f(x)\underline{a} = \underline{0}\}$$

对于 $1 \leqslant k \leqslant d$，则有

$$G(f(x), p^k) = \{\underline{b} \in \mathbb{Z}/(p^k)^\infty \mid f(x)_{\bmod p^k}\underline{b} = \underline{0}\}$$

$$= \{\underline{a}_{\bmod p^k} \mid \underline{a} \in (f(x), p^d)\}$$

定理 4.3　设 $f(x)$ 是 $\mathbb{Z}/(p^d)$ 上的首一多项式，$f(0) \not\equiv 0 \bmod p$，$\mathbb{Z}/(p^d)$ 上的序列 $\underline{a}$ 以 $f(x)$ 为极小多项式，则 $\underline{a}$ 是周期序列；进一步，若 $\underline{a} \not\equiv \underline{0} \bmod p$，则 $\operatorname{per}(\underline{a}) = \operatorname{per}(f(x), p^d)$；若 $\underline{a} \equiv \underline{0} \bmod p^k$ 且 $\underline{a} \not\equiv \underline{0} \bmod p^{k+1}(1 \leqslant k \leqslant d-1)$，则 $\operatorname{per}(\underline{a}) = \operatorname{per}(f(x), p^{d-k})$。

证明方法与有限域上序列的周期证明完全相同，留作思考。

注 4.6　设 $f(x)$ 是 $\mathbb{Z}/(p^d)$ 上的首一多项式，$f(0) \not\equiv 0 \bmod p$，$\mathbb{Z}/(p^d)$ 上的序列 $\underline{a}$ 以 $f(x)$ 为极小多项式。

(1) 设 $T = \operatorname{per}(f(x), p)$，对于 $1 \leqslant i \leqslant k \leqslant d$，由定理 4.3 和注 4.2 知，$\operatorname{per}(\underline{a}_{\bmod p^i}) \mid \operatorname{per}(\underline{a}_{\bmod p^k})$，并且 $\operatorname{per}(\underline{a}_{\bmod p^i}) \mid p^{i-1}T$。

(2) 若 $f(x)$ 是 $\mathbb{Z}/(p^d)$ 上的本原多项式且 $\underline{a} \not\equiv \underline{0} \bmod p$，则称 $\underline{a}$ 是 $\mathbb{Z}/(p^d)$ 上的本原序列。此时 $\operatorname{per}(\underline{a}) = p^{d-1}(p^n - 1)$，其中 $n = \deg f(x)$。此时设 $T = p^n - 1$，则有

$$(x^{p^{d-1}T/2} + 1)\underline{a} = \underline{0}$$

即对于任意 $t \geqslant 0$，有

$$a_{t+p^{d-1}T/2} + a_t = 0, \quad t = 0, 1, 2, \cdots$$

这表明，$\mathbb{Z}/(p^d)$ 上的本原序列间隔半个周期具有互补性质。

4.2　$\mathbb{Z}/(p^d)$ 上的权位序列及其周期

设 $a \in \mathbb{Z}/(p^d)$，视 a 为 $\{0, 1, \cdots, p^d - 1\}$ 中的整数，则 a 有如下唯一的 p-adic 分解：

$$a = a_0 + a_1 p + \cdots + a_{d-1}p^{d-1}$$

式中，$0 \leqslant a_i \leqslant p - 1$。

同理, 对于 $\mathbb{Z}/(p^d)$ 上的序列 $\underline{a}$, 有唯一的 p-adic 分解:

$$\underline{a} = \underline{a}_0 + \underline{a}_1 p + \cdots + \underline{a}_{d-1} p^{d-1}$$

式中, $\underline{a}_i$ 是 $\{0,\,1,\,\cdots,\,p-1\}$ 上的序列。称 $\underline{a}_i$ 是 $\underline{a}$ 的第 i 权位序列, 特别地, 称 $\underline{a}_{d-1}$ 是 $\underline{a}$ 的最高权位序列。

设 $f(x)$ 是 $\mathbb{Z}/(p^d)$ 上的首一多项式, $\underline{0} \neq \underline{a} \in G(f(x), p^d)$, 若 $\underline{a}_{\bmod p^k} = \underline{0}$, 其中 $1 \leqslant k < d$, 此时可设 $\underline{a}$ 的权位分解为 $\underline{a} = \underline{a}_k p^k + \underline{a}_{k+1} p^{k+1} + \cdots + \underline{a}_{d-1} p^{d-1}$, 则

$$\underline{a}_k + \underline{a}_{k+1} p + \cdots + \underline{a}_{d-1} p^{d-1-k}$$

可视为 $\mathbb{Z}/(p^{d-k})$ 上的序列, 并且有

$$\underline{a}_k + \underline{a}_{k+1} p + \cdots + \underline{a}_{d-1} p^{d-1-k} \in G(f(x), p^{d-k})$$

引理 4.1　设 $f(x)$ 是 $\mathbb{Z}/(p^d)$ 上的首一多项式, $T = \mathrm{per}(f(x), p)$, $h_i(x)$ 由式 (4.1) 确定, $\underline{a} \in G(f(x), p^d)$, $\underline{a} = \underline{a}_0 + \underline{a}_1 p + \cdots + \underline{a}_{d-1} p^{d-1}$ 是 $\underline{a}$ 的 p-adic 分解, 对于 $1 \leqslant i \leqslant d-1$, 有

$$(x^{p^{i-1}T} - 1)(\underline{a}_i + \underline{a}_{i+1} p + \cdots + \underline{a}_{d-1} p^{d-1-i})$$
$$\equiv h_i(x)(\underline{a}_0 + \underline{a}_1 p + \cdots + \underline{a}_{d-1-i} p^{d-1-i}) \bmod p^{d-i} \tag{4.3}$$

特别地, 有

$$(x^{p^{i-1}T} - 1)\underline{a}_i \equiv h_i(x)\underline{a}_0 \bmod p \tag{4.4}$$

证明　因为 $\mathrm{per}(\underline{a}_{\bmod p^i}) \mid p^{i-1}T$, 所以

$$(x^{p^{i-1}T} - 1)\underline{a} = (x^{p^{i-1}T} - 1)(\underline{a}_i p^i + \underline{a}_{i+1} p^{i+1} + \cdots + \underline{a}_{d-1} p^{d-1})$$

从而, 将式 (4.1) 作用于序列 $\underline{a}$ 得

$$(x^{p^{i-1}T} - 1)(\underline{a}_i p^i + \underline{a}_{i+1} p^{i+1} + \cdots + \underline{a}_{d-1} p^{d-1})$$
$$= h_i(x)(\underline{a}_0 + \underline{a}_1 p + \cdots + \underline{a}_{d-1} p^{d-1}) \cdot p^i$$

即

$$(x^{p^{i-1}T} - 1)(\underline{a}_i + \underline{a}_{i+1} p + \cdots + \underline{a}_{d-1} p^{d-1-i}) \cdot p^i$$
$$= h_i(x)(\underline{a}_0 + \underline{a}_1 p + \cdots + \underline{a}_{d-1-i} p^{d-1-i}) \cdot p^i \tag{4.5}$$

所以

$$(x^{p^{i-1}T} - 1)(\underline{a}_i + \underline{a}_{i+1} p + \cdots + \underline{a}_{d-1} p^{d-1-i})$$
$$\equiv h_i(x)(\underline{a}_0 + \underline{a}_1 p + \cdots + \underline{a}_{d-1-i} p^{d-1-i}) \bmod p^{d-i}$$

并且

$$(x^{p^{i-1}T} - 1)\underline{a}_i \equiv h_i(x)\underline{a}_0 \bmod p$$

由此, 式 (4.3) 和式 (4.4) 得证。　　　　　　　　　　　　　　　□

设 $f(x)$ 是 $\mathbb{Z}/(p^d)$ 上的首一多项式，对于 $1 \leqslant i \leqslant d$，记

$$G'(f(x),\, p^i) = \{\underline{a} \in G(f(x),\, p^i) \mid \underline{a}_0 = \underline{a}_{\bmod p} \neq \underline{0}\}$$

定理 4.4 [10, 11]　设 $f(x)$ 是 $\mathbb{Z}/(p^d)$ 上的 n 次本原多项式，$\underline{a} \in G'(f(x),\, p^d)$，视 $\underline{a}$ 的最高权位序列 $\underline{a}_{d-1}$ 为 $\mathbb{F}_p$ 上的序列，$m(x) \in \mathbb{F}_p[x]$ 是 $\underline{a}_{d-1}$ 的极小多项式，记 $f_0(x) \overset{\text{def}}{=\!=} f(x)_{\bmod p} \in \mathbb{F}_p[x]$，则 $f_0(x)^{1+p^{d-2}} \| m(x)$，即 $f_0(x)^{1+p^{d-2}} \mid m(x)$，但 $f_0(x)^{2+p^{d-2}} \nmid m(x)$。进一步，有

$$\mathrm{per}(\underline{a}_{d-1}) = p^{d-1} \cdot (p^n - 1)$$

证明　记 $T = p^n - 1$。由引理 4.1，得

$$(x^{p^{d-2}T} - 1)\underline{a}_{d-1} = h_{d-1}(x)_{\bmod p}\underline{a}_0 \tag{4.6}$$

因为 $\gcd(f_0(x),\, h_{d-1}(x)_{\bmod p}) = 1$，$\underline{a}_0 \in G(f_0(x))$，所以 $\underline{0} \neq h_{d-1}(x)_{\bmod p}\underline{a}_0 \in G(f_0(x))$，从而 $f_0(x)$ 是 $h_{d-1}(x)_{\bmod p}\underline{a}_0$ 的极小多项式，故 $(x^{p^{d-2}T} - 1)\underline{a}_{d-1}$ 的极小多项式也是 $f_0(x)$，并由此得 $f_0(x) \mid m(x)$。

又因为，在 $\mathbb{F}_p$ 上，由

$$f_0(x) \| (x^T - 1),\ x^{p^{d-2}T} - 1 = (x^T - 1)^{p^{d-2}}$$

得 $f_0(x)^{p^{d-2}} \| (x^{p^{d-2}T} - 1)$，所以 $f_0(x)^{1+p^{d-2}} \| m(x)$。

因为

$$\mathrm{per}(f_0(x)^{1+p^{d-2}}) = p^{d-1} \cdot \mathrm{per}(f_0(x)) = p^{d-1} \cdot (p^n - 1)$$

所以 $p^{d-1}(p^n - 1) \mid \mathrm{per}(m(x))$，从而 $p^{d-1}(p^n - 1) \mid \mathrm{per}(\underline{a}_{d-1})$。又因为 $\mathrm{per}(\underline{a}_{d-1})$ 整除 $\mathrm{per}(\underline{a}) = p^{d-1}(p^n - 1)$，所以 $\mathrm{per}(\underline{a}_{d-1}) = p^{d-1}(p^n - 1)$。　□

注 4.7　设 $f(x)$ 是 $\mathbb{Z}/(p^d)$ 上的 n 次本原多项式，$\underline{a} \in G'(f(x),\, p^d)$，并设

$$\underline{a} = \underline{a}_0 + \underline{a}_1 p + \cdots + \underline{a}_{d-1} p^{d-1}$$

则有以下结论。

(1) $\underline{a}_0$ 可视为有限域 $\mathbb{Z}/(p)$ 上由 $f(x)_{\bmod p}$ 生成的 m-序列，周期为 $\mathrm{per}(\underline{a}_0) = p^n - 1$。

(2) 对于 $1 \leqslant k \leqslant d-1$，有

$$\mathrm{per}(\underline{a}_{k-1}) = \mathrm{per}(\underline{a}_{\bmod p^k}) = \mathrm{per}(f(x)_{\bmod p^k}) = p^{k-1} \cdot (p^n - 1)$$

关于最高权位序列 $\underline{a}_{d-1}$ 的线性复杂度，可以参阅文献 [12]。

4.3　$\mathbb{Z}/(p^d)$ 上本原序列最高权位的保熵性

本节内容选自文献 [10] 和 [13]。

定理 4.5　设 $f(x)$ 是 $\mathbb{Z}/(p^d)$ 上的 n 次本原多项式，其中 p 是奇素数，$d \geqslant 2$。若 $\underline{a}$，$\underline{b} \in G(f(x),\, p^d)$，则 $\underline{a} = \underline{b}$ 当且仅当 $\underline{a}_{d-1} = \underline{b}_{d-1}$。

证明　只需要证明充分性，即设 $\underline{a}_{d-1} = \underline{b}_{d-1}$，证明 $\underline{a} = \underline{b}$。

记 $T = p^n - 1$。令 $\underline{s} = \underline{a} - \underline{b}$，并设

$$\underline{s} = \underline{s}_0 + \underline{s}_1 p + \cdots + \underline{s}_{d-1} p^{d-1}$$

是 $\underline{s}$ 的权位分解。

若 $\underline{a} \neq \underline{b}$，则可设

$$\underline{s} = \underline{s}_k p^k + \underline{s}_{k+1} p^{k+1} + \cdots + \underline{s}_{d-1} p^{d-1}$$

式中 $0 \leqslant k \leqslant d - 2$，$\underline{s}_k \neq \underline{0}$。

记 $\underline{u}_0 = \underline{s}_k$，$\underline{u}_1 = \underline{s}_{k+1}$，$\cdots$，$\underline{u}_{d-k-1} = \underline{s}_{d-1}$，则 $\underline{s} = p^k \underline{u}$，其中，

$$\underline{u} = \underline{u}_0 + \underline{u}_1 p + \cdots + \underline{u}_{d-k-1} p^{d-k-1} \in G(f(x), \, p^{d-k})$$

因为 $\underline{a}_{d-1} = \underline{b}_{d-1}$，所以 $\underline{u}_{d-k-1}$ 中出现的元素只可能是 0 和 $p-1$。

将

$$x^{p^{d-k-2}T} - 1 \equiv p^{d-k-1} h_{d-k-1}(x) \bmod (f(x), \, p^{d-k})$$

作用于序列 $\underline{u}$，得

$$(x^{p^{d-k-2}T} - 1)\underline{u}_{d-k-1} \equiv h_{d-k-1}(x)\underline{u}_0 \bmod p \tag{4.7}$$

当 $p \geqslant 5$ 时，因为 $\underline{u}_{d-k-1}$ 是 $\{0, \, p-1\}$ 上的序列，从而由式(4.7)知 $\mathbb{Z}/(p)$ 上的本原序列 $(h_{d-k-1}(x)\underline{u}_0)_{\bmod p}$ 中出现的元素只可能是 0、1 和 $p-1$。这与本原序列性质是矛盾的。

下面考虑 $p = 3$。记

$$\underline{u}_{d-k-1} = (\underline{u}_{d-k-1}(0), \, \underline{u}_{d-k-1}(1), \, \cdots)$$

$$\underline{m} \xlongequal{\text{def}} (h_{d-k-1}(x)\underline{u}_0)_{\bmod 3} = (m(0), \, m(1), \, \cdots)$$

由式 (4.7) 知，对于 $i = 0, 1, \cdots$，有

$$u_{d-k-1}(3^{d-k-2}T + i) - u_{d-k-1}(i) = m(i) \tag{4.8}$$

因为 $\underline{u}_{d-k-1}$ 中出现的元素只可能是 0 和 $p - 1 = 2$，即 $\underline{u}_{d-k-1}(i) = 0$ 或 2，从而由 (4.8) 式知

$$u_{d-k-1}(i) = \begin{cases} 0, & m(i) = 2 \\ 2, & m(i) = 1 \end{cases}$$

所以在 $\mathbb{Z}/(3)$ 上有

$$m(i)u_{d-k-1}(i) = m(i)(m(i) + 1)$$

由此得

$$\underline{u}_{d-k-1} \cdot \underline{m} = \underline{m} \cdot (\underline{m} + \underline{1})$$

将 $x^{p^{d-k-2}T} - 1$ 作用于上式，并由 $(x^{p^{d-k-2}T} - 1)\underline{u}_{d-k-1} = \underline{m}$，得

$$\underline{m} \cdot \underline{m} = \underline{0}$$

而 $\underline{m}$ 是 $\mathbb{F}_p$ 上的本原序列，矛盾。

综上知，当 $p \geqslant 3$ 时，结论成立。　　　　　　　　　　　　　　　　□

当 $p = 2$ 时，定理 4.5 也是成立的，但证明比较复杂，为此，先做以下准备。

下面记 $\oplus$ 表示 $\mathbb{Z}/(2)$ 中的加法，此时，"$-$" 和 "$\cdot$" 表示 $\mathbb{Z}/(2)$ 中的减法和乘法。

引理 4.2　设 $f(x)$ 是 $\mathbb{Z}/(2^d)$ 上的 n 次本原多项式，$d \geqslant 2$，$\underline{a} \in G(f(x), 2^d)$，$\underline{0} \neq \underline{m} \in G(f(x), 2)$，$T = 2^n - 1$，若

$$\mathrm{per}(\underline{m} \cdot (\underline{a}_{d-1} \oplus \underline{a}_{d-2})) \mid T$$

则 $\underline{a} \equiv \underline{0} \bmod 2^{d-1}$。

证明　只需要证明 $\underline{a}_0 = \underline{0}$。

若 $d = 2$，由条件 $\mathrm{per}(\underline{m} \cdot (\underline{a}_1 \oplus \underline{a}_0)) \mid T$，得

$$\underline{0} = (x^T - 1)(\underline{m} \cdot (\underline{a}_1 \oplus \underline{a}_0)) = \underline{m} \cdot (x^T - 1)\underline{a} = \underline{m} \cdot h_1(x)\underline{a}_0$$

式中，简记 $h_1(x) = h_1(x)_{\bmod 2}$，以下多项式也都按照 $\bmod 2$ 进行运算。

因此，$h_1(x)\underline{a}_0 = 0$，从而 $\underline{a}_0 = \underline{0}$，结论成立。

设 $d \geqslant 3$，并归纳假设 $d - 1$ 时结论成立，则有

$$\begin{aligned}
\underline{0} &= (x^{2^{d-2}T} - 1)(\underline{m} \cdot (\underline{a}_{d-1} \oplus \underline{a}_{d-2})) \\
&= \underline{m} \cdot (x^{2^{d-2}T} - 1)\underline{a}_{d-1} \\
&= \underline{m} \cdot h_{d-1}(x)\underline{a}_0
\end{aligned} \tag{4.9}$$

所以 $h_{d-1}(x)\underline{a}_0 = \underline{0}$，即 $\underline{a}_0 = \underline{0}$，则有

$$\underline{a}' \xlongequal{\mathrm{def}} \underline{a}/2 = \underline{a}_1 + \underline{a}_2 \cdot 2 + \cdots + \underline{a}_{d-1} \cdot 2^{d-2} \in G(f(x), 2^{d-1})$$

由归纳假设知结论成立。　　　　　　　　　　　　　　　　　　　　□

引理 4.3　设 $a, b \in \mathbb{Z}/(2^d)$，并设

$$a = a_0 + a_1 2 + \cdots + a_{d-1} 2^{d-1}$$

$$b = b_0 + b_1 2 + \cdots + b_{d-1} 2^{d-1}$$

记

$$u \xlongequal{\mathrm{def}} b - a = u_0 + u_1 2 + \cdots + u_{d-1} 2^{d-1}$$

$$v \xlongequal{\mathrm{def}} a + b = v_0 + v_1 2 + \cdots + v_{d-1} 2^{d-1}$$

$$\delta_i \xlongequal{\mathrm{def}} u_i \oplus a_i \oplus b_i$$

$$\gamma_i \xlongequal{\text{def}} v_i \oplus a_i \oplus b_i$$

则有

$$\delta_0 = 0, \quad \delta_i = (a_{i-1} \oplus b_{i-1})a_{i-1} \oplus (a_{i-1} \oplus b_{i-1} \oplus 1)\delta_{i-1} \tag{4.10}$$

$$\gamma_0 = 0, \quad \gamma_i = (a_{i-1} \oplus b_{i-1} \oplus 1)a_{i-1} \oplus (a_{i-1} \oplus b_{i-1})\gamma_{i-1} \tag{4.11}$$

式中，$i = 1, 2, \cdots, d-1$。

证明 $\delta_i = u_i \oplus a_i \oplus b_i$ 其实是 $b - a$ 的借位，而 $\gamma_i = v_i \oplus a_i \oplus b_i$ 是 $a + b$ 的进位。

(1) 式 (4.10) 的证明：首先 $\delta_0 = u_0 \oplus a_0 \oplus b_0 = a_0 \oplus b_0 \oplus a_0 \oplus b_0 = 0$。

其次，因为 $\delta_1 = u_1 \oplus a_1 \oplus b_1 = 1$ 当且仅当 $a \bmod 2 > b \bmod 2$，即 $(a_0, b_0) = (1, 0)$，所以

$$\delta_1 = u_1 \oplus a_1 \oplus b_1 = (a_0 \oplus b_0)a_0 = (a_0 \oplus b_0)a_0 \oplus (a_0 \oplus b_0 \oplus 1)\delta_0$$

而对于 $2 \leqslant i \leqslant d-1$，有

$$\delta_i = u_i \oplus a_i \oplus b_i = 1 \text{ 当且仅当 } b_{\bmod 2^i} < a_{\bmod 2^i}$$

又因为

$$b_{\bmod 2^i} < a_{\bmod 2^i}$$
$$\Leftrightarrow (a_{i-1}, b_{i-1}) = (1, 0)$$
$$\text{或 } a_{i-1} = b_{i-1} \text{ 且 } b_{\bmod 2^{i-1}} < a_{\bmod 2^{i-1}} (\text{即} \delta_{i-1} = 1)$$

所以

$$\delta_i = (a_{i-1} \oplus b_{i-1})a_{i-1} \oplus (a_{i-1} \oplus b_{i-1} \oplus 1)\delta_{i-1}$$

(2) 式 (4.11) 的证明：首先同理有 $\gamma_0 = 0$。

因为 $\gamma_1 = v_1 \oplus a_1 \oplus b_1 = 1$ 当且仅当 $a_{\bmod 2} + b_{\bmod 2} = 2$，即 $(a_0, b_0) = (1, 1)$，所以

$$\gamma_1 = (a_0 \oplus b_0 \oplus 1)a_0 \oplus (a_0 \oplus b_0)\gamma_0$$

而对于 $2 \leqslant i \leqslant d-1$，有

$$\gamma_i = v_i \oplus a_i \oplus b_i = 1 \text{ 当且仅当 } b_{\bmod 2^i} + a_{\bmod 2^i} \geqslant 2^i$$

又因为

$$b_{\bmod 2^i} + a_{\bmod 2^i} \geqslant 2^i$$
$$\Leftrightarrow (a_{i-1}, b_{i-1}) = (1, 1)$$
$$\text{或} a_{i-1} \oplus b_{i-1} = 1 \text{且} b_{\bmod 2^{i-1}} + a_{\bmod 2^{i-1}} \geqslant 2^{i-1} (\text{即} \gamma_{i-1} = 1)$$

所以

$$\gamma_i = (a_{i-1} \oplus b_{i-1} \oplus 1)a_{i-1} \oplus (a_{i-1} \oplus b_{i-1})\gamma_{i-1}$$

即结论成立。 $\square$

注 4.8　证明过程中, 由

$$\delta_i = 1 \text{ 当且仅当 } b \bmod 2^i < a \bmod 2^i$$

可知, δ_i 其实是 $b \bmod 2^i - a \bmod 2^i$ 的借位。而由

$$\gamma_i = 1 \text{ 当且仅当 } b \bmod 2^i + a \bmod 2^i \geqslant 2^i$$

可知, δ_i 其实是 $b \bmod 2^i + a \bmod 2^i$ 的进位。

引理 4.4　设 $f(x)$ 是 $\mathbb{Z}/(2^d)$ 上的 n 次本原多项式, $d \geqslant 3$, $\underline{a}, \underline{b} \in G'(f(x), 2^d)$, $T = 2^n - 1, h_i(x)$ 由式 (4.1) 定义, $\underline{m}_i \xlongequal{\text{def}} (h_i(x)\underline{a}_0)_{\bmod 2}(i = 1, \cdots, d-1)$。若 $\underline{a}_{d-1} \oplus \underline{b}_{d-1} \in G(x^T - 1)$, 则有

$$(\underline{a}_{d-2} \oplus \underline{b}_{d-2}) \cdot \underline{m}_{d-2} = \varepsilon \underline{m}_{d-2}, \quad \varepsilon \in \mathbb{F}_2$$

进一步, 若 $\varepsilon = 0$, 则 $\underline{b} - \underline{a} \equiv \underline{0} \bmod 2^{d-1}$; 若 $\varepsilon = 1$, 则 $\underline{b} + \underline{a} \equiv \underline{0} \bmod 2^{d-1}$。

证明　首先证明

$$(\underline{a}_{d-2} \oplus \underline{b}_{d-2})\underline{m}_{d-2} = \varepsilon \underline{m}_{d-2}$$

因为 $\underline{a}_{d-1} \oplus \underline{b}_{d-1} \in G(x^T - 1)$, 再由式 (4.4) 得

$$(x^{2^{d-2}T} - 1)\underline{a}_{d-1} \equiv h_{d-1}(x)\underline{a}_0 \bmod 2$$

$$(x^{2^{d-2}T} - 1)\underline{b}_{d-1} \equiv h_{d-1}(x)\underline{b}_0 \bmod 2$$

所以

$$\underline{0} = (x^{2^{d-2}T} - 1)(\underline{a}_{d-1} \oplus \underline{b}_{d-1}) = (h_{d-1}(x)\underline{a}_0 \oplus h_{d-1}(x)\underline{b}_0)$$

从而 $\underline{a}_0 = \underline{b}_0$。

记 $\underline{u} \xlongequal{\text{def}} \underline{b} - \underline{a} \in G(f(x), 2^d)$。

由 $\underline{a}_0 = \underline{b}_0$, 得 $\underline{u} \equiv \underline{0} \bmod 2$, 从而有

$$\underline{u}' \xlongequal{\text{def}} \underline{u}/2 = \underline{u}_1 + \underline{u}_2 \cdot 2 + \cdots + \underline{u}_{d-1} \cdot 2^{d-2} \in G(f(x), 2^{d-1})$$

所以在 $\mathbb{Z}/(2)$ 上, $(x^{2^{d-3}T} - 1)\underline{u}_{d-1} = h_{d-2}(x)\underline{u}_1 \in G(f(x), 2)$。

记 $\delta_i \xlongequal{\text{def}} \underline{u}_i \oplus \underline{a}_i \oplus \underline{b}_i (i = 1, 2, \cdots, d-1)$, 由引理 4.3 知

$$\delta_0 = 0, \quad \delta_i = (\underline{a}_{i-1} \oplus \underline{b}_{i-1})\underline{a}_{i-1} \oplus (\underline{a}_{i-1} \oplus \underline{b}_{i-1} \oplus \underline{1})\delta_{i-1} \tag{4.12}$$

从而有

$$\begin{aligned}
\underline{u}_{d-1} &= \delta_{d-1} \oplus \underline{a}_{d-1} \oplus \underline{b}_{d-1} \\
&= (\underline{a}_{d-2} \oplus \underline{b}_{d-2})\underline{a}_{d-2} \oplus (\underline{a}_{d-2} \oplus \underline{b}_{d-2} \oplus \underline{1})\delta_{d-2} \oplus \underline{a}_{d-1} \oplus \underline{b}_{d-1}
\end{aligned} \tag{4.13}$$

由

$$(x^{2^{d-3}T} - 1)(\underline{a}_{d-2} \oplus \underline{b}_{d-2}) = h_{d-2}(x)(\underline{a}_0 \oplus \underline{b}_0) = \underline{0}$$

得 $\mathrm{per}(\underline{a}_{d-2} \oplus \underline{b}_{d-2}) \mid 2^{d-3}T$。由式 (4.12) 得 $\mathrm{per}(\underline{\delta}_{d-2}) \mid 2^{d-3}T$，又因为

$$\mathrm{per}(\underline{a}_{d-1} \oplus \underline{b}_{d-1}) \mid 2^{d-3}T$$

所以将 $x^{2^{d-3}} - 1$ 作用于式 (4.13)，得

$$
\begin{aligned}
h_{d-2}(x)\underline{u}_1 &= (x^{2^{d-3}} - 1)\underline{u}_{d-1} \\
&= (\underline{a}_{d-2} \oplus \underline{b}_{d-2}) \cdot (x^{2^{d-3}} - 1)\underline{a}_{d-2} \\
&= (\underline{a}_{d-2} \oplus \underline{b}_{d-2}) \cdot h_{d-2}(x)\underline{a}_0
\end{aligned}
$$

因此，有

$$(\underline{a}_{d-2} \oplus \underline{b}_{d-2}) \cdot \underline{m}_{d-2} = h_{d-2}(x)\underline{u}_1 \in G(f(x),\,2)$$

从而有

$$(\underline{a}_{d-2} \oplus \underline{b}_{d-2})\underline{m}_{d-2} = \varepsilon \underline{m}_{d-2}, \qquad \varepsilon \in \mathbb{F}_2$$

下面证明

$$
\begin{cases}
\underline{b} - \underline{a} = \underline{0} \bmod 2^{d-1}, & \varepsilon = 0 \\
\underline{b} + \underline{a} = \underline{0} \bmod 2^{d-1}, & \varepsilon = 1
\end{cases}
$$

(1) 若 $\varepsilon = 0$，即 $(\underline{a}_{d-2} \oplus \underline{b}_{d-2}) \cdot \underline{m}_{d-2} = \underline{0}$。
由引理 4.3，得

$$\underline{\delta}_{d-1} = (\underline{a}_{d-2} \oplus \underline{b}_{d-2}) \cdot \underline{a}_{d-2} \oplus (\underline{a}_{d-2} \oplus \underline{b}_{d-2} \oplus \underline{1}) \cdot \underline{\delta}_{d-2}$$

因为 $\underline{u}_{d-2} = \underline{\delta}_{d-2} \oplus \underline{a}_{d-2} \oplus \underline{b}_{d-2}$，所以

$$
\begin{aligned}
& (\underline{\delta}_{d-1} \oplus \underline{u}_{d-2})\underline{m}_{d-2} \\
&= ((\underline{a}_{d-2} \oplus \underline{b}_{d-2})\underline{a}_{d-2} \oplus (\underline{a}_{d-2} \oplus \underline{b}_{d-2} \oplus \underline{1})\underline{\delta}_{d-2} \oplus \underline{u}_{d-2})\underline{m}_{d-2} \\
&= (\underline{\delta}_{d-2} \oplus \underline{u}_{d-2})\underline{m}_{d-2} \\
&= (\underline{a}_{d-2} \oplus \underline{b}_{d-2})\underline{m}_{d-2} \\
&= \underline{0}
\end{aligned}
$$

再由 $\underline{u}_{d-1} = \underline{\delta}_{d-1} \oplus \underline{a}_{d-1} \oplus \underline{b}_{d-1}$，得

$$
\begin{aligned}
(\underline{u}_{d-1} \oplus \underline{u}_{d-2})\underline{m}_{d-2} &= (\underline{\delta}_{d-1} \oplus \underline{a}_{d-1} \oplus \underline{b}_{d-1} \oplus \underline{u}_{d-2})\underline{m}_{d-2} \\
&= (\underline{\delta}_{d-1} \oplus \underline{u}_{d-2})\underline{m}_{d-2} \oplus (\underline{a}_{d-1} \oplus \underline{b}_{d-1})\underline{m}_{d-2} \\
&= (\underline{a}_{d-1} \oplus \underline{b}_{d-1})\underline{m}_{d-2} \in G(x^T - 1)
\end{aligned}
$$

由引理 4.2，得 $\underline{u} = \underline{0} \bmod 2^{d-1}$，即 $\underline{b} - \underline{a} = \underline{0} \bmod 2^{d-1}$。

(2) 若 $\varepsilon = 1$，即 $(\underline{a}_{d-2} \oplus \underline{b}_{d-2})\underline{m}_{d-2} = \underline{m}_{d-2}$，也即

$$(\underline{a}_{d-2} \oplus \underline{b}_{d-2}) \oplus \underline{1})\underline{m}_{d-2} = \underline{0}$$

记 $\underline{v} \stackrel{\text{def}}{=\!=} \underline{a} + \underline{b}$，$\underline{\gamma}_i \stackrel{\text{def}}{=\!=} \underline{v}_i \oplus \underline{a}_i \oplus \underline{b}_i (i = 1, 2, \cdots, d-1)$，由引理 4.3，得

$$\underline{\gamma}_0 = 0, \quad \underline{\gamma}_i = (\underline{a}_{i-1} \oplus \underline{b}_{i-1} \oplus \underline{1})\underline{a}_{i-1} \oplus (\underline{a}_{i-1} \oplus \underline{b}_{i-1})\underline{\gamma}_{i-1}$$

因为

$$\underline{v}_{d-1} = \underline{\gamma}_{d-1} \oplus \underline{a}_{d-1} \oplus \underline{b}_{d-1}$$

$$= (\underline{a}_{d-2} \oplus \underline{b}_{d-2} \oplus \underline{1})\underline{a}_{d-2} \oplus (\underline{a}_{d-2} \oplus \underline{b}_{d-2})\underline{\gamma}_{d-2} \oplus \underline{a}_{d-1} \oplus \underline{b}_{d-1}$$

所以

$$\underline{v}_{d-1}\underline{m}_{d-2} = \underline{\gamma}_{d-2}\underline{m}_{d-2} \oplus (\underline{a}_{d-1} \oplus \underline{b}_{d-1})\underline{m}_{d-2}$$

$$= (\underline{a}_{d-2} \oplus \underline{b}_{d-2} \oplus \underline{v}_{d-2})\underline{m}_{d-2} \oplus (\underline{a}_{d-1} \oplus \underline{b}_{d-1})\underline{m}_{d-2}$$

$$= \underline{m}_{d-2} \oplus \underline{v}_{d-2}\underline{m}_{d-2} \oplus (\underline{a}_{d-1} \oplus \underline{b}_{d-1})\underline{m}_{d-2}$$

从而，有

$$(\underline{v}_{d-1} \oplus \underline{v}_{d-2})\underline{m}_{d-2} = \underline{m}_{d-2} \oplus (\underline{a}_{d-1} \oplus \underline{b}_{d-1})\underline{m}_{d-2} \in G(x^T - 1)$$

由引理 4.2，得 $\underline{v} \equiv \underline{0} \bmod 2^{d-1}$，即 $\underline{b} + \underline{a} \equiv \underline{0} \bmod 2^{d-1}$。　　　　□

引理 4.5　设 $f(x)$ 是 $\mathbb{Z}/(2^d)$ 上的 n 次本原多项式，$d \geqslant 2$，对于 $\underline{a}, \underline{b} \in G'(f(x), 2^d)$，若 $\underline{a}_{d-1} \oplus \underline{b}_{d-1} \in G(f(x), 2)$，则 $\underline{a} \equiv \underline{b} \bmod 2^{d-1}$。

证明　令 $T = 2^n - 1$。

当 $d = 2$ 时，有

$$\underline{0} = (x^T - 1)(\underline{a}_1 \oplus \underline{b}_1) = h_1(x)(\underline{a}_0 \oplus \underline{b}_0)$$

而 $\underline{a}_0 \oplus \underline{b}_0 \in G(f(x), 2)$，所以 $\underline{a}_0 \oplus \underline{b}_0 = \underline{0}$，即 $\underline{a} \equiv \underline{b} \bmod 2$。此时结论成立。

设 $d = 3$。若结论不成立，即 $\underline{a} - \underline{b} \not\equiv \underline{0} \bmod 2^2$，记 $\underline{m}_1 = (h_1(x)\underline{a}_0)_{\bmod 2}$，则由引理 4.4 知

$$(\underline{a}_1 \oplus \underline{b}_1)\underline{m}_1 = \underline{m}_1 \tag{4.14}$$

并且 $\underline{a} + \underline{b} = \underline{0} \bmod 2^2$，即

$$\underline{a}_0 = \underline{b}_0, \quad \underline{a}_1 \oplus \underline{b}_1 = \underline{a}_0 \in G(f(x), 2)$$

由式 (4.14) 知 $\underline{a}_1 \oplus \underline{b}_1 = \underline{m}_1$，所以 $\underline{a}_0 = \underline{m}_1 = h_1(x)\underline{a}_0$，矛盾。

下面设 $d \geqslant 4$。记

$$\underline{v} \stackrel{\text{def}}{=\!=} \underline{a} + \underline{b} \in G(f(x), 2^d)$$

$$\underline{\gamma}_i \stackrel{\text{def}}{=\!=} \underline{v}_i \oplus \underline{a}_i \oplus \underline{b}_i, \quad i = 1, 2, \cdots, d-1$$

归纳假设对 $\leqslant d-1$ 时，结论成立，即若 $\underline{a}_{d-2} \oplus \underline{b}_{d-2} \in G(f(x),\, 2)$，则 $\underline{a} \equiv \underline{b} \bmod 2^{d-2}$。下面证明结论对 d 也成立，即设 $\underline{a}_{d-1} \oplus \underline{b}_{d-1} \in G(f(x),\, 2)$，证明 $\underline{a} \equiv \underline{b} \bmod 2^{d-1}$。

若 $\underline{a} \not\equiv \underline{b} \bmod 2^{d-1}$，则由引理 4.4，得

$$(\underline{a}_{d-2} \oplus \underline{b}_{d-2})\underline{m}_{d-2} = \underline{m}_{d-2} \text{ 且 } \underline{v} \equiv \underline{0} \bmod 2^{d-1}$$

此时，$\underline{v}_{d-1} \in G(f(x),\, 2)$。

由 $\underline{a} + \underline{b} \equiv \underline{0}$ 及 $\underline{\gamma}_{d-1}$ 是 $\underline{a}_{\bmod 2^{d-1}} + \underline{b}_{\bmod 2^{d-1}}$ 的进位序列知

$$\underline{\gamma}_{d-1} = \underline{a}_{d-2} \vee \underline{b}_{d-2}$$

$$= (\underline{a}_{d-2} \oplus \underline{b}_{d-2} \oplus \underline{1})\underline{a}_{d-2} \oplus \underline{a}_{d-2} \oplus \underline{b}_{d-2}$$

式中，$\vee$ 表示或运算，从而有

$$\underline{v}_{d-1} = \underline{a}_{d-1} \oplus \underline{b}_{d-1} \oplus \underline{\gamma}_{d-1}$$

$$= \underline{a}_{d-1} \oplus \underline{b}_{d-1} \oplus (\underline{a}_{d-2} \oplus \underline{b}_{d-2} \oplus \underline{1})\underline{a}_{d-2} \oplus \underline{a}_{d-2} \oplus \underline{b}_{d-2} \tag{4.15}$$

用 $\underline{m}_{d-2}$ 乘式 (4.15)，并注意到

$$(\underline{a}_{d-2} \oplus \underline{b}_{d-2})\underline{m}_{d-2} = \underline{m}_{d-2}, \qquad (\underline{a}_{d-2} \oplus \underline{b}_{d-2} \oplus \underline{1})\underline{m}_{d-2} = \underline{0}$$

得

$$\underline{v}_{d-1}\underline{m}_{d-2} = (\underline{a}_{d-1} \oplus \underline{b}_{d-1})\underline{m}_{d-2} \oplus \underline{m}_{d-2} = (\underline{a}_{d-1} \oplus \underline{b}_{d-1} \oplus \underline{m}_{d-2})\underline{m}_{d-2}$$

即

$$(\underline{a}_{d-1} \oplus \underline{b}_{d-1} \oplus \underline{m}_{d-2} \oplus \underline{v}_{d-1})\underline{m}_{d-2} = \underline{0}$$

因为 $\underline{a}_{d-1} \oplus \underline{b}_{d-1}$，$\underline{m}_{d-2}$，$\underline{v}_{d-1} \in G(f(x),\, 2)$，所以

$$\underline{a}_{d-1} \oplus \underline{b}_{d-1} \oplus \underline{m}_{d-2} \oplus \underline{v}_{d-1} \in G(f(x),\, 2)$$

从而有

$$\underline{a}_{d-1} \oplus \underline{b}_{d-1} \oplus \underline{m}_{d-2} \oplus \underline{v}_{d-1} = \underline{0}$$

将式 (4.15) 代入上式，得

$$\underline{m}_{d-2} = (\underline{a}_{d-2} \oplus \underline{b}_{d-2} \oplus \underline{1})\underline{a}_{d-2} \oplus \underline{a}_{d-2} \oplus \underline{b}_{d-2}$$

两边乘 $\underline{a}_{d-2} \oplus \underline{b}_{d-2}$，得

$$\underline{a}_{d-2} \oplus \underline{b}_{d-2} = (\underline{a}_{d-2} \oplus \underline{b}_{d-2})\underline{m}_{d-2} = \underline{m}_{d-2} \in G(f(x),\, 2)$$

由归纳假设知 $\underline{a} \equiv \underline{b} \bmod 2^{d-2}$，即 $\underline{u} \equiv \underline{0} \bmod 2^{d-2}$，又因为 $\underline{v} \equiv \underline{0} \bmod 2^{d-1}$，得

$$\underline{a} = (\underline{v} - \underline{u})/2 \equiv \underline{0} \bmod 2^{d-3}$$

这与 $\underline{a}$ 是本原序列矛盾。　　　　　　　　　　　　　　　　　　　　　　□

有了以上的准备工作，可以给出下面的定理。

定理 4.6　设 $f(x)$ 是 $\mathbb{Z}/(2^d)$ 上的 n 次本原多项式，$d \geqslant 2$。对于 $\underline{a}$, $\underline{b} \in G(f(x), 2^d)$，$\underline{a} = \underline{b}$ 当且仅当 $\underline{a}_{d-1} = \underline{b}_{d-1}$。

证明　只需要证明充分性。

因为 $\underline{a}_{d-1} = \underline{b}_{d-1}$，在 $\mathbb{Z}/(2)$ 上有

$$h_{d-1}(x)\underline{a}_0 = (x^{2^{d-2}} - 1)\underline{a}_{d-1} = (x^{2^{d-2}} - 1)\underline{b}_{d-1} = h_{d-1}(x)\underline{b}_0$$

所以 $\underline{a}_0 = \underline{b}_0$。

若 $\underline{a}_0 = \underline{b}_0 = \underline{0}$，考虑 $G(f(x), 2^{d-1})$ 中的序列：

$$\underline{a}' = \underline{a}/2, \quad \underline{b}' = \underline{b}/2$$

此时 $\underline{a}'_0 = \underline{a}_1$，$\underline{b}'_0 = \underline{b}_1$。同理有

$$h_{d-2}(x)\underline{a}_1 = (x^{2^{d-3}} - 1)\underline{a}_{d-1} = (x^{2^{d-3}} - 1)\underline{b}_{d-1} = h_{d-2}(x)\underline{b}_1$$

所以 $\underline{a}_1 = \underline{b}_1$。

由此知，不妨设 $\underline{a}_0 = \underline{b}_0 \neq \underline{0}$，从而由引理 4.5 知结论成立。　　　□

注 4.9　文献 [14] 以摘要形式独立给出了定理 4.5 的结论，但没有具体的证明。

4.4　$\mathbb{Z}/(2^d)$ 上本原序列压缩映射的保熵性

设 $f(x)$ 是 $\mathbb{Z}/(2^d)$ 上的 n 次本原多项式，$T = 2^n - 1$，在本节中，会频繁利用定理 4.1，即

$$x^{p^{i-1}}T - 1 \equiv 2^i h_i(x) \bmod (f(x), 2^d), \quad i = 1, 2, \cdots, d-1$$

由于 $h_2(x) \equiv \cdots \equiv h_{d-1}(x) \bmod 2$，因此，在 $\bmod 2$ 情形下，将 $h_2(x)$, $\cdots$, $h_{d-1}(x)$ 统一记为 $h_2(x)$。

文献 [10] 给出了如下进一步的保熵定理。

定理 4.7　设 $f(x)$ 是 $\mathbb{Z}/(2^d)$ 上的 n 次强本原多项式，$\eta(x_0, x_1, \cdots, x_{d-3})$ 是 $d-2$ 元布尔函数，令 $\varphi(x_0, x_1, \cdots, x_{d-1}) = x_{d-1} \oplus cx_{d-2} \oplus \eta(x_0, x_1, \cdots, x_{d-3})$ 是 d 元布尔函数，其中 $c \in \mathbb{Z}/(2)$，则压缩映射

$$\varphi : \begin{cases} G(f(x), 2^d) \to \mathbb{F}_2^\infty \\ \underline{a} = \underline{a}_0 + \underline{a}_1 2 + \cdots + \underline{a}_{d-1} 2^{d-1} \mapsto \varphi(\underline{a}_0, \underline{a}_1, \cdots, \underline{a}_{d-1}) \end{cases}$$

是单射，即对于 $\underline{a}$, $\underline{b} \in G(f(x), 2^d)$，有

$$\underline{a} = \underline{b} \text{ 当且仅当 } \varphi(\underline{a}_0, \underline{a}_1, \cdots, \underline{a}_{d-1}) = \varphi(\underline{b}_0, \underline{b}_1, \cdots, \underline{b}_{d-1})$$

在文献 [15] 和 [16] 中，对定理 4.7 做了改进，即对于

$$\varphi(x_0, x_1, \cdots, x_{d-1}) = x_{d-1} \oplus \eta(x_0, x_1, \cdots, x_{d-2})$$

定理 4.7 的结论仍然成立。其中，$\eta(x_0, x_1, \cdots, x_{d-2})$ 是任意一个 $d-1$ 元布尔函数。

首先给出四个引理。

引理 4.6　设 $f(x)$ 是 $\mathbb{Z}/(2^d)$ 上的本原多项式，$\underline{a}, \underline{b} \in G(f(x), 2^d)$，若 $\underline{a} \equiv \underline{b} \bmod 2^k$，其中 $1 \leqslant k \leqslant d$，则 $\underline{a}_k \oplus \underline{b}_k \in G(f(x), 2)$。

证明是显然的。

引理 4.7　设 $f(x)$ 是 $\mathbb{Z}/(2^d)$ 上的本原多项式，则有

$$\varphi(x_0, x_1, \cdots, x_{d-1}) = x_{d-1} \oplus \eta(x_0, x_1, \cdots, x_{d-2})$$

对于 $\underline{a}, \underline{b} \in G(f(x), 2^d)$，若

$$\varphi(\underline{a}_0, \underline{a}_1, \cdots, \underline{a}_{d-1}) = \varphi(\underline{b}_0, \underline{b}_1, \cdots, \underline{b}_{d-1})$$

则 $\underline{a}_0 = \underline{b}_0$。

证明　设 $T = 2^n - 1$，其中 $n = \deg f(x)$。

因为序列 $\eta(\underline{a}_0, \underline{a}_1, \cdots, \underline{a}_{d-2})$ 和 $\eta(\underline{b}_0, \underline{b}_1, \cdots, \underline{b}_{d-2})$ 的周期都整除 $2^{d-2}T$，所以将 $x^{2^{d-2}T} - 1$ 作用于

$$\varphi(\underline{a}_0, \underline{a}_1, \cdots, \underline{a}_{d-1}) = \varphi(\underline{b}_0, \underline{b}_1, \cdots, \underline{b}_{d-1})$$

得

$$(x^{2^{d-2}T} - 1)\underline{a}_{d-1} = (x^{2^{d-2}T} - 1)\underline{b}_{d-1}$$

由式 (4.4) 得 $h_{d-1}(x)\underline{a}_0 \equiv h_{d-1}(x)\underline{b}_0 \bmod 2$，从而 $\underline{a}_0 = \underline{b}_0$。　　□

引理 4.8　设 $f(x)$ 是 $\mathbb{Z}/(2^d)$ 上的强本原多项式，$d \geqslant 3$，$\underline{a}, \underline{b} \in G(f(x), 2^d)$ 且 $\underline{a}_0 = \underline{b}_0 \neq \underline{0}$，若

$$(\underline{a}_1 \oplus \underline{b}_1) \cdot h_1(x)\underline{a}_0 \cdot h_2(x)\underline{a}_0 = h_1(x)(\underline{a}_1 \oplus \underline{b}_1) \cdot h_2(x)\underline{a}_0$$

则 $\underline{a}_1 = \underline{b}_1$。

证明　首先证明在 $\mathbb{Z}/(2)$ 上的序列 $\underline{a}_1 \oplus \underline{b}_1$、$h_1(x)\underline{a}_0$、$h_2(x)\underline{a}_0$ 是两两不同的。

为表述方便，下面的证明过程中，直接把多项式 $h_1(x)$、$h_2(x)$ 和序列 $\underline{a}_0$、$\underline{a}_1$ 视为 $\mathbb{Z}/(2)$ 上的多项式和序列。

(1) $h_1(x)\underline{a}_0 \neq h_2(x)\underline{a}_0$。

因为 $f(x)$ 是 $\mathbb{Z}/(2^d)$ 上的本原多项式，所以 $h_1(x) \neq 0$，$h_1(x)^2 \not\equiv 0 \bmod (f(x), 2)$，从而有

$$h_2(x) \equiv h_1(x) + h_1(x)^2 \not\equiv h_1(x) \bmod (f(x), 2)$$

故 $h_2(x)\underline{a}_0 \not\equiv h_1(x)\underline{a}_0$。

(2) $\underline{a}_1 \oplus \underline{b}_1 \neq h_1(x)\underline{a}_0$。

若 $\underline{a}_1 \oplus \underline{b}_1 = h_1(x)\underline{a}_0$，则由条件得

$$h_1(x)\underline{a}_0 \cdot h_2(x)\underline{a}_0 = (\underline{a}_1 \oplus \underline{b}_1) \cdot h_1(x)\underline{a}_0 \cdot h_2(x)\underline{a}_0$$

$$= h_1(x)(\underline{a}_1 \oplus \underline{b}_1) \cdot h_2(x)\underline{a}_0$$

$$= h_1(x)^2 \underline{a}_0 \cdot h_2(x)\underline{a}_0$$

即 $h_2(x)\underline{a}_0 \cdot (h_1(x) \oplus h_1(x)^2)\underline{a}_0 = \underline{0}$。又因为 $h_2(x) \equiv h_1(x) + h_1(x)^2 \bmod (f(x),\, 2)$，所以 $h_2(x)\underline{a}_0 = \underline{0}$，从而 $h_2(x) = 0$，这与 $f(x)$ 的本原性矛盾，故 $\underline{a}_1 \oplus \underline{b}_1 \neq h_1(x)\underline{a}_0$。

(3) $\underline{a}_1 \oplus \underline{b}_1 \neq h_2(x)\underline{a}_0$。

若 $\underline{a}_1 \oplus \underline{b}_1 = h_2(x)\underline{a}_0$，则由条件得

$$
\begin{aligned}
h_1(x)\underline{a}_0 \cdot h_2(x)\underline{a}_0 &= (\underline{a}_1 \oplus \underline{b}_1) \cdot h_1(x)a_0 \cdot h_2(x)\underline{a}_0 \\
&= h_1(x)(\underline{a}_1 \oplus \underline{b}_1) \cdot h_2(x)\underline{a}_0 \\
&= h_1(x)h_2(x)\underline{a}_0 \cdot h_2(x)\underline{a}_0
\end{aligned}
$$

即 $h_2(x)\underline{a}_0 \cdot h_1(x)(\underline{a}_0 \oplus h_2(x)\underline{a}_0) = \underline{0}$。注意到 $h_1(x)(\underline{a}_0 \oplus h_2(x)\underline{a}_0) \in G(f(x),\, 2)$，而 $\underline{0} \neq h_2(x)\underline{a}_0 \in G(f(x),\, 2)$，从而 $h_1(x)(\underline{a}_0 \oplus h_2(x)\underline{a}_0) = \underline{0}$，即 $\underline{a}_0 \oplus h_2(x)\underline{a}_0 = \underline{0}$，由此得 $h_2(x) \equiv 1 \bmod 2$，这与 $f(x)$ 的强本原性矛盾，故 $\underline{a}_1 \oplus \underline{b}_1 \neq h_2(x)\underline{a}_0$。

有了以上准备，下面证明 $\underline{a}_1 = \underline{b}_1$。若 $\underline{a}_1 \neq \underline{b}_1$。下面分两种情形进行讨论。

情形 1：若 $(\underline{a}_1 \oplus \underline{b}_1) \oplus h_1(x)\underline{a}_0 \oplus h_2(x)\underline{a}_0 \neq \underline{0}$，则由 $\underline{a}_1 \oplus \underline{b}_1$、$h_1(x)\underline{a}_0$、$h_2(x)\underline{a}_0$ 两两不同可知，这三个序列还是线性无关的且 $n = \deg f(x) \geqslant 3$，从而序列 $(\underline{a}_1 \oplus \underline{b}_1) \cdot h_1(x)\underline{a}_0 \cdot h_2(x)\underline{a}_0$ 在长为 $2^n - 1$ 的连续段中的 1 的个数为 2^{n-3}，而序列 $h_1(x)(\underline{a}_1 \oplus \underline{b}_1) \cdot h_2(x)\underline{a}_0$ 在长为 $2^n - 1$ 的连续段中的 1 的个数 $\geqslant 2^{n-2}$，矛盾。

情形 2：若 $(\underline{a}_1 \oplus \underline{b}_1) \oplus h_1(x)\underline{a}_0 \oplus h_2(x)\underline{a}_0 = \underline{0}$，则 $\underline{a}_1 \oplus \underline{b}_1$、$h_1(x)\underline{a}_0$、$h_2(x)\underline{a}_0$ 中的任一时刻的比特不可能同时为 1，所以

$$(\underline{a}_1 \oplus \underline{b}_1) \cdot h_1(x)\underline{a}_0 \cdot h_2(x)\underline{a}_0 = \underline{0}$$

而 $h_1(x)(\underline{a}_1 \oplus \underline{b}_1) \cdot h_2(x)\underline{a}_0 \neq \underline{0}$，矛盾。

综上所述，必有 $\underline{a}_1 = \underline{b}_1$。　　　　　　　　　　　　　　　$\square$

引理 4.9　设 $d \geqslant 3$，$f(x)$ 是 $\mathbb{Z}/(2^d)$ 上的 n 次本原多项式，$T = 2^n - 1$，对于 $\underline{a},\, \underline{b} \in G(f(x),\, 2^d)$，若 $\underline{a}_0 = \underline{b}_0 \neq \underline{0}$，则有

$$(x^{2^{d-3}T} - 1)(\underline{a}_{d-1} \oplus \underline{b}_{d-1}) = (\underline{a}_{d-2} \oplus \underline{b}_{d-2})h_{d-2}(x)\underline{a}_0 \oplus h_{d-2}(x)(\underline{a}_1 \oplus \underline{b}_1)$$

证明　将 $(x^{2^{d-3}T} - 1) = 2^{d-2}h_{d-2}(x)$ 作用于 $\underline{a} = \underline{a}_0 + \underline{a}_1 2 + \cdots + \underline{a}_{d-1}2^{d-1}$，得

$$(x^{2^{d-3}T} - 1)(\underline{a}_{d-2} + \underline{a}_{d-1}2) = h_{d-2}(x)(\underline{a}_0 + \underline{a}_1 2) \bmod 2^2$$

即

$$x^{2^{d-3}T}\underline{a}_{d-2} + (x^{2^{d-3}T} - 1)\underline{a}_{d-1}2$$

$$= \underline{a}_{d-2} + h_{d-2}(x)(\underline{a}_0 + \underline{a}_1 2) \bmod 2^2 \tag{4.16}$$

记

$$h_{d-2}(x)(\underline{a}_0 + \underline{a}_1 2) = \underline{u}_0 + \underline{u}_1 2 \bmod 2^2 \tag{4.17}$$

则由式 (4.16) 得

$$(x^{2^{d-3}T} - 1)\underline{a}_{d-1} = \underline{u}_1 \oplus \underline{u}_0 \underline{a}_{d-2} \tag{4.18}$$

同理，对于序列 $\underline{b}$，有

$$(x^{2^{d-3}T} - 1)\underline{b}_{d-1} = \underline{v}_1 \oplus \underline{v}_0 \underline{b}_{d-2} \tag{4.19}$$

式中，

$$h_{d-2}(x)(\underline{b}_0 + \underline{b}_1 2) = \underline{v}_0 + \underline{v}_1 2 \bmod 2^2 \tag{4.20}$$

注意到 $\underline{u}_0 = h_{d-2}(x)\underline{a}_0 = h_{d-2}(x)\underline{b}_0 = \underline{v}_0$，所以由式 (4.18) 和式 (4.19) 得

$$(x^{2^{d-3}T} - 1)(\underline{a}_{d-1} \oplus \underline{b}_{d-1}) = (\underline{a}_{d-2} \oplus \underline{b}_{d-2})h_{d-2}(x)\underline{a}_0 \oplus \underline{u}_1 \oplus \underline{v}_1$$

又由式 (4.17) 和式 (4.20) 知

$$\underline{u}_1 \oplus \underline{v}_1 = h_{d-2}(x)(\underline{a}_1 \oplus \underline{b}_1)$$

所以

$$(x^{2^{d-3}T} - 1)(\underline{a}_{d-1} \oplus \underline{b}_{d-1})$$
$$= (\underline{a}_{d-2} \oplus \underline{b}_{d-2})h_{d-2}(x)\underline{a}_0 \oplus h_{d-2}(x)(\underline{a}_1 \oplus \underline{b}_1) \qquad\qquad \square$$

下面给出主要定理。

定理 4.8　设 $f(x)$ 是 $\mathbb{Z}/(2^d)$ 上的 n 次强本原多项式，$\eta(x_0, x_1, \cdots, x_{d-2})$ 是任意一个 $d-1$ 元布尔函数，令 $\varphi(x_0, x_1, \cdots, x_{d-1}) = x_{d-1} \oplus \eta(x_0, x_1, \cdots, x_{d-2})$ 是 d 元布尔函数，则压缩映射

$$\varphi: \begin{cases} G(f(x), \ 2^d) \to \mathbb{F}_2^\infty \\ \underline{a} = \underline{a}_0 + \underline{a}_1 2 + \cdots + \underline{a}_{d-1} 2^{d-1} \mapsto \varphi(\underline{a}_0, \ \underline{a}_1, \ \cdots, \ \underline{a}_{d-1}) \end{cases}$$

是单射，即对于 $\underline{a}, \underline{b} \in G(f(x), 2^d)$，有

$$\underline{a} = \underline{b} \text{ 当且仅当 } \varphi(\underline{a}_0, \ \underline{a}_1, \ \cdots, \ \underline{a}_{d-1}) = \varphi(\underline{b}_0, \ \underline{b}_1, \ \cdots, \ \underline{b}_{d-1})$$

证明　只需要证充分性。

由引理 4.7 知 $\underline{a}_0 = \underline{b}_0$。不妨设 $\underline{a}_0 = \underline{b}_0 \neq \underline{0}$。

记 $\eta_{d-2}(x_0, x_1, \cdots, x_{d-2}) = \eta(x_0, x_1, \cdots, x_{d-2})$，则有

$$\eta_{d-2}(x_0, x_1, \cdots, x_{d-2}) = x_{d-2}\eta_{d-3}(x_0, x_1, \cdots, x_{d-3}) \oplus \mu_{d-3}(x_0, x_1, \cdots, x_{d-3})$$

并且对于 $i = d-2, d-3, \cdots, 1$，依次有

$$\eta_i(x_0, \cdots, x_i) = x_i \eta_{i-1}(x_0, \cdots, x_{i-1}) \oplus \mu_{i-1}(x_0, \cdots, x_{d-i-1}) \tag{4.21}$$

式中，$\eta_{i-1}(x_0, x_1, \cdots, x_{i-1})$ 和 $\mu_{i-1}(x_0, \cdots, x_{i-1})$ 是 i 元布尔函数。

(1) 设 $d \geqslant 4$，由定理的条件得

$$\underline{a}_{d-1} \oplus \underline{a}_{d-2}\eta_{d-3}(\underline{a}_0, \cdots, \underline{a}_{d-3}) \oplus \mu_{d-3}(\underline{a}_0, \cdots, \underline{a}_{d-3})$$

$$= \underline{b}_{d-1} \oplus \underline{b}_{d-2}\eta_{d-3}(\underline{b}_0, \cdots, \underline{b}_{d-3}) \oplus \mu_{d-3}(\underline{b}_0, \cdots, \underline{b}_{d-3})$$

将 $x^{2^{d-3}T} - 1$ 作用于上式,注意到 $\eta_{d-3}(\underline{a}_0, \cdots, \underline{a}_{d-3})$、$\eta_{d-3}(\underline{b}_0, \cdots, \underline{b}_{d-3})$、$\mu_{d-3}(\underline{a}_0, \cdots, \underline{a}_{d-3})$、$\mu_{d-3}(\underline{b}_0, \cdots, \underline{b}_{d-3})$ 的周期均整除 $2^{d-3}T$，得

$$(x^{2^{d-3}T} - 1)\underline{a}_{d-1} \oplus \eta_{d-3}(\underline{a}_0, \cdots, \underline{a}_{d-3})(x^{2^{d-3}T} - 1)\underline{a}_{d-2}$$

$$= (x^{2^{d-3}T} - 1)\underline{b}_{d-1} \oplus \eta_{d-3}(\underline{b}_0, \cdots, \underline{b}_{d-3})(x^{2^{d-3}T} - 1)\underline{b}_{d-2}$$

而

$$(x^{2^{d-3}T} - 1)\underline{a}_{d-1} = h_2(x)\underline{a}_0 = h_2(x)\underline{b}_0 = (x^{2^{d-3}T} - 1)\underline{b}_{d-2}$$

所以式 (4.22) 即为

$$(x^{2^{d-3}T} - 1)(\underline{a}_{d-1} \oplus \underline{b}_{d-1})$$

$$= (\eta_{d-3}(\underline{a}_0, \cdots, \underline{a}_{d-3}) \oplus \eta_{d-3}(\underline{b}_0, \cdots, \underline{b}_{d-3})) \cdot h_2(x)\underline{a}_0$$

再由引理 4.9得

$$(\underline{a}_{d-2} \oplus \underline{b}_{d-2})h_{d-2}(x)\underline{a}_0 \oplus h_2(x)(\underline{a}_1 \oplus \underline{b}_1)$$

$$= (\eta_{d-3}(\underline{a}_0, \cdots, \underline{a}_{d-3}) \oplus \eta_{d-3}(\underline{b}_0, \cdots, \underline{b}_{d-3})) \cdot h_2(x)\underline{a}_0$$

上式即为

$$(\underline{a}_{d-2} \oplus \underline{b}_{d-2} \oplus \eta_{d-3}(\underline{a}_0, \cdots, \underline{a}_{d-3}) \oplus \eta_3(\underline{b}_0, \cdots, \underline{b}_{d-3})) \cdot h_2(x)\underline{a}_0$$

$$= h_2(x)(\underline{a}_1 \oplus \underline{b}_1) \tag{4.22}$$

若 $d - 4 \geqslant 1$，即 $d \geqslant 5$，考虑序列 $\underline{a}_{\bmod 2^{d-1}}$，$\underline{b}_{\bmod 2^{d-1}} \in G(f(x), 2^{d-1})$，则由引理 4.9，得

$$(x^{2^{d-4}T} - 1)(\underline{a}_{d-2} \oplus \underline{b}_{d-2}) = (\underline{a}_{d-3} \oplus \underline{b}_{d-3}) \cdot h_2(x)\underline{a}_0 \oplus h_2(x)(\underline{a}_1 \oplus \underline{b}_1)$$

上式两端同乘序列 $h_2(x)\underline{a}_0$，得

$$h_2(x)\underline{a}_0 \cdot (x^{2^{d-4}T} - 1)(\underline{a}_{d-2} \oplus \underline{b}_{d-2})$$

$$= (\underline{a}_{d-3} \oplus \underline{b}_{d-3}) \cdot h_2(x)\underline{a}_0 \oplus h_2(x)(\underline{a}_1 \oplus \underline{b}_1) \cdot h_2(x)\underline{a}_0$$

即

$$(x^{2^{d-4}T} - 1)((\underline{a}_{d-2} \oplus \underline{b}_{d-2}) \oplus h_2(x)\underline{a}_0)$$

$$= (\underline{a}_{d-3} \oplus \underline{b}_{d-3}) h_2(x) \underline{a}_0 \oplus h_2(x) \underline{a}_0 \cdot h_2(x)(\underline{a}_1 \oplus \underline{b}_1) \tag{4.23}$$

由式 (4.21) 和式 (4.22) 得

$$(\underline{a}_{d-2} \oplus \underline{b}_{d-2}) h_2(x) \underline{a}_0 = h_2(x)(\underline{a}_1 \oplus \underline{b}_1) \oplus (\underline{a}_{d-3} \eta_{d-4}(\underline{a}_0, \cdots, \underline{a}_{d-4})$$
$$\oplus \underline{b}_{d-3} \eta_{d-4}(\underline{b}_0, \cdots, \underline{b}_{d-4}) \oplus \mu_{d-4}(\underline{a}_0, \cdots, \underline{a}_{d-4})$$
$$\oplus \mu_{d-4}(\underline{b}_0, \cdots, \underline{b}_{d-4})) \cdot h_2(x) \underline{a}_0 \tag{4.24}$$

因为 $\underline{a}_0, \cdots, \underline{a}_{d-4}, \underline{b}_0, \cdots, \underline{b}_{d-4}$ 的周期均整除 $2^{d-4}T$,所以将式 (4.24) 代入式 (4.23) 得

$$\eta_{d-4}(\underline{a}_0, \cdots, \underline{a}_{d-4})(x^{2^{d-4}T} - 1)\underline{a}_{d-3} \oplus \eta_{d-4}(\underline{b}_0, \cdots, \underline{b}_{d-4})(x^{2^{d-4}T} - 1)\underline{b}_{d-3}$$
$$= (\underline{a}_{d-3} \oplus \underline{b}_{d-3}) \cdot h_2(x) \underline{a}_0 \oplus h_2(x)(\underline{a}_1 \oplus \underline{b}_1) h_2(x) \underline{a}_0$$

而

$$(x^{2^{d-4}T} - 1)\underline{a}_{d-3} = h_2(x)\underline{a}_0 = h_2(x)\underline{b}_0 = (x^{2^{d-4}T} - 1)\underline{b}_{d-3}$$

故

$$(\eta_{d-4}(\underline{a}_0, \cdots, \underline{a}_{d-4}) \oplus \eta_{d-4}(\underline{b}_0, \cdots, \underline{b}_{d-4})) \cdot h_2(x) \underline{a}_0$$
$$= (\underline{a}_{d-3} \oplus \underline{b}_{d-3}) \cdot h_2(x) \underline{a}_0 \oplus h_2(x)(\underline{a}_1 \oplus \underline{b}_1) h_2(x) \underline{a}_0$$

即

$$(\underline{a}_{d-3} \oplus \underline{b}_{d-3} \oplus \eta_{d-4}(\underline{a}_0, \cdots, \underline{a}_{d-4}) \oplus \eta_{d-4}(\underline{b}_0, \cdots, \underline{b}_{d-4})) \cdot h_2(x) \underline{a}_0$$
$$= h_2(x)(\underline{a}_1 \oplus \underline{b}_1) h_2(x) \underline{a}_0 \tag{4.25}$$

记 $\mathbb{Z}/(2)$ 上的序列 $h_2(x)\underline{a}_0 = (r_0, r_1, r_2, \cdots)$, $h_2(x)(\underline{a}_1 \oplus \underline{b}_1) = (s_0, s_1, s_2, \cdots)$, 则由式 (4.22) 知, 当 $r_i = 0$ 时, $s_i = 0$, 所以式 (4.25) 即为

$$(\underline{a}_{d-3} \oplus \underline{b}_{d-3} \oplus \eta_{d-4}(\underline{a}_0, \cdots, \underline{a}_{d-4}) \oplus \eta_{d-4}(\underline{b}_0, \cdots, \underline{b}_{d-4})) \cdot h_2(x) \underline{a}_0 =$$
$$= h_2(x)(\underline{a}_1 \oplus \underline{b}_1)$$

按照上述方法, 对于 $i = 2, 3, \cdots, d-2$, 有

$$(\underline{a}_{d-i} \oplus \underline{b}_{d-i} \oplus \eta_{d-i-1}(\underline{a}_0, \cdots, \underline{a}_{d-i-1}) \oplus \eta_{d-i-1}(\underline{b}_0, \cdots, \underline{b}_{d-i-1})) \cdot h_2(x) \underline{a}_0$$
$$= h_2(x)(\underline{a}_1 \oplus \underline{b}_1)$$

最后由引理 4.9得

$$(x^T - 1)(\underline{a}_2 \oplus \underline{b}_2) = (\underline{a}_1 \oplus \underline{b}_1) h_1(x) \underline{a}_0 \oplus h_1(x)(\underline{a}_1 \oplus \underline{b}_1)$$

上式两端同乘 $h_2(x) \underline{a}_0$, 得

$$(x^T - 1)(\underline{a}_2 \oplus \underline{b}_2) h_2(x) \underline{a}_0$$

$$= (\underline{a}_1 \oplus \underline{b}_1) h_1(x) \underline{a}_0 h_2(x) \underline{a}_0 \oplus h_1(x)(\underline{a}_1 \oplus \underline{b}_1) h_2(x) \underline{a}_0 \qquad (4.26)$$

当 $i = d - 2$ 时，式 (4.25) 即为

$$(\underline{a}_2 \oplus \underline{b}_2) h_2(x) \underline{a}_0 = h_2(x)(\underline{a}_1 \oplus \underline{b}_1) \oplus (\eta_1(\underline{a}_0, \ \underline{a}_1) \oplus \eta_1(\underline{b}_0, \ \underline{b}_1)) h_2(x) \underline{a}_0$$

将其代入式 (4.26)，并注意到 $\eta_1(x_0, \ x_1) = x_1 \eta_0(x_0) \oplus \mu_0(x_0)$，得

$$(x^T - 1)(\underline{a}_1 \eta_0(\underline{a}_0) \oplus \underline{b}_1 \eta_0(\underline{b}_0)) h_2(x) \underline{a}_0$$

$$= (\underline{a}_1 \oplus \underline{b}_1) h_1(x) \underline{a}_0 h_2(x) \underline{a}_0 \oplus h_1(x)(\underline{a}_1 \oplus \underline{b}_1) h_2(x) \underline{a}_0$$

因为 $(x^T - 1)\underline{a}_1 = (x^T - 1)\underline{b}_1 = h_1(x)\underline{a}_0$，$\eta_0(\underline{a}_0) = \eta_0(\underline{b}_0)$，所以

$$(x^T - 1)(\underline{a}_1 \eta_0(\underline{a}_0) \oplus \underline{b}_1 \eta_0(\underline{b}_0)) h_2(x) \underline{a}_0 = \underline{0}$$

故

$$(\underline{a}_1 \oplus \underline{b}_1) h_1(x) \underline{a}_0 h_2(x) \underline{a}_0 = h_1(x)(\underline{a}_1 \oplus \underline{b}_1) h_2(x) \underline{a}_0$$

由引理 4.8 知，$\underline{a}_1 = \underline{b}_1$，再由式 (4.26) 得

$$(\underline{a}_{d-i} \oplus \underline{b}_{d-i} \oplus \eta_{d-i-1}(\underline{a}_0, \ \cdots, \ \underline{a}_{d-i-1}) \oplus \eta_{d-i-1}(\underline{b}_0, \ \cdots, \ \underline{b}_{d-i-1})) \cdot h_2(x) \underline{a}_0 = \underline{0} \quad (4.27)$$

式中，$i = d - 2, \ d - 3, \ \cdots, \ 2$。

至此，由 $\underline{a}_0 = \underline{b}_0$，$\underline{a}_1 = \underline{b}_1$，得

$$\eta_1(\underline{a}_0, \ \underline{a}_1) = \eta_1(\underline{b}_0, \ \underline{b}_1)$$

所以对于 $i = d - 2$，式 (4.27) 即为 $(\underline{a}_2 \oplus \underline{b}_2) h_2(x) \underline{a}_0 = \underline{0}$，由引理 4.6 知 $\underline{a}_2 \oplus \underline{b}_2$ 或是本原序列，或是全 0 序列，故 $\underline{a}_2 \oplus \underline{b}_2 = \underline{0}$，即 $\underline{a}_2 = \underline{b}_2$。

同理对于 $i = d - 3$，考虑式 (4.27)，得 $\underline{a}_3 = \underline{b}_3$，最终依次得 $\underline{a}_j = \underline{b}_j$ $(j = 0, \ 1, \ \cdots, \ d-2)$ 最后由

$$\underline{a}_{d-1} \oplus \eta_{d-2}(\underline{a}_0, \ \underline{a}_1, \ \cdots, \ \underline{a}_{d-2}) = \underline{b}_{d-1} \oplus \eta_{d-2}(\underline{b}_0, \ \underline{b}_1, \ \cdots, \ \underline{b}_{d-2})$$

得 $\underline{a}_{d-1} = \underline{b}_{d-1}$，所以 $\underline{a} = \underline{b}$。

(2) 若 $d = 3$，则有

$$\underline{a}_2 \oplus \underline{a}_1 \eta_0(\underline{a}_0) \oplus \mu_0(\underline{a}_0) = \underline{b}_2 \oplus \underline{b}_1 \eta_0(\underline{b}_0) \oplus \mu_0(\underline{b}_0) \qquad (4.28)$$

将 $x^T - 1$ 作用于式 (4.28)，注意到 $\underline{a}_0 = \underline{b}_0$，$(x^T - 1)\underline{a}_1 = (x^T - 1)\underline{b}_1 = h_1(x)\underline{a}_0$，得

$$(x^T - 1)(\underline{a}_2 \oplus \underline{b}_2) = \underline{0}$$

又由引理 4.9，得

$$(\underline{a}_1 \oplus \underline{b}_1) h_1(x) \underline{a}_0 \oplus h_1(x)(\underline{a}_1 \oplus \underline{b}_1) = \underline{0}$$

即 $(\underline{a}_1 \oplus \underline{b}_1) h_1(x) \underline{a}_0 = h_1(x)(\underline{a}_1 \oplus \underline{b}_1)$。因为 $h_1(x) \neq 0$，所以 $\underline{a}_1 \oplus \underline{b}_1 = \underline{0}$，即 $\underline{a}_1 = \underline{b}_1$，从而由式 (4.28)，得 $\underline{a}_2 = \underline{b}_2$，故 $\underline{a} = \underline{b}$。

(3) 若 $d = 2$，则由 $\underline{a}_0 = \underline{b}_0$ 及 $\underline{a}_1 \oplus \eta_0(\underline{a}_0) = \underline{b}_1 \oplus \eta_0(\underline{b}_0)$，得 $\underline{a} = \underline{b}$。　　　　□

文献 [16] 对 $\mathbb{Z}/(2^d)$ 上本原序列压缩映射的保熵性给出了如下更一般性的结论。

定理 4.9　设 $f(x)$ 是 $\mathbb{Z}/(2^d)$ 上的强本原多项式，$d \geqslant 3$，$\varphi(x_0, x_1, \cdots, x_{d-1})$ 是 d 元布尔函数。按逆字典序，若 $\varphi(x_0, x_1, \cdots, x_{d-1})$ 的首项是 $x_{k_0} \cdots x_{k_{t-2}} x_{d-1}$，其中 $2 \leqslant k_0 < \cdots < k_{t-2}$，则压缩映射

$$\varphi : \begin{cases} G'(f(x), 2^d) \to \mathbb{F}_2^\infty \\ \underline{a} = \underline{a}_0 + \underline{a}_1 2 + \cdots + \underline{a}_{d-1} 2^{d-1} \mapsto \varphi(\underline{a}_0, \underline{a}_1, \cdots, \underline{a}_{d-1}) \end{cases}$$

是单射，即对于 $\underline{a}, \underline{b} \in G'(f(x), 2^d)$，有

$$\underline{a} = \underline{b} \text{ 当且仅当 } \varphi(\underline{a}_0, \underline{a}_1, \cdots, \underline{a}_{d-1}) = \varphi(\underline{b}_0, \underline{b}_1, \cdots, \underline{b}_{d-1})$$

对于奇素数 p，关于 $\mathbb{Z}/(p^d)$ 上本原序列的压缩映射的保熵性，文献 [17]～[19] 给予较详细的研究，综合起来有下面的结论。

引理 4.10　设 p 是奇素数，整数 $d \geqslant 2$，$f(x)$ 是 $\mathbb{Z}/(p^d)$ 上的强本原多项式。设 $\mathbb{F}_p$ 上的函数如下：

$$\varphi(x_0, x_1, \cdots, x_{d-1}) = g(x_{d-1}) + \eta(x_0, x_1, \cdots, x_{d-2})$$

式中，$1 \leqslant \deg g(x) \leqslant p - 1$，则压缩映射

$$\varphi : \begin{cases} G'(f(x), 2^d) \to \mathbb{F}_p^\infty \\ \underline{a} = \underline{a}_0 + \underline{a}_1 p + \cdots + \underline{a}_{d-1} p^{d-1} \mapsto \varphi(\underline{a}_0, \underline{a}_1, \cdots, \underline{a}_{d-1}) \end{cases}$$

是单射，即对于 $\underline{a}, \underline{b} \in G'(f(x), 2^d)$，有

$$\underline{a} = \underline{b} \text{ 当且仅当 } \varphi(\underline{a}_0, \underline{a}_1, \cdots, \underline{a}_{d-1}) = \varphi(\underline{b}_0, \underline{b}_1, \cdots, \underline{b}_{d-1})$$

4.5　$\mathbb{Z}/(N)$ 上本原序列模 2 压缩的保熵性

本节主要结论来源于文献 [20]。

设 $d \geqslant 2$，对于 $a \in \mathbb{Z}/(2^d - 1)$，视 a 为 $\{0, 1, \cdots, 2^d - 2\}$ 中的整数，则有如下唯一的 2-adic 分解：

$$a = a_0 + a_1 2 + \cdots + a_{d-1} 2^{d-1}$$

式中，$a_i \in \{0, 1\}(i = 0, 1, \cdots, d-1)$，同理，对于 $\mathbb{Z}/(2^d - 1)$ 上的序列 $\underline{a}$，有如下唯一的 2-adic 分解：

$$\underline{a} = \underline{a}_0 + \underline{a}_1 2 + \cdots + \underline{a}_{d-1} 2^{d-1}$$

式中，a_i 是 $\{0, 1\}$ 上的序列，注意在 $\mathbb{Z}/(2^d - 1)$ 上，$2^d = 1$，所以

$$2\underline{a} = \underline{a}_{d-1} + 2\underline{a}_0 + \underline{a}_1 2^2 + \cdots + \underline{a}_{d-2} 2^{d-1}$$

本节考虑 $\mathbb{Z}/(2^d - 1)$ 上序列的权位序列的保熵性问题。首先做些准备工作。

类似于引理 2.6，有以下结论。

引理 4.11　设 $f(x)$ 是 $\mathbb{Z}/(p)$ 上的 n 次本原多项式，$\underline{a}_1$, $\underline{a}_2$, $\cdots$, $\underline{a}_r \in G(f(x))$ 是 $\mathbb{Z}/(p)$ 上的 m-序列，若 $\underline{a}_1$, $\underline{a}_2$, $\cdots$, $\underline{a}_r$ 线性无关，记 $\underline{a}_i = (a_i(0),\, a_i(1),\, \cdots)$，则对于任意 $(b_1,\, b_2,\, \cdots,\, b_r) \in \mathbb{F}_p^r \setminus \{0\}$，$(b_1,\, b_2,\, \cdots,\, b_r)$ 在

$$\{(a_1(k),\, a_2(k),\, \cdots,\, a_r(k)) \mid 0 \leqslant k \leqslant p^n - 2\}$$

中出现 p^{n-r} 次，而 $\underbrace{(0,\, 0,\, \cdots,\, 0)}_{r}$ 出现 $p^{n-r} - 1$ 次。

定理 4.10　设 p 和 q 是两个素数，$p > q \geqslant 2$，$f(x)$ 是 $\mathbb{Z}/(p)$ 上的本原多项式，有以下结论。

(1) 对于 $\underline{a}$, $\underline{b} \in G(f(x),\, p)$，$\underline{a} = \underline{b}$ 当且仅当 $\underline{a}_{\bmod q} = \underline{b}_{\bmod q}$。

(2) 对于 $\underline{a} \in G(f(x),\, p)$，$\mathrm{per}(\underline{a}) = \mathrm{per}(\underline{a}_{\bmod q})$。

证明　(1) 只需要证明充分性。设 $\underline{a}_{\bmod q} = \underline{b}_{\bmod q}$，要证明 $\underline{a} = \underline{b}$。

若 $\underline{a} \neq \underline{0}$，则 $\underline{a}$ 就是 $\mathbb{Z}/(p)$ 上的 m-序列，从而存在非负整数 t，使得 $a(t) = 1$。再由 $\underline{a}_{\bmod q} = \underline{b}_{\bmod q}$ 知 $\underline{b} \neq \underline{0}$，从而 $\underline{a} \neq \underline{0}$ 当且仅当 $\underline{b} \neq \underline{0}$，以下不妨设 $\underline{a}$、$\underline{b}$ 均是非 0 序列。

若 $\underline{a}$ 和 $\underline{b}$ 在 $\mathbb{Z}/(p)$ 上线性无关，因为它们都是 $G(f(x),\, p)$ 中的 m-序列，由引理 4.11 知，存在整数 t，使得 $a(t) = 0$，$b(t) = 1$。这与 $\underline{a}_{\bmod q} = \underline{b}_{\bmod q}$ 矛盾。

因此，$\underline{a}$ 和 $\underline{b}$ 在 $\mathbb{Z}/(p)$ 上线性相关，即存在 $0 \neq \lambda \in \mathbb{Z}/(p)$，使得 $\underline{b} = \lambda\underline{a}$。

若 $\lambda_{\bmod q} \neq 1$，因为 $\underline{a}$ 是 $\mathbb{Z}/(p)$ 上的 m-序列，故存在整数 t，使得 $a(t) = 1$，则有

$$b(t) = \lambda a(t) = \lambda$$

所以

$$b(t)_{\bmod q} = \lambda_{\bmod q} \neq 1$$

从而 $a(t)_{\bmod q} \neq b(t)_{\bmod q}$，与条件矛盾。因此 $\lambda_{\bmod q} = 1$。

若 $\lambda \neq 1$，即 $1 < \lambda \leqslant p - 1$，则可设 k 是一整数，满足

$$(k-1)\lambda < p < k\lambda$$

显然 $2 \leqslant k \leqslant p - 1$。设整数 t，使得 $a(t) = k$，则有整数等式：

$$b(t) = (\lambda a(t))_{\bmod p} = (\lambda k)_{\bmod p} = \lambda k - p$$

从而有

$$b(t) \equiv \lambda k - p \bmod p$$

而 $\lambda \equiv 1 \bmod p$，所以

$$b(t) \equiv k - p \bmod p$$

又因为 $\gcd(p,\, q) = 1$，所以 $b(t)_{\bmod p} \neq k_{\bmod p}$，这与 $b(t)_{\bmod p} = a(t)_{\bmod p}$ 矛盾。

因此，$\lambda = 1$，即 $\underline{a} = \underline{b}$。

(2) 若 $\underline{a} = \underline{0}$，则有 $\mathrm{per}(\underline{a}) = \mathrm{per}(\underline{a}_{\bmod p})$。

设 $\underline{0} \neq \underline{a} \in G(f(x),\, p)$，对于任意 $1 \leqslant t < \mathrm{per}(\underline{a})$，有 $\underline{0} \neq x^t\underline{a} \in G(f(x),\, p)$ 且 $\underline{a} \neq x^t\underline{a}$。由 (1) 知 $\underline{a}_{\bmod q} \neq (x^t\underline{a})_{\bmod q} = x^t(\underline{a}_{\bmod q})$，所以 $\mathrm{per}(\underline{a}_{\bmod q}) \geqslant \mathrm{per}(\underline{a})$。又因为 $\mathrm{per}(\underline{a}_{\bmod q}) \mid \mathrm{per}(\underline{a})$，所以 $\mathrm{per}(\underline{a}) = \mathrm{per}(\underline{a}_{\bmod q})$。　　　□

注 4.10　在定理 4.10 中，取 $q=2$，对于 $\underline{a}$, $\underline{b} \in G(f(x), p)$，若 $\underline{a}_{\bmod 2} = \underline{a}_{\bmod 2}$，则 $\underline{a}=\underline{b}$，并且 $\mathrm{per}(\underline{a}_{\bmod 2}) = \mathrm{per}(\underline{a})$。

下面给出本节的主要结论，也是定理 4.10 的特例。

定理 4.11　设 $d>1$ 且使得 2^d-1 是素数，$f(x)$ 是 $\mathbb{Z}/(2^d-1)$ 上的本原多项式，$\underline{a}$, $\underline{b} \in G(f(x), 2^d-1)$，$0 \leqslant k \leqslant d-1$，则有

$$\underline{a} = \underline{b} \text{ 当且仅当 } \underline{a}_k = \underline{b}_k$$

并且 $\mathrm{per}(\underline{a}_0) = \cdots = \mathrm{per}(\underline{a}_{d-1}) = \mathrm{per}(\underline{a})$。

证明　只需要证明充分性。设 $\underline{a}_k = \underline{b}_k$。

记 $\underline{a}' = 2^{d-k}\underline{a}$，$\underline{b}' = 2^{d-k}\underline{b}$，显然 $\underline{a}'$, $\underline{b}' \in G(f(x), 2^d-1)$，并且

$$\underline{a}'_{\bmod 2} = \underline{a}_k = \underline{b}_k = \underline{b}'_{\bmod 2}$$

则由定理 4.10 知 $\underline{a}' = \underline{b}'$，从而 $\underline{a} = \underline{b}$。再由定理 4.10 知

$$\mathrm{per}(\underline{a}_0) = \cdots = \mathrm{per}(\underline{a}_{d-1}) = \mathrm{per}(\underline{a})$$

□

注 4.11　由定理 4.11 知，此时，d 个二元序列 $\underline{a}_0$, $\underline{a}_1$, $\cdots$, $\underline{a}_{d-1}$ 是两两等价的，其中任何一个序列完全包含了原序列 $\underline{a}$ 的所有信息，或者说完全确定了原序列 $\underline{a}$。

注 4.12　在 ZUC 算法 (祖冲之算法) 中，采用 $\mathbb{Z}/(2^{31}-1)$ 上 16 次本原多项式生成的序列作为序列源，参阅文献 [21]。

$2^{31}-1$ 是素数，设 $f(x)$ 是 $\mathbb{Z}/(2^{31}-1)$ 上的 n 次本原多项式，对于非 0 序列 $\underline{a}$, $\underline{b} \in G(f(x), 2^{31}-1)$，有 2-adic 分解：

$$\underline{a} = \underline{a}_0 + \underline{a}_1 2 + \cdots + \underline{a}_{30} 2^{30}$$

$$\underline{b} = \underline{b}_0 + \underline{b}_1 2 + \cdots + \underline{b}_{30} 2^{30}$$

以及任意 $k(0 \leqslant k \leqslant 30)$，由定理 4.11 知

$$\underline{a} = \underline{b} \text{ 当且仅当 } \underline{a}_k = \underline{b}_k$$

即 $\underline{a}$ 中任意一个权位序列都是保熵的，并且

$$\mathrm{per}(\underline{a}_0) = \cdots = \mathrm{per}(\underline{a}_{30}) = \mathrm{per}(\underline{a}) = (2^{31}-1)^n - 1$$

这样，这 31 个序列的地位是完成等价的，这在序列密码设计中有重要意义。

对于定理 4.10，有如下更为一般性的结论。

定理 4.12 [20]　设 p 是奇素数，$d \geqslant 1$，$f(x)$ 是 $\mathbb{Z}/(p^d)$ 上的本原多项式，$1 < M < p^d$，若 M 中有一个不等于 p 的素因子，则对于 $\underline{a}$, $\underline{b} \in G(f(x), p^d)$，$\underline{a} = \underline{b}$ 当且仅当 $\underline{a}_{\bmod M} = \underline{b}_{\bmod M}$，并且 $\mathrm{per}(\underline{a}) = \mathrm{per}(\underline{a}_{\bmod M})$。

文献 [22] 针对形如 $\mathbb{Z}/(2^d-1)$ 上的本原序列继续做了研究。设 $\underline{a}$ 是 $\mathbb{Z}/(2^d-1)$ 上的序列，则有 2-adic 分解：

$$\underline{a} = \underline{a}_0 + \underline{a}_1 2 + \cdots + \underline{a}_{d-1} 2^{d-1}$$

定理 4.13 [22]　设 $d \in \{4, 8, 16, 32, 64\}$，$f(x)$ 是 $\mathbb{Z}/(2^d - 1)$ 上的本原多项式，$\deg(f(x)) \geqslant 7$，$\underline{a}, \underline{b} \in G(f(x), 2^d - 1)$ 且对于 $2^d - 1$ 的任意素因子 p，$\underline{a}_{\bmod p} \neq 0$，$\underline{b}_{\bmod p} \neq 0$，则有

$$\underline{a}_0 = \underline{b}_0 \Rightarrow \underline{a} = \underline{b}$$

从而对于 $0 \leqslant i \leqslant d - 1$，有

$$\underline{a}_i = \underline{b}_i \Rightarrow \underline{a} = \underline{b}$$

设 $N > 1$ 含多个不同素因子，关于 $\mathbb{Z}/(N)$ 上本原序列模 2 压缩导出序列的保熵性，可以进一步参阅 [23]∼ [26] 等文献。

第 5 章　带进位反馈移位寄存器序列

本章介绍带进位反馈移位寄存器 (feedback-with-carry shift registers，FCSR)，由它产生的序列简称 FCSR 序列。带进位反馈移位寄存器是由两位美国学者 Klapper 和 Goresky 于 1993 年提出的[27]，它的核心思想是在线性反馈移位寄存器上增加一个进位 (也称记忆) 装置，达到破坏序列线性结构的目的。

由 B-M 算法知道，单纯的线性递归序列无法满足密钥序列的安全性要求，为此在第 2 章和第 3 章讨论了前馈序列、非线性组合序列和钟控序列。这些序列是在原线性序列的基础上进行非线性改造而获得的，其目的是提高线性复杂度，丰富非线性结构，使得序列在复杂度上更安全。

有一个问题就是能不能直接产生非线性结构好的序列呢？ FCSR 序列就是一个很好的尝试，在 2005 年欧洲征集的序列密码候选标准中，也出现了基于 FCSR 序列的密码算法，这也进一步推动了对 FCSR 序列的研究工作。

本章将详细介绍 FCSR 的工作原理、基本性质，以及由它产生的 FCSR 序列的各种密码性质。

5.1　2-adic 数与有理分数导出序列

首先简要介绍 2-adic 数的基本知识。

对于任意非负整数 n，它有 2-adic (或二进制) 展开 $n = n_0 + n_1 2 + \cdots + n_t 2^t$，其中 $n_i \in \{0, 1\}$。一般地，对于 $a_i \in \{0, 1\}(i = 0, 1, \cdots)$，称形如 $\sum\limits_{i=0}^{\infty} a_i 2^i$ 的形式幂级数为 2-adic 整数。所有这些形式幂级数的全体，按进位加法和乘法运算构成环，称为 2-adic 整数环，记为 $\mathbb{Z}_2$。

注 5.1　(1) 非负整数可视为 2-adic 环 $\mathbb{Z}_2$ 中的元素，从而 $\mathbb{Z}_2$ 中的零元素就是 0，单位元是 1。

(2) 在 2-adic 整数环 $\mathbb{Z}_2$ 中，单位元 1 的加法逆元是 $\sum\limits_{i=0}^{\infty} 2^i$，从而负整数可自然视为 $\mathbb{Z}_2$ 中的元素，即

$$-1 = \sum_{i=0}^{\infty} 2^i$$

而对于正整数 n，有

$$-n = n \cdot \sum_{i=0}^{\infty} 2^i$$

所以整数环 $\mathbb{Z}$ 是 2-adic 整数环 $\mathbb{Z}_2$ 的子环。

(3) 设 $\alpha = \sum_{i=0}^{\infty} a_i 2^i \in \mathbb{Z}_2$，则 α 在 $\mathbb{Z}_2$ 中 (乘法) 可逆当且仅当 $a_0 = 1$，从而 $\mathbb{Z}$ 中的奇数在 $\mathbb{Z}_2$ 中可逆。

(4) 根据 (3)，对于奇数 q 和任意整数 n，分数 n/q 可视为 $\mathbb{Z}_2$ 中的元素，所以，形如 n/q (q 是奇数，n 是整数) 的全体有理数集构成 $\mathbb{Z}_2$ 的一个子环。

(5) 设 q 是奇数，n 是整数，$n/q = \sum_{i=0}^{\infty} a_i 2^i$ 是有理分数 n/q 的 2-adic 展开，则称序列 $\underline{a} = (a_0,\ a_1,\ a_2,\ \cdots)$ 是有理分数 n/q 的导出序列。

下面的定理刻画了准周期序列与有理数之间的关系。

定理 5.1　设 $\underline{a} = (a_0,\ a_1,\ a_2,\ \cdots)$ 是二元准周期序列，则存在有理分数 p/q，其中 q 奇数，使得 $p/q = \sum_{i=0}^{\infty} a_i 2^i$。反之，设 q 是奇数，p 是整数，$p/q = \sum_{i=0}^{\infty} a_i 2^i$，则导出序列 $\underline{a} = (a_0,\ a_1,\ a_2,\ \cdots)$ 是准周期的。进一步，$\underline{a}$ 是周期序列当且仅当 $-1 \leqslant p/q \leqslant 0$。此时 $\mathrm{per}(\underline{a}) \mid \mathrm{ord}_q(2)$。

证明　设 $\underline{a} = (a_0,\ a_1,\ a_2,\ \cdots)$ 是周期的，周期设为 T，令 $\alpha = \sum_{i=0}^{\infty} a_i 2^i$。因为 $a_{i+T} = a_i$，则在 $\mathbb{Z}_2$ 中有

$$2^T \alpha = \sum_{i=0}^{\infty} a_i 2^{i+T} = \sum_{i=T}^{\infty} a_i 2^i = \alpha - \sum_{i=0}^{T-1} a_i 2^i$$

所以

$$\alpha = \frac{-\sum_{i=0}^{T-1} a_i 2^i}{2^T - 1} = \frac{p}{q} \leqslant 0$$

显然分母是奇数并且 $-1 \leqslant p/q \leqslant 0$。

设 $\underline{a} = (a_0,\ a_1,\ a_2,\ \cdots)$ 是准周期的，并设 $(a_k,\ a_{k+1},\ a_{k+2},\ \cdots)$ 是周期的，则有

$$\sum_{i=0}^{\infty} a_i 2^i = \sum_{i=0}^{k-1} a_i 2^i + \sum_{i=k}^{\infty} a_i 2^i = \sum_{i=0}^{k-1} a_i 2^i + 2^k \sum_{i=0}^{\infty} a_{i+k} 2^i$$

因 $(a_k,\ a_{k+1},\ a_{k+2},\ \cdots)$ 是周期序列，所以 $\sum_{i=0}^{\infty} a_{i+k} 2^i$ 是有理分数，从而 $\sum_{i=0}^{\infty} a_i 2^i$ 是有理分数。

反之，设 q 是奇数，p 是整数，且满足 $-1 \leqslant p/q \leqslant 0$。令 $T = \mathrm{ord}_q(2)$，则 $q \mid (2^T - 1)$ 并且 $0 \leqslant (1 - 2^T)p/q < 2^T$，从而可设

$$(1 - 2^T)p/q = \sum_{i=0}^{T-1} a_i 2^i$$

式中，$a_i \in \{0, 1\}$，所以

$$\frac{p}{q} = \frac{\sum\limits_{i=0}^{T-1} a_i 2^i}{1 - 2^T} = \left(\sum_{i=0}^{\infty} 2^{iT}\right)\left(\sum_{i=0}^{T-1} a_i 2^i\right) = \sum_{i=0}^{\infty} a_i 2^i$$

式中，$a_{i+T} = a_i$，即 p/q 的导出序列是周期序列。同时也说明 $\mathrm{per}(\underline{a}) \mid \mathrm{ord}_q(2)$。

设 $\alpha = p/q$ 是任意有理分数，q 是奇数，令 $b = \lceil p/q \rceil$，则有

$$\alpha = p/q = b + p'/q, \qquad -1 < p'/q \leqslant 0$$

若 $b \geqslant 0$，则有

$$b = b_0 + b_1 2 + \cdots + b_k 2^k$$

若 $b < 0$，则有

$$b = -(b_0 + b_1 2 + \cdots + b_k 2^k) = c_0 + c_1 2 + \cdots + c_k 2^k + 2^{k+1} + 2^{k+2} + \cdots$$

因为 p'/q 的导出序列是周期的，而 $\alpha = b + p'/q$，所以 α 的导出序列是准周期的。

综上，命题得证。　　　　　　　　　　　　　　　　　　　　　　　　　　　□

注 5.2　设

$$M = \{n/q \mid q \geqslant 1 \text{是正奇数(含1)}, n \text{是整数且} \gcd(n, q) = 1\}$$

由定理 5.1可知，二元准周期序列与 M 中的元素是一一对应的。

定理 5.2　若 p 和 q 互素，$0 \leqslant -p < q$，$q > 3$ 是奇数，$\underline{a}$ 是 p/q 的导出序列，则 $\mathrm{per}(\underline{a}) = \mathrm{ord}_q(2)$。

证明　设 $T_a = \mathrm{per}(\underline{a})$，则由定理 5.1可知，$T_a \mid \mathrm{ord}_q(2)$。

另外，设

$$r = -\sum_{i=0}^{T_a - 1} a_i 2^i$$

则有

$$p/q = \sum_{i=0}^{\infty} a_i 2^i = r/(2^{T_a} - 1)$$

所以 $(2^{T_a} - 1)p = rq$，又因为 $\gcd(p, q) = q$，所以

$$2^{T_a} - 1 \equiv 0 \bmod q$$

从而 $\mathrm{ord}_q(2) \mid T_a$。综上，得 $\mathrm{per}(\underline{a}) = \mathrm{ord}_q(2)$。　　　　　　　　□

注 5.3　设 p/q 是有理分数，其中 q 是奇素数，$\underline{a}$ 是 p/q 的导出序列，若 $\gcd(p, q) = 1$，则 $\mathrm{per}(\underline{a}) = \mathrm{ord}_q(2)$。

在本章里，对于正整数 $t \geqslant 2$，$a \in \mathbb{Z}/(q)$，或 $a \in \mathbb{Z}$，记 $a_{\bmod t}$ 表示满足

$$a \equiv a_{\bmod t} \bmod t$$

的最小非负整数。

5.2　FCSR 的结构图

本节和 5.3~5.5 节将分别给出带进位反馈移位寄存器的定义及其基本性质。

定义 5.1　设 $q \in \mathbb{Z}$ 为正奇数, $q+1 = q_1 2 + q_2 2^2 + \cdots + q_r 2^r$, 其中 $q_i \in \{0, 1\}$ 且 $q_r = 1$, $r = \lfloor \log_2(q+1) \rfloor$。连接数为 q 的 FCSR(也称为Fibonacci-FCSR) 如图 5.1所示, 其中 $\sum$ 表示整数加法, m_n 是进位 (也称记忆), $(m_n; a_n, a_{n+1}, \cdots, a_{n+r-1})$ 是 n 时刻 FCSR 的状态。序列输出过程如下。

(1) 设 $(m_0; a_0, a_1, \cdots, a_{r-1})$ 是 FCSR 的初态。

(2) 若已产生 $(m_n; a_n, a_{n+1}, \cdots, a_{n+r-1})$, 计算整数和:

$$\sigma_n = \sum_{k=1}^{r} q_k a_{n+r-k} + m_n, \quad n \geqslant 0$$

(3) 右移一位, 输出寄存器最右端的 a_n。

(4) 令 $a_{n+r} = (\sigma_n)_{\bmod 2}$, 放入寄存器的最左端。

(5) 令 $m_{n+1} = (\sigma_n - a_{n+r})/2 = \lfloor \sigma_n/2 \rfloor$。

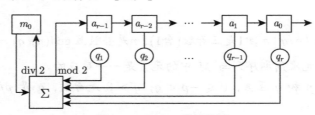

图 5.1　FCSR 的结构图

定义 5.2　若 $\underline{a}$ 是以 q 为连接数的 FCSR 生成的序列, 简称 $\underline{a}$ 以 q 为连接数, 也称 q 是 $\underline{a}$ 的连接数; 若 q 是 $\underline{a}$ 的所有连接数中最小者, 则称 q 是 $\underline{a}$ 的极小连接数。

注 5.4　设 $(m_n; a_n, a_{n+1}, \cdots, a_{n+r-1})$ 是 FCSR 的一个状态, 若这个状态以后还出现, 则称该状态是周期的。

记 $w = \mathrm{wt}(q+1)$ 为 $q+1$ 的 Hamming 重量, 即 $w = q_1 + q_2 + \cdots + q_r$。下面的定理刻画了进位 m 的变化趋势。

定理 5.3[28]　设 FCSR 以奇数 $q \geqslant 3$ 为连接数, 以 $(m_0; a_0, a_1, \cdots, a_{r-1})$ 为初态, $r = \lfloor \log_2(q+1) \rfloor$, $w = \mathrm{wt}(q+1)$。

(1) 若 $0 \leqslant m_0 < w$, 则对于任意 $k \geqslant 0$, $0 \leqslant m_k < w$。

(2) 若 $m_0 \geqslant w$, 令 $\delta = \begin{cases} \lceil \log_2(m_0 - w) \rceil, & m_0 > w \\ -1, & m_0 = w \end{cases}$, 则 m_n 在 $\delta + r + 2$ 步内, 单调下降落在 $[0, w)$, 即存在 $s \leqslant \delta + r + 2$, 使得 $m_0 \geqslant m_1 \geqslant \cdots \geqslant m_s$, 且对于任意 $n \geqslant s$, $0 \leqslant m_n < w$。

(3) 若 $m_0 < 0$, 则 m_n 在 $\lceil \log_2 |m_0| \rceil + r + 1$ 步内, 单调上升落在 $[0, w)$, 即存在 $s \leqslant \lceil \log_2 |m_0| \rceil + r + 1$, 使得 $m_0 \leqslant m_1 \leqslant \cdots \leqslant m_s$, 且对于任意 $n \geqslant s$, 有 $0 \leqslant m_n < w$。

（4）若 $(m_0; a_0, a_1, \cdots, a_{r-1})$ 是周期状态，则 $0 \leqslant m_0 < w$，从而对于任意 $k \geqslant 0$，有 $0 \leqslant m_k < w$。

证明　（1）若 $0 \leqslant m_0 < w$，则有

$$\sigma_0 = \sum_{k=1}^{r} q_k a_{r-k} + m_0 \leqslant w + m_0 < 2w$$

所以 $0 \leqslant m_1 = \lfloor \sigma_0/2 \rfloor < w$，同理，对于任意 $k \geqslant 0$，有 $0 \leqslant m_k < w$。

（2）分两种情况。

①若 $m_0 = w$，则对于任意 $n \geqslant 0$，有 $0 \leqslant m_n \leqslant w$，且 $0 \leqslant m_{r+1} < w$。原因如下。

首先由（1）的证明过程可知对于任意 $n \geqslant 0$，有 $0 \leqslant m_n \leqslant w$。其次，若 $m_1 < w$，则由（1）知结论已经成立。下面设 $m_1 = m_0 = w$，由

$$w = m_1 = \left\lfloor \frac{\sigma_0}{2} \right\rfloor = \left\lfloor \frac{m_0 + \sum_{k=1}^{r} q_k a_{r-k}}{2} \right\rfloor = \left\lfloor \frac{w + \sum_{k=1}^{r} q_k a_{r-k}}{2} \right\rfloor$$

且

$$\sum_{k=1}^{r} q_k a_{r-k} \leqslant w$$

可知

$$\sum_{k=1}^{r} q_k a_{r-k} = w$$

从而 $\sigma_0 = \sum\limits_{k=1}^{r} q_k a_{r-k} + m_0 = 2w$，所以 $a_r = (\sigma_0)_{\bmod 2} = 0$。而 $q_r = 1$，所以 $\sigma_r = \sum\limits_{k=1}^{r} q_k a_{2r-k} + m_r < 2w$，从而 $m_{r+1} = \lfloor \sigma_r/2 \rfloor < w$。

②若初始 $m_0 > w$。记 $e_n = m_n - w$，因为

$$e_n = m_n - w = \lfloor \sigma_{n-1}/2 \rfloor - w \leqslant \left\lfloor \frac{w + m_{n-1}}{2} \right\rfloor - w = \left\lfloor \frac{m_{n-1} - w}{2} \right\rfloor = \left\lfloor \frac{e_{n-1}}{2} \right\rfloor$$

所以

$$e_s \leqslant \left\lfloor \frac{e_{s-1}}{2} \right\rfloor \leqslant \cdots \leqslant \left\lfloor \frac{e_0}{2^s} \right\rfloor = 0 \tag{5.1}$$

式中，$s = \lfloor \log_2 e_0 \rfloor + 1 = \lfloor \log_2(m_0 - w) \rfloor + 1$，从而 $m_s \leqslant w$。设 $1 \leqslant t \leqslant s$，使得 $m_t \leqslant w$ 而 $m_{t-1} > w$，则由式（5.1）知，$m_0 \geqslant m_1 \geqslant \cdots \geqslant m_t$，再由①知，结论成立。

（3）设 $m_0 < 0$，若 $\sigma_i \geqslant 0$，则显然有 $0 \leqslant m_{i+1} < w$，从而若 $\sigma_0 \geqslant 0$，则 $0 \leqslant m_1 < w$，结论成立。下面设 $\sigma_0 < 0$，并令 $K = \lceil \log_2 |m_0| \rceil$。

首先，若 $m_i < 0$，$m_{i+1} < 0$，因为

$$\sigma_i = \sum_{k=1}^{r} q_k a_{i+r-k} + m_i, \qquad m_{i+1} = \lfloor \sigma_i/2 \rfloor$$

所以 $m_i \leqslant m_{i+1}$。

①若存在 v，$1 \leqslant v \leqslant K + r$，使得 $m_{v-1} < 0$ 且 $0 \leqslant m_v < w$，则有

$$m_0 \leqslant m_1 \leqslant \cdots \leqslant m_{v-1} < m_v$$

从而结论成立。

② 否则，有 $m_0 \leqslant m_1 \leqslant \cdots \leqslant m_{K+r-1} < 0$，于是 $\sigma_i < 0 (i = 0, 1, \cdots, K + r - 1)$。设 $0 \leqslant i \leqslant K - 1$，因为

$$0 > \sigma_i = \sum_{k=1}^{r} q_k a_{i+r-k} + m_i \geqslant m_i$$

所以

$$m_{i+1} = \left\lfloor \frac{\sigma_i}{2} \right\rfloor \leqslant \frac{|\sigma_i| + 1}{2} \leqslant \frac{|m_i| + 1}{2} = \frac{1}{2} + \frac{|m_i|}{2}$$

从而有

$$
\begin{aligned}
|m_K| &\leqslant \frac{1}{2} + \frac{|m_{K-1}|}{2} \\
&\leqslant \frac{1}{2} + \frac{1}{2^2} + \frac{|m_{K-2}|}{2^2} \\
&\quad\vdots \\
&\leqslant \frac{1}{2} + \frac{1}{2^2} + \cdots + \frac{1}{2^K} + \frac{|m_0|}{2^K} \\
&< 2
\end{aligned}
$$

而 $m_K < 0$，所以 $m_K = -1$，并且又因为

$$a_{K+r} = (\sigma_K)_{\bmod 2} = \left(\sum_{k=1}^{r} q_k a_{K+r-k} + m_K \right)_{\bmod 2} = \left(\sum_{k=1}^{r} q_k a_{K+r-k} - 1 \right)_{\bmod 2}$$

所以 $a_K, a_{K+1}, \cdots, a_{K+r}$ 中至少有一个为 1，设 $a_{K+t} = 1 (0 \leqslant t \leqslant r)$，则有

$$\sigma_{K+t} = \sum_{k=1}^{r} q_k a_{K+t+r-k} + m_{K+t} \geqslant 0$$

故 $m_{K+t+1} = \lfloor \sigma_{K+t}/2 \rfloor \geqslant 0$。

(4) 综合 (1)、(2) 和 (3) 可知结论成立。 □

注 5.5　　由定理 5.3可知任意一个 FCSR 序列必定是准周期序列。

定理 5.3中 (4) 的逆命题不成立, 即若 $0 \leqslant m_0 < w$, $(m_0; a_0, a_1, \cdots, a_{r-1})$ 不一定是周期状态。例如, 设 FCSR 的连接数为 $q = 25 = -1 + 2 + 2^3 + 2^4$, 即

$$q_1 = 1, \quad q_2 = 0, \quad q_3 = 1, \quad q_4 = 1$$

序列 $\underline{a}$ 以 $(0; 1, 1, 0, 0)$ 为初始状态, 则有

$$\underline{a} = (1, 10000111010111100010, 10000111010111100010 \cdots)$$

这是一个准周期序列, 不是周期的。

注 5.6　　*注意极端情况*: $q = 2^r - 1$。*此时*, $q_1 = \cdots = q_{r-1} = 0$, $q_r = 1$, *从而对于以* $(m_0; a_0, \cdots, a_{r-1})$ *为初态的序列* $\underline{a}$, *有*

$$a_r = (a_0 + m_0)_{\bmod 2}, \quad m_1 = (a_0 + m_0 - a_r)/2$$

$$a_{r+1} = (a_1 + m_1)_{\bmod 2}, \quad m_2 = (a_1 + m_1 - a_{r+1})/2$$

$$\vdots$$

5.3　2-adic 数、有理分数与 FCSR 序列

本节将利用 2-adic 数的理论来分析给定 FCSR 的输出序列的性质, 本节的主要结论来源于文献 [28]。由定理 5.3知, 任何 FCSR 序列都是准周期序列, 于是由定理 5.1知, FCSR 序列可以表示为有理分数。下面的定理给出 FCSR 序列的有理分数表示。

定理 5.4　　设 FCSR 的连接数为 $q = q_0 + q_1 2 + q_2 2^2 + \cdots + q_r 2^r$, 其中 $q_0 = -1$, $\underline{a} = (a_0, a_1, a_2, \cdots)$ 是以 $(m_0; a_0, a_1, \cdots, a_{r-1})$ 为初态的输出序列, 则 $\sum\limits_{i=0}^{\infty} a_i 2^i$ 有下列有理分数表示:

$$\sum_{i=0}^{\infty} a_i 2^i = \frac{p}{q}$$

式中,

$$p = \sum_{k=0}^{r-1} \sum_{i=0}^{k} q_i a_{k-i} 2^k - m_0 2^r$$

证明　　因为对于 $k \geqslant 0$, $m_{k+1} = (\sigma_k - a_{k+r})/2$, 所以当 $n \geqslant r$ 时, 有

$$a_n = \sigma_{n-r} - 2m_{n-r+1} = \sum_{i=1}^{r} q_i a_{n-i} + (m_{n-r} - 2m_{n-r+1})$$

从而有

$$\alpha = \sum_{n=0}^{\infty} a_n 2^n = \sum_{n=0}^{r-1} a_n 2^n + \sum_{n=r}^{\infty} a_n 2^n$$

$$= \sum_{n=0}^{r-1} a_n 2^n + \sum_{n=r}^{\infty} \left(\sum_{i=1}^{r} q_i a_{n-i} + (m_{n-r} - 2m_{n-r+1}) \right) \cdot 2^n$$

$$= \sum_{n=0}^{r-1} a_n 2^n + \sum_{n=r}^{\infty} \left(\sum_{i=1}^{r} q_i a_{n-i} \right) \cdot 2^n + \sum_{n=r}^{\infty} (m_{n-r} - 2m_{n-r+1}) \cdot 2^n$$

$$= \sum_{n=0}^{r-1} a_n 2^n + \sum_{n=r}^{\infty} \left(\sum_{i=1}^{r} q_i a_{n-i} \right) \cdot 2^n + m_0 2^r$$

$$= \sum_{n=0}^{r-1} a_n 2^n + m_0 2^r + \sum_{i=1}^{r} \left(q_i 2^i \sum_{n=r}^{\infty} a_{n-i} 2^{n-i} \right)$$

$$= \sum_{n=0}^{r-1} a_n 2^n + m_0 2^r + \sum_{i=1}^{r} \left(q_i 2^i \left(\alpha - \sum_{j=0}^{r-i-1} a_j 2^j \right) \right)$$

$$= \sum_{n=0}^{r-1} a_n 2^n + m_0 2^r + \alpha \sum_{i=1}^{r} q_i 2^i - \sum_{i=1}^{r} \sum_{j=0}^{r-i-1} q_i a_j 2^{i+j}$$

其中定义 $\sum_{j=0}^{-1} a_j 2^j = 0$，于是有

$$\sum_{i=1}^{r-1} \sum_{j=0}^{r-i-1} q_i a_j 2^{i+j} - \sum_{n=0}^{r-1} a_n 2^n - m_0 2^r = \alpha \left(\sum_{i=1}^{r} q_i 2^i - 1 \right) = \alpha q$$

从而有

$$\alpha = \left(\sum_{i=1}^{r-1} \sum_{j=0}^{r-i-1} q_i a_j 2^{i+j} - \sum_{n=0}^{r-1} a_n 2^n - m_0 2^r \right) \Big/ q$$

$$= \left(\sum_{i=0}^{r-1} \sum_{j=0}^{r-i-1} q_i a_j 2^{i+j} - m_0 2^r \right) \Big/ q \quad (\text{注} q_0 = -1)$$

$$= \left(\sum_{k=0}^{r-1} \sum_{i=0}^{k} q_i a_{k-i} 2^k - m_0 2^r \right) \Big/ q \quad (\text{令} k = i+j)$$

$$= \frac{p}{q}$$

命题得证。　　　　　　　　　　　　　　　　　　　　　　　　　　□

注 5.7　设 $\underline{a} = (a_0, a_1, a_2, \cdots)$ 是以 q 为连接数的 FCSR 序列，由定理 5.4知，其初始进位 m_0 是唯一确定的，从而 $m_0, m_1, m_2, \cdots$ 都是由 $\underline{a}$ 和 q 唯一确定的。称 $\underline{m} = (m_0, m_1, \cdots)$ 为 $(\underline{a}, q)$ 的进位序列。在 5.5 节中将进一步讨论进位序列 $\underline{m}$ 的性质（周期性和互补性）。

给定 p/q，其中 q 是正奇数，设 p/q 的导出序列为 $\underline{a}$，下面给出算法，确定 $\underline{a}$ 的初态 $(m_0; a_0, a_1, \cdots, a_{r-1})$。对于 $p/q = a_0 + a_1 2 + a_2 2^2 + \cdots$，记

$$(p/q)_{\bmod 2^r} \stackrel{\text{def}}{=\!=\!=} a_0 + a_1 2 + \cdots + a_{r-1} 2^{r-1}$$

算法 5.1　设 $\underline{a} = (a_0,\ a_1,\ \cdots)$ 是 p/q 的导出序列，q 是正奇数，求生成 $\underline{a}$ 的 FCSR 的初态 $(m_0; a_0,\ a_1,\ \cdots,\ a_{r-1})$。

令 $r = \lfloor \log_2(q+1) \rfloor$，并设 $q = q_0 + q_1 2 + q_2 2^2 + \cdots + q_r 2^r$，$q_0 = -1$，$q_r = 1$，$q_i \in \{0,\ 1\}$ $(i = 1,\ 2,\ \cdots,\ r-1)$。

(1) 计算 $(p/q) \bmod 2^r = a_0 + a_1 2 + \cdots + a_{r-1} 2^{r-1}$，确定 $a_0,\ a_1,\ \cdots,\ a_{r-1}$。

(2) 计算 $y = \sum_{k=0}^{r-1} \sum_{i=0}^{k} q_i a_{k-i} 2^k$。

(3) 计算 $m_0 = (y - p)/2^r$。

因此，$\underline{a}$ 是以 q 为连接数，以 $(m_0; a_0,\ a_1,\ \cdots,\ a_{r-1})$ 为初态的 FCSR 序列。

至此，已经知道：线性递归序列、有理数导出序列、FCSR 序列都可以互为表示。

推论 5.1　设 $\underline{a}$ 是准周期序列，则 $\underline{a}$ 的既约有理数表示中的分母与其极小连接数是相同的。

证明　由定理 5.4和算法 5.1可直接证明。　　　　　　　　　　　　　　　　□

推论 5.2　设 q 是准周期序列 $\underline{a}$ 的极小连接数，则对于任意 $\underline{a}$ 的连接数 q'，有 $q | q'$。设 k 是正整数，q'' 是 $x^k \underline{a}$ 的极小连接数，则 $q'' = q$，即 $\underline{a}$ 和 $x^k \underline{a}$ 有相同的极小连接数。

证明　因为 q 和 q' 都是 $\underline{a}$ 的连接数，故存在整数 p 和 p'，使得

$$p/q = \sum_{i=0}^{\infty} a_i 2^i = p'/q'$$

从而 $pq' = p'q$。又因为 q 是 $\underline{a}$ 的极小连接数，从而 p 和 q 互素，所以 $q | q'$。

设 $\beta = p''/q''$ 是 $x^k \underline{a} = (a_k,\ a_{k+1},\ a_{k+2},\ \cdots)$ 的既约有理数表示，并记 $b = a_0 + a_1 2 + \cdots + a_{k-1} 2^{k-1}$，则有 $p/q = b + 2^k \cdot p''/q''$，由于 p/q 和 p''/q'' 都是既约的，所以 $q'' = q$。　□

推论 5.3　设 $\underline{a}$ 是周期序列，q 是 $\underline{a}$ 的极小连接数，$\underline{m} = (m_0,\ m_1,\ m_2,\ \cdots)$ 是 $(\underline{a},\ q)$ 的进位序列，则 $(x^i \underline{a},\ q)$ 的进位序列为 $x^i \underline{m} = (m_i,\ m_{i+1},\ m_{i+2},\ \cdots)$。进一步，设 $r = \lfloor \log_2(q+1) \rfloor$，则状态序列

$$(m_0; a_0,\ a_1,\ \cdots,\ a_{r-1}),\ (m_1; a_1,\ a_2,\ \cdots,\ a_r),\ \cdots$$

的周期等于序列 $\underline{a}$ 的周期，并且 $0 \leqslant m_i < \mathrm{wt}(q+1)$ $(i = 0,\ 1,\ \cdots)$。

证明　由推论 5.1知，$x^i \underline{a}$ 的极小连接数也是 q，并且 $x^i \underline{a}$ 是以 q 为连接数，以 $(m_i; a_i,\ a_{i+1},\ \cdots,\ a_{i+r-1})$ 为初态的 FCSR 序列，再由注 5.7进位序列的唯一性知 $(x^i \underline{a},\ q)$ 的进位序列为 $(m_i,\ m_{i+1},\ m_{i+2},\ \cdots)$。

又设状态序列的周期为 T_1，序列 $\underline{a}$ 的周期为 T_2，显然有 $T_2 | T_1$。因为对于任意的 $i \geqslant 0$，$x^i \underline{a} = x^{i+T_2} \underline{a}$，并且它们的极小连接数相同，所以由注 5.7知 $m_i = m_{i+T_2}$，从而 $T_1 | T_2$。因此，$T_1 = T_2$。

由 $\underline{m}$ 是周期序列及定理 5.3知，$0 \leqslant m_i < \mathrm{wt}(q+1)$ $(i = 0,\ 1,\ \cdots)$。　　□

类似于 LFSR 序列的根表示，FCSR 序列有下面的算术表示。

对于任意正整数 q，记 $\mathbb{Z}/(q) = \{0,\ 1,\ \cdots,\ q-1\}$ 为整数模 q 的剩余类环。

定理 5.5   设 $\underline{a} = (a_0,\ a_1,\ a_2,\ \cdots)$ 是以 q 为连接数的 FCSR 周期序列。记 $\gamma = 2^{-1} \in \mathbb{Z}/(q)$，则存在 $A \in \mathbb{Z}/(q)$，使得

$$a_i = \big((A\gamma^i)_{\bmod q}\big)_{\bmod 2},\quad i = 0,\ 1,\ 2,\ \cdots$$

进一步，$\underline{a}$ 是 $-A/q$ 的导出序列。

证明   因为 $\underline{a} = (a_0,\ a_1,\ a_2,\ \cdots)$ 由连接数为 q 的 FCSR 生成，所以对于 $k = 0,\ 1,\ 2,\ \cdots$，序列 $x^k\underline{a} = (a_k,\ a_{k+1},\ a_{k+2},\ \cdots)$ 也可由以连接数为 q 的 FCSR 生成，从而存在 $0 \leqslant p_k \leqslant q$，使得

$$\sum_{i=0}^{\infty} a_{i+k}2^i = -\frac{p_k}{q}$$

显然，有

$$-\frac{p_1}{q} \cdot 2 + a_0 = -\frac{p_0}{q}$$

即

$$p_0 = 2p_1 - a_0 q$$

因为 q 是奇数，从而得

$$a_0 \equiv (p_0)_{\bmod 2}$$

$$p_1 \equiv 2^{-1}p_0 \equiv \gamma p_0 \bmod q$$

一般地，对于 $k = 0,\ 1,\ 2,\ \cdots$，有

$$a_k = (p_k)_{\bmod 2}$$

$$p_k \equiv \gamma p_{k-1} \equiv \cdots \equiv \gamma^k p_0 \bmod q$$

因为 $0 \leqslant p_k \leqslant q$，所以

$$a_k = (p_k)_{\bmod 2} = \big((\gamma^k p_0)_{\bmod q}\big)_{\bmod 2}$$

即 $A = p_0$。同时也证明了 $\underline{a}$ 是 $-A/q$ 的导出序列。   □

因为线性复杂度刻画了产生序列的 LFSR 的规模，而 FCSR 的规模主要由连接数决定，类似于线性复杂度的概念，可以利用连接数的规模来定义 FCSR 序列的复杂度，也称为序列的 2-adic 复杂度。在 5.6 节中将看到，如果一个序列的 2-adic 复杂度较小，那么利用有理逼近算法 (在 5.6 节中介绍)，很容易求得该序列的连接数。因此，好的伪随机序列不仅要具有高的线性复杂度，同时也要具有高的 2-adic 复杂度。

定义 5.3   设序列 $\underline{a} = (a_0,\ a_1,\ a_2,\ \cdots)$ 的极小连接数为 q，并设 $\underline{a}$ 的有理表示为 p/q，则称 $\varphi_2(\underline{a}) = \log_2(\max\{|p|,\ |q|\})$ 为序列 $\underline{a}$ 的 2-adic 复杂度。

注 5.8   尽管准周期序列的初态中的 m_0 可以大于等于 $\operatorname{wt}(q+1)$，但其最终都要进入周期状态，因此，实际中仅需考虑生成一个周期序列的 FCSR 的规模即可，否则寄存器浪费情况太严重。而周期序列的有理数表示 p/q 中，总是满足 $|p| \leqslant |q|$，所以周期序列的 2-adic 复杂度就是极小连接数 q 的规模。

注 5.9 考虑到进位装置,产生一个以 q 为极小连接数的周期序列 $\underline{a}$ 的 FCSR 实际需要

$$\lfloor \log_2(q+1) \rfloor + \lfloor \log_2(\mathrm{wt}(q+1)-1) \rfloor + 1 \leqslant 2\lfloor \log_2(q) \rfloor$$

个寄存器。

定理 5.6 设周期序列 $\underline{a}$ 和 $\underline{b}$ 的既约有理分数表示分别为 p_1/q_1 和 p_2/q_2,序列 $\underline{c}$ 是有理数 $p_1/q_1 + p_2/q_2$ 的导出序列,则 $\underline{c}$ 的 2-adic 复杂度满足

$$\varphi_2(\underline{c}) \leqslant \varphi_2(\underline{a}) + \varphi_2(\underline{b}) + 1$$

尽管一个周期序列既可用 LFSR 生成也可以用 FCSR 生成,但由于 LFSR 序列和 FCSR 序列的生成机制与研究方法完全不同,因此,其线性复杂度和 2-adic 复杂度之间的关系仍不清楚。下面的定理是特殊周期情况下,序列 2-adic 复杂度的一个性质。

定理 5.7 设 $\underline{a}$ 是周期为 $T = 2^n - 1$ 的周期序列,若 $2^T - 1$ 是素数,则 $\underline{a}$ 的极小连接数 $q = 2^T - 1$,从而 $\varphi_2(\underline{a}) > T - 1$。

证明 设 q 是 $\underline{a}$ 的极小连接数,则 $\mathrm{ord}_q(2) = T = 2^n - 1$。由乘法阶的定义知,$q | (2^T - 1)$。又因为 $2^T - 1$ 为素数,故 $\underline{a}$ 的极小连接数 $q = 2^T - 1$,从而 $\underline{a}$ 的 2-adic 复杂度为

$$\varphi_2(\underline{a}) = \log_2 q = \log_2(2^T - 1) > T - 1$$

$\square$

注:定理 5.7 的条件要求相当高,不但要求周期 $T = 2^n - 1$ 是素数,而且要求 $2^T - 1$ 也是素数。文献 [29] 讨论了 m-序列的 2-adic 复杂度或极小连接数,证明了 n 级 m-序列的极小连接数为 $q = 2^T - 1$,其中 $T = 2^n - 1$,这里不要求 T 是素数。

定理 5.8[29] 设 $\underline{a}$ 是 n 级 m-序列,则 $\underline{a}$ 的极小连接数为 $2^{2^n-1} - 1$。

文献 [30] 进一步对理想二值自相关序列进行了研究。

设周期序列 $\underline{a} = (a_0, a_1, \cdots)$,$\mathrm{per}(\underline{a}) = T$,若 $C_{\underline{a}}(T) = \begin{cases} T, & t = 0 \\ -1, & 1 < t < T \end{cases}$,则称 $\underline{a}$ 是理想二值自相关序列。此时,T 有如下三种情形: ① $T = 2^n - 1$; ② $T = p$,其中 p 是素数; ③ $T = p(p+2)$,其中 p 和 $p+2$ 都是素数。显然,m-序列是一类理想二值自相关序列。

定理 5.9[30] 设 $\underline{a}$ 是周期为 T 的理想二值自相关序列,则 $\underline{a}$ 的极小连接数为 $2^T - 1$。

文献 [31] 改进了 [30] 的证明,使之证明更加简单。

5.4 极大周期 FCSR 序列

熟知的 m-序列,是由 LFSR 产生的达到最大周期的序列,具有许多很好的伪随机性质。在 FCSR 产生的序列中达到最大周期的序列——l-序列同样具有许多类似于 m-序列的性质。本节将给出 l-序列的定义并简要介绍其密码性质,主要结论来源于文献 [28]。

由前面的讨论知,对于以 q 为连接数的 FCSR 序列 $\underline{a}$,$\mathrm{per}(\underline{a}) \mid \mathrm{ord}_q(2)$,而 $\mathrm{ord}_q(2) \mid \phi(q)$,这里的 ϕ 是 Euler 函数,从而 $\mathrm{per}(\underline{a}) \mid \phi(q)$。

定义 5.4　设序列 $\underline{a}$ 以 q 为连接数，若 $\mathrm{per}(\underline{a}) = \phi(q)$，则称 $\underline{a}$ 是以 q 为连接数的极大周期 FCSR 序列，简称 l-序列。

设序列 $\underline{a}$ 以 q 为连接数，若 $\mathrm{per}(\underline{a}) = \phi(q)$，则 $\mathrm{per}(\underline{a}) = \mathrm{ord}_q(2) = \phi(q)$，从而 2 是 q 的原根。为此，在刻画 l-序列前，首先给出初等数论中关于原根的一个结论。

命题 5.1　设 q 是正整数，则 q 有原根当且仅当 $q = 2, 4$，p^e 或 $2p^e$，其中 p 是奇素数。

注 5.10　若 $\underline{a}$ 是以 q 为连接数的 l-序列，则 $\mathrm{ord}_q(2) = \phi(q)$，即 2 是模 q 的原根。此时必有 $q = p^e$，从而有

$$\mathrm{per}(\underline{a}) = \phi(q) = p^{e-1}(p-1)$$

要注意的是，尽管对于任意的奇素数 p 和正整数 e，p^e 都有原根，但 2 未必是 p^e 的原根。

命题 5.2　设 $q = p^e$，其中 p 是奇素数，$e \geqslant 2$，则 2 是 q 的原根当且仅当 2 是 p^2 的原根。而后者成立当且仅当 2 是 p 的原根且 $p^2 \nmid (2^{p-1} - 1)$。

证明留作习题。

注 5.11　在所有素数中，满足 2 是 p 的原根的素数 p 约占 1/3，而当 $p \leqslant 2 \times 10^{10}$ 时，除了 $p = 1093$ 和 3511，其他素数 p 都满足 $p^2 \nmid (2^{p-1} - 1)$。而这两个素数也不满足 2 是其原根，从而，当 $p \leqslant 2 \times 10^{10}$ 时，考虑 2 是否是 p^e 的原根，只需要考虑 2 是否是 p 的原根。

下面的素数以及它们的任意方幂都满足 2 是其原根，即都是 l-序列的连接数。

$$\{3, 5, 11, 13, 19, 29, 37, 53, 59, 61, 67, 83, 101, 107, 131, 139, 149,$$

$$163, 173, 179, 181, 197, 211, 227\}$$

定理 5.10　设 $\underline{a}$ 是以 $q = p^e$ 为连接数的 l-序列，则 $\underline{a}$ 的所有平移等价序列 $\underline{a}, x\underline{a}, \cdots, x^{\phi(q)-1}\underline{a}$ 就是有理数集

$$\{-y/q \mid 0 < y < q \text{ 且 } p \nmid y\}$$

导出序列的全体。

证明　因为 $\{-y/q \mid 0 < y < q \text{ 且 } p \nmid y\}$ 中的有理数导出序列是全体以 q 为连接数的 l-序列，个数为 $\phi(q)$。而 $\underline{a}, x\underline{a}, \cdots, x^{\phi(q)-1}\underline{a}$ 是 $\phi(q)$ 个以 q 为连接数的 l-序列，所以结论成立。　　　　　　　　　　　　　　　　　　　　　　　　　　　　□

这一点与 m-序列类似，l-序列的连接数本质上只生成一个 l-序列。

下面讨论 l-序列的元素分布性质。

定理 5.11　设 $\underline{a}$ 是以 $q = p^e$ 为连接数的 FCSR 产生的 l-序列，$T = \phi(q)$，则有以下结论。

(1) 序列 $\underline{a}$ 在一个周期中的前一半恰好是后一半的补，即 $a_{i+T/2} + a_i = 1$。

(2) 若 $d > 0$ 与 $\underline{a}$ 的周期 T 互素，$\underline{b}$ 是 $\underline{a}$ 的 d-采样，则 $\underline{b}$ 在一个周期中的前一半也恰好是后一半的补。

(3) 序列 $\underline{a}$ 在一个周期中的 0 和 1 的个数相等。

证明　(1) 因为 $\underline{a} = (a_0,\ a_1,\ a_2,\ \cdots)$ 是以 q 为连接数的 1-序列, 所以存在 $A \in \mathbb{Z}/(q)^*$, 使得 $a_i = ((A\gamma^i) \bmod q)_{\bmod 2}$, 其中 $\gamma \equiv 2^{-1} \bmod q$ 是模 q 的原根, $\gamma^{T/2} \equiv -1 \bmod q$。于是有

$$A\gamma^{i+T/2} \equiv -A\gamma^i \equiv (q - A\gamma^i) \bmod q$$

从而有

$$
\begin{aligned}
a_{i+T/2} &= \left((A\gamma^{i+T/2}) \bmod q \right)_{\bmod 2} \\
&= \left((q - A\gamma^i) \bmod q \right)_{\bmod 2} \\
&= 1 - a_i
\end{aligned}
$$

(2) 由于 (1) 的证明过程中只用到 γ 的本原性, 故对于采样序列 $\underline{b}$ 的结论也成立。

(3) 由 (1) 直接得到。　　　　　　　　　　　　　　　　　　　　□

为进一步研究 1-序列的分布性质, 先给出两个引理。

引理 5.1　设 $\underline{a}$ 是以 $q = p^e$ 为连接数的 1-序列, $r = \lfloor \log_2(q+1) \rfloor$, 正整数 $s \leqslant r-1$, 则对于 $(b_0,\ b_1,\ \cdots,\ b_{s-1}) \in \mathbb{F}_2^s$, 存在 $i \geqslant 0$, 使得 $(a_i,\ \cdots,\ a_{i+s-1}) = (b_0,\ b_1,\ \cdots,\ b_{s-1})$, 即存在 $0 < y < q$ 且 $p \nmid y$, 使得

$$(-y/q)_{\bmod 2^s} = \sum_{i=0}^{s-1} b_i 2^i$$

证明　设 $\beta = \sum\limits_{i=0}^{s-1} b_i 2^i$。令 $y = -\beta q \bmod 2^s$ 且 $0 \leqslant y < 2^s$。若 $p \nmid y$, 则 y 已求得, 否则设 $p \mid y$, 令 $y_1 = y + 2^s$, 则有

$$p \nmid y_1 且 \sum_{i=0}^{s-1} b_i 2^i = (-y_1/q)_{\bmod 2^s}$$

并由 $s \leqslant r-1 = \lfloor \log_2(q+1) \rfloor - 1$ 知, $0 < y_1 < q$, 故 y_1 即为所求。　　　□

引理 5.2　设 p 是奇素数, $q = p^e$, $s \geqslant 1$ 和 $\beta \geqslant 0$ 是整数且 $0 \leqslant \beta < 2^s$, 记

$$I(q,\ \beta,\ s) = \{y \mid 0 < y < q,\ y \equiv \beta \bmod 2^s\}$$

则有

$$
|I(q,\ \beta,\ s)| = \begin{cases}
\lfloor q/2^s \rfloor, & \beta = 0 \\
\lfloor q/2^s \rfloor + 1, & 0 < \beta < q_{\bmod 2^s} \\
\lfloor q/2^s \rfloor, & \beta \geqslant q_{\bmod 2^s}
\end{cases}
$$

证明

$$|I(q,\ \beta,\ s)| = |\{y \mid 0 < y < q,\ y \equiv \beta \bmod 2^s\}|$$

$$= \left| \left\{ k \mid 0 < \beta + k \cdot 2^s < q, \ k \geqslant 0 \right\} \right|$$

$$= \left| \left\{ k \,\middle|\, 0 \leqslant k < \frac{q - \beta}{2^s} \ \text{且} \ \beta + k \cdot 2^s \neq 0 \right\} \right|$$

$$= \begin{cases} \left| \left\{ k \,\middle|\, 1 \leqslant k < \dfrac{q}{2^s} \right\} \right|, & \beta = 0 \\[2ex] \left| \left\{ k \,\middle|\, 1 \leqslant k < \dfrac{q}{2^s} \right\} \right|, & 0 < \beta < q \bmod 2^s \\[2ex] \left| \left\{ k \,\middle|\, 1 \leqslant k < \dfrac{q}{2^s} - 1 \right\} \right|, & \beta \geqslant q \bmod 2^s \end{cases}$$

$$= \begin{cases} \lfloor q/2^s \rfloor, & \beta = 0 \\[1ex] \lfloor q/2^s \rfloor + 1, & 0 < \beta < q \bmod 2^s \\[1ex] \lfloor q/2^s \rfloor, & \beta \geqslant q \bmod 2^s \end{cases}$$

命题得证。　　　　　　　　　　　　　　　　　　　　　　　　　　　　　　　　□

定理 5.12　设 $\underline{a}$ 是以 $q = p^e$ 为连接数的 l-序列，$B = (b_0, \cdots, b_{s-1}) \in \mathbb{F}_2^s$，$s$ 是正整数，记 N_B 是 $\underline{a}$ 的一个周期圆中 B 出现的次数，则当 $q = p$ 时，有

$$N_B = \left\lfloor \frac{p}{2^s} \right\rfloor \ \text{或} \ \left\lfloor \frac{p}{2^s} \right\rfloor + 1$$

而当 $e \geqslant 2$ 时，有

$$N_B = \left\lfloor \frac{p^e}{2^s} \right\rfloor - \left\lfloor \frac{p^{e-1}}{2^s} \right\rfloor - 1, \quad \left\lfloor \frac{p^e}{2^s} \right\rfloor - \left\lfloor \frac{p^{e-1}}{2^s} \right\rfloor \ \text{或} \ \left\lfloor \frac{p^e}{2^s} \right\rfloor - \left\lfloor \frac{p^{e-1}}{2^s} \right\rfloor + 1$$

证明　由定理 5.10知

$$N_B = \left| \left\{ y \,\middle|\, 0 < y < q, \ p \nmid y, \ (-y/q) \bmod 2^s = \sum_{i=0}^{s-1} b_i \cdot 2^i \right\} \right|$$

设 $r = \lfloor \log_2(q+1) \rfloor$。

若 $s \leqslant r - 1$，由引理 5.1知，B 一定在序列 $\underline{a}$ 中出现，因此存在 y_B 满足

$$0 < y_B < q, \quad p \nmid y_B, \quad (-y_B/q) \bmod 2^s = \sum_{i=0}^{s-1} b_i \cdot 2^i$$

则有

$$N_B = \left| \left\{ y \,\middle|\, 0 < y < q, \ p \nmid y, \ (-y/q) \bmod 2^s = \sum_{i=0}^{s-1} b_i \cdot 2^i \right\} \right|$$

$$= \left| \left\{ y \,\middle|\, 0 < y < q, \ p \nmid y, \ y \equiv y_B \bmod 2^s \right\} \right|$$

(1) 若 q 是素数，即 $q = p$，则由引理 5.2得

$$N_B = \left| \{y | 0 < y < q, \ y \equiv y_B \bmod 2^s\} \right|$$

$$= |I(q, y_B, s)|$$

$$= \begin{cases} \lfloor p/2^s \rfloor, & y_B = 0 \\ \lfloor p/2^s \rfloor + 1, & y_B < p_{\bmod 2^s} \ \text{且} \ y_B \neq 0 \\ \lfloor p/2^s \rfloor, & y_B \geqslant p_{\bmod 2^s} \end{cases}$$

所以此时结论成立。

(2) 下面设 $q = p^e$，$e \geqslant 2$。记 $y_B' = (p^{-1}y_B)_{\bmod 2^s}$，则有

$$N_B = \left| \{y | 0 < y < p^e, \ p \nmid y, \ y \equiv y_B \bmod 2^s\} \right|$$

$$= \left| \{y | 0 < y < p^e, \ y \equiv y_B \bmod 2^s\} \right|$$

$$\quad - \left| \{y | 0 < y < p^e, \ p | y, \ y \equiv y_B \bmod 2^s\} \right|$$

$$= \left| \{y | 0 < y < p^e, \ y \equiv y_B \bmod 2^s\} \right|$$

$$\quad - \left| \{y | 0 < y < p^{e-1}, \ py \equiv y_B \bmod 2^s\} \right|$$

$$= |I(p^e, y_B, s)| - \left| \{y | 0 < y < p^{e-1}, \ y \equiv y_B' \bmod 2^s\} \right|$$

$$= |I(p^e, y_B, s)| - |I(p^{e-1}, y_B', s)|$$

由引理 5.2 知，此时结论成立。

若 $s = r$ 且 B 出现，则同理可证 $N_B = 1$ 或 2；若 B 不出现，则 $N_B = 0$，显然此情形结论成立。

若 $s \geqslant r+1$。因为 $y \equiv y_B \bmod 2^s \Leftrightarrow y = y_B$，所以 $N_B = 0$ 或 1，结论也成立。　　□

注 5.12　这个结论显示，l-序列中比特串的分布与 m-序列中比特串的分布是很相似的：设 $\underline{a}$ 是以 $q = p^e$ 为连接数的 l-序列，$r = \lfloor \log_2 (q+1) \rfloor$，$\underline{b}$ 是 r-级 m-序列，$T_{\underline{a}} = \mathrm{per}(\underline{a}) = p^{e-1}(p-1)$，$T_{\underline{b}} = \mathrm{per}(\underline{b}) = 2^r - 1$。设 $B = (b_0, \cdots, b_{s-1})$ 是 s-比特串，$s < r$，则 B 在 $\underline{a}$ 的周期圆中出现的次数约为

$$\left\lfloor \frac{p^e}{2^s} \right\rfloor - \left\lfloor \frac{p^{e-1}}{2^s} \right\rfloor \approx \frac{T_{\underline{a}}}{2^s}$$

B 在 $\underline{b}$ 的周期圆中出现的次数约为

$$2^{r-s} \approx \frac{T_{\underline{b}}}{2^s}$$

推论 5.4　设 $\underline{a}$ 是以 $q = p^e$ 为连接数的 l-序列，并设 $B = (b_0, \cdots, b_{s-1})$，$C = (c_0, \cdots, c_{s-1}) \in \mathbb{F}_2^s$，则 B 和 C 在 $\underline{a}$ 的一个周期圆中出现的次数至多相差 2。

关于 l-序列，文献 [32] 提出 l-序列平移不等价的一个猜想：设 $\underline{a}$ 是以 p^e 为连接数的 l-序列，$T = \mathrm{per}(\underline{a}) = p^{e-1}(p-1)$，$c$ 和 d 都与 T 互素，且模 T 不同余，若 $p^e \notin \{5, 9, 11, 13\}$，则采样序列 $\underline{a}^{(c)}$ 和 $\underline{a}^{(d)}$ 平移不等价。

注意到：$\underline{a}^{(c)}$ 和 $\underline{a}^{(d)}$ 平移等价当且仅当 $\underline{a}^{(cd^{-1})}$ 和 $\underline{a}$ 平移等价。其中 d^{-1} 表示 $d \bmod T$ 的逆，即 d^{-1} 是满足 $dd^{-1} \equiv 1 \bmod T$ 的正整数，从而上述猜想可叙述为：设 $\underline{a}$ 是以 p^e 为连接数的 l-序列，$T = \mathrm{per}(\underline{a}) = p^{e-1}(p-1)$，$d > 1$ 且 $\gcd(d, T) = 1$，若 $p^e \notin \{5, 9, 11, 13\}$，则采样序列 $\underline{a}^{(d)}$ 和 $\underline{a}$ 平移不等价。

文献 [32]~ [34] 给出了早期的一些结果，综合起来形成如下定理。

定理 5.13   设 $\underline{a}$ 是以素数 $p > 13$ 为连接数的 l-序列，$T = p-1$，$d > 1$ 且 $\gcd(d, T) = 1$，若下列条件之一成立，则序列 $\underline{a}^{(d)}$ 和 $\underline{a}$ 平移不等价。

(1) $d = p - 2$。

(2) $p \equiv 1 \bmod 4$ 且 $d = (p+1)/2$。

(3) $p = 2r + 1 = 8s + 3$，满足 r 和 s 都是素数且 p 充分大。

(4) $1 < d \leqslant \dfrac{(p^2-1)^4}{2^{24}p^7}$ 或者 $p - 1 - \dfrac{(p^2-1)^4}{2^{25}p^7} \leqslant d \leqslant p-2$。

上述定理中，或是特殊的 d，或是特殊的素数 p，这些 d 和 p 做了很多的限制。

针对以素数为连接数的 l-序列，文献 [35] 和 [36] 给出了下列比较理想的结论。

定理 5.14 [35]   设 $\underline{a}$ 是以素数 $p > 13$ 为连接数的 l-序列，$T = p-1$，$d > 1$ 且 $\gcd(d, T) = 1$，若 $\mathrm{ord}_p(3) \geqslant (p-1)/4$，则序列 $\underline{a}^{(d)}$ 和 $\underline{a}$ 平移不等价。

实验数据显示：在 $\{p \mid \mathrm{ord}_p(2) = p-1\}$ 中约有 79% 的 p 满足 $\mathrm{ord}_p(3) \geqslant (p-1)/4$。

定理 5.15 [36]   设 $\underline{a}$ 是以素数 p 为连接数的 l-序列，$T = p-1$，$d > 1$ 且 $\gcd(d, T) = 1$，若 $p > 2.26 \times 10^{55}$，则序列 $\underline{a}^{(d)}$ 和 $\underline{a}$ 平移不等价。

对于以素数方幂为连接数的 l-序列，文献 [37] 给出了下面完整的结论。

定理 5.16   设 $e \geqslant 2$，$\underline{a}$ 是以素数方幂 $p^e \neq 9$ 为连接数的 l-序列，$T = p^{e-1}(p-1)$，$d > 1$ 且 $\gcd(d, T) = 1$，则序列 $\underline{a}^{(d)}$ 和 $\underline{a}$ 平移不等价。

5.5   FCSR 进位序列

这一节讨论 FCSR 的进位序列，给出 l-序列的进位序列 $\underline{m}$ 的互补关系，以及 $\underline{m}$ 的周期与输出序列 $\underline{a}$ 的周期之间的关系。本节主要结论来源于文献 [38]。

首先给出下列进位序列 $\underline{m}$ 的互补关系。

定理 5.17   设 $\underline{a}$ 是以 q 为连接数的 l-序列，$\underline{m} = (m_0, m_1, m_2, \cdots)$ 是 $(\underline{a}, q)$ 的进位序列，$w = \mathrm{wt}(q+1)$，$T = \mathrm{per}(\underline{a})$，则对于 $i \geqslant 0$，有 $m_i + m_{i+T/2} = w - 1$。

证明   设 $q = q_0 + q_1 2 + \cdots + q_r 2^r$，其中 $q_0 = -1$，$q_r = 1$。由定理 5.4 知

$$\sum_{i=0}^{\infty} a_i 2^i = \frac{p}{q}, \qquad \sum_{i=0}^{\infty} a_{i+T/2} 2^i = \frac{p'}{q}$$

式中，

$$p = \sum_{k=0}^{r-1} \sum_{i=0}^{k} q_i a_{k-i} 2^k - m_0 2^r$$

$$p' = \sum_{k=0}^{r-1} \sum_{i=0}^{k} q_i a_{k-i+T/2} 2^k - m_{T/2} 2^r$$

因为 $a_i + a_{i+T/2} = 1 (i \geqslant 0)$，所以

$$\frac{p}{q} + \frac{p'}{q} = \sum_{i=0}^{\infty} 2^i = -1$$

从而 $p + p' = -q$。另外，有

$$
\begin{aligned}
p + p' &= \sum_{k=0}^{r-1} \sum_{i=0}^{k} q_i \left(a_{k-i} + a_{k-i+T/2} \right) 2^k - \left(m_0 + m_{T/2} \right) 2^r \\
&= \sum_{k=0}^{r-1} \sum_{i=0}^{k} q_i 2^k - \left(m_0 + m_{T/2} \right) 2^r \\
&= \sum_{i=0}^{r-1} q_i \sum_{k=i}^{r-1} 2^k - \left(m_0 + m_{T/2} \right) 2^r \\
&= \sum_{i=0}^{r-1} q_i \left(2^r - 2^i \right) - \left(m_0 + m_{T/2} \right) 2^r \\
&= 2^r \sum_{i=0}^{r-1} q_i - \sum_{i=0}^{r-1} q_i 2^i - \left(m_0 + m_{T/2} \right) 2^r \\
&= 2^r (w-1) - q - \left(m_0 + m_{T/2} \right) 2^r
\end{aligned}
$$

因为 $p + p' = -q$，所以 $2^r (w-1) = \left(m_0 + m_{T/2} \right) 2^r$，即 $m_0 + m_{T/2} = w - 1$。同理，对于 $i \geqslant 0$，有

$$m_i + m_{i+T/2} = w - 1$$

$\square$

下面讨论进位序列的周期。设周期序列 $\underline{a}$ 是以 q 为连接数的 FCSR 序列，$\underline{m}$ 是 $(\underline{a}, q)$ 的进位序列，则由推论 5.3 知 $\operatorname{per}(\underline{m}) | \operatorname{per}(\underline{a})$。下面将证明，在一定条件下 (特别是当 $\underline{a}$ 是 l-序列时)，有 $\operatorname{per}(\underline{m}) = \operatorname{per}(\underline{a})$。为此先给出几个相关引理。

记 $\Phi_t(x)$ 表示有理数域 $\mathbb{Q}$ 上的 t 次分圆多项式。

引理 5.3 设 q 是正奇数，$\underline{a}$ 是以 q 为连接数的 FCSR 序列，$\underline{m}$ 是 $(\underline{a}, q)$ 的进位序列，若 $\operatorname{per}(\underline{m}) \neq \operatorname{per}(\underline{a})$，则存在 $\operatorname{per}(\underline{a})$ 的因子 $t > 1$，使得 $\Phi_t(2) | q$。

证明 不妨设 $\underline{a}$ 是周期序列，则 $\underline{m}$ 也是周期序列。设 $S = \operatorname{per}(\underline{m})$，$T = \operatorname{per}(\underline{a})$，$q = q_0 + q_1 2 + q_2 2^2 + \cdots + q_r 2^r$，其中 $q_0 = -1$，$q_r = 1$。由 FCSR 的定义知，对于任意 $n \geqslant 0$，有

$$m_{n+1} = \frac{(\sigma_n - a_{n+r})}{2}$$

式中，$\sigma_n = \sum_{k=1}^{r} q_k a_{n+r-k} + m_n$。记 $\delta_n = \sum_{k=1}^{r} q_k a_{n+r-k}$，则有

$$2m_{n+1} = \delta_n + m_n - a_{n+r}$$

从而有

$$
\begin{aligned}
0 &= 2\left(m_{n+1} - m_{n+1+S}\right) \\
&= \sum_{k=1}^{r} q_k a_{n+r-k} + m_n - a_{n+r} - \left(\sum_{k=1}^{r} q_k a_{n+r-k+S} + m_{n+S} - a_{n+r+S}\right) \\
&= \sum_{k=1}^{r} q_k(a_{n+r-k} - a_{n+r-k+S}) - (a_{n+r} - a_{n+r+S})
\end{aligned}
$$

所以 $f(x) = x^r - (q_1 x^{r-1} + q_2 x^{r-2} + \cdots + q_r)$ 是 $\mathbb{Q}$ 上序列 $\underline{c} = \underline{a} - x^S \underline{a}$ 的特征多项式。设 $m_{\underline{c}}(x) \in \mathbb{Q}[x]$ 是 $\underline{c}$ 的极小多项式，则 $m_{\underline{c}}(x) \mid f(x)$。

因为 $S \neq T$，所以 $S < T$，从而 $\underline{c} \neq \underline{0}$。显然 $\mathrm{per}(\underline{c}) \mid T$，所以 $m_{\underline{c}}(x) \mid x^T - 1$。又因为 $x^T - 1 = \prod_{t \mid T} \Phi_t(x)$ 并且 $\underline{c}$ 不是一个常数序列，即 $m_{\underline{c}}(x) \neq x - 1$，所以存在 $t > 1$，使得 $\Phi_t(x) \mid m_{\underline{c}}(x)$，从而 $\Phi_t(x) \mid f(x)$，即 $\Phi_t(x) \mid f(x)^*$，其中 $f(x)^*$ 是 $f(x)$ 的互反多项式。而 $f(2)^* = -q$，所以 $\Phi_t(2) \mid q$。　　　　□

引理 5.4　设 $t > 1$ 且 $t \notin \{2, 4, 6, 10, 12, 18\}$，则存在 $2^t - 1$ 的本原素因子 p，使得 $\mathrm{ord}_p(2) \neq p - 1$ 或 $p^2 \mid (2^t - 1)$。

这是数论中的一个结论，证明略。

引理 5.5　设 $q = p_1^{e_1} \cdots p_s^{e_s}$ 是 q 的标准分解，若

$$p_i > 13, \quad \mathrm{ord}_{p_i}(2) = p_i - 1 \text{ 且 } p_i^2 \nmid (2^{p_i-1} - 1), \quad i = 1, 2, \cdots, s$$

则对于任意 $t > 1$，$\Phi_t(2) \nmid q$。

证明　因为 $\Phi_6(2) = 3$，$\Phi_{18}(2) = 3 \times 19$，而对于 $t \in \{2, 4, 10, 12\}$，$\Phi_t(2) = t + 1$，所以对于 $t \in \{2, 4, 6, 10, 12, 18\}$，$\Phi_t(2)$ 中都有不大于 13 的素因子，因此 $\Phi_t(2) \nmid q$。

下面设 $t > 1$ 且 $t \notin \{2, 4, 6, 10, 12, 18\}$。假设有某个这样的 t，使得 $\Phi_t(2) \mid q$。由定理 2.24 知，$2^t - 1$ 有本原素因子。设 p 是 $2^t - 1$ 的任意一个本原素因子，由引理 2.12 知 $p \mid \Phi_t(2)$，从而 $p \mid q$，即存在 $1 \leqslant j \leqslant s$，使得 $p = p_j$。由条件 $\mathrm{ord}_{p_j}(2) = p_j - 1$，即 $\mathrm{ord}_p(2) = p - 1$，以及 p 是 $2^t - 1$ 的本原素因子，可知 $t = p - 1$。又因为 $p_j^2 \nmid (2^{p_j-1} - 1)$，即 $p^2 \nmid (2^{p-1} - 1)$，所以 $2^t - 1$ 中的每个本原素因子 p 满足 $\mathrm{ord}_p(2) = p - 1$ 且 $p^2 \nmid (2^t - 1)$。这与引理 5.4 矛盾，所以结论成立。　　　　□

由引理 5.3 和引理 5.5 得以下结论。

定理 5.18　设 q 满足引理 5.5 的条件，$\underline{a}$ 是以 q 为连接数的 FCSR 序列，$\underline{m}$ 是 $(\underline{a}, q)$ 的进位序列，则 $\mathrm{per}(\underline{m}) = \mathrm{per}(\underline{a})$。

特别地，有以下结论。

推论 5.5 设 $e \geqslant 1$，奇素数 p 满足

$$p > 13, \quad \mathrm{ord}_p(2) = p - 1 \text{ 且 } p^2 \nmid (2^{p-1} - 1)$$

设 $\underline{a}$ 是以 p^e 为连接数的 l-序列，$\underline{m}$ 是 $(\underline{a}, p^e)$ 的进位序列，则 $\mathrm{per}(\underline{m}) = \mathrm{per}(\underline{a})$。

5.6 有理逼近算法

设 $\underline{a}(N-1) = (a_0, a_1, a_2, \cdots, a_{N-1})$ 是 $\mathbb{F}_2$ 上的序列，求能产生序列 $\underline{a}(N-1)$ 的最短 LFSR 的问题可以用 B-M 算法来解决，类似地，求能产生序列 $\underline{a}(N-1)$ 的最短 FCSR 的问题将通过本节介绍的有理逼近算法来解决。本节的主要算法来源于文献 [28]。

对于任意的整数对 p 和 q，下面记 $\Phi(p, q) = \max\{|p|, |q|\}$。

定义 5.5 设 $\underline{a}(N-1) = (a_0, a_1, a_2, \cdots, a_{N-1})$ 是 $\mathbb{F}_2$ 上长为 N 的有限序列，q 为正奇数。若有理数 p/q 满足

$$(p/q)_{\bmod 2^N} = \sum_{i=0}^{N-1} a_i 2^i$$

则称 p/q 为 $\underline{a}(N-1)$ 的有理数表示；进一步，若 $\Phi(p, q)$ 在 $\underline{a}(N-1)$ 的全体有理数表示中达到最小，则称 p/q 为 $\underline{a}(N-1)$ 的极小有理数表示。

注 5.13 $\underline{a}(N-1)$ 的极小有理数表示不一定唯一。例如，$\underline{a}(2) = (0, 0, 1)$，则 $2^2/1$、$-2^2/1$ 和 $2^2/3$ 都是 $\underline{a}(2)$ 的极小有理数表示。

本节将给出有理逼近算法，即可求任意一段有限序列的极小有理数表示。

设 $\underline{a}(N-1) = (a_0, a_1, a_2, \cdots, a_{N-1})$，记 $\alpha = \sum_{i=0}^{N-1} a_i 2^i$，对于 $1 \leqslant k \leqslant N-1$，设 p/q 是 $\underline{a}(k-1)$ 的有理数表示，即

$$p/q \equiv \alpha \bmod 2^k$$

(1) 若 p/q 仍是 $\underline{a}(k)$ 的有理数表示，则 $p/q \equiv \alpha \bmod 2^{k+1}$，即

$$p \equiv q\alpha \bmod 2^{k+1}$$

(2) 若 p/q 不是 $\underline{a}(k)$ 的有理数表示，则 $p/q \equiv \alpha + 2^k \bmod 2^{k+1}$，即

$$p \equiv q\alpha + 2^k \bmod 2^{k+1}$$

此时要求 p'/q'，使得 $p'/q' \equiv \alpha \bmod 2^{k+1}$，即

$$p' \equiv q'\alpha \bmod 2^{k+1}$$

事实上，这样的 p'/q' 是很容易求得的：任取偶数 Q，并取

$$P = (Q\alpha + 2^k)_{\bmod 2^{k+1}}$$

则有

$$p + P \equiv (q + Q)\,\alpha \bmod 2^{k+1}$$

从而

$$\frac{p'}{q'} = \frac{p + P}{q + Q}$$

即为所求。

但要求的是满足 $p' \equiv q'\alpha \bmod 2^{k+1}$ 且 $\Phi(p',\,q')$ 最小的 p'/q'。

下面的定理是有理逼近算法的理论基础。

定理 5.19　设 α 是 2-adic 整数，$k \geqslant 0$，p、q、P、Q 为整数，并且 q 是奇数，Q 是偶数，若

$$p \equiv q\alpha + 2^k \bmod 2^{k+1}, \quad P \equiv Q\alpha + 2^k \bmod 2^{k+1}, \quad |pQ - qP| = 2^k$$

则有

$$\{(p',\,q') \mid p' \equiv q'\alpha \bmod 2^{k+1},\ p'是整数,\ q'是奇数\}$$
$$= \{(sp + tP,\, sq + tQ) \mid s,\,t为奇数\}$$

即对于任意奇数 s 和 t，有

$$sp + tP \equiv (sq + tQ)\,\alpha \bmod 2^{k+1}$$

并且 $sp + tP$ 是奇数。反之，对于任意满足 $p' \equiv q'\alpha \bmod 2^{k+1}$ 的整数 p' 和奇数 q'，存在奇数 s 和 t，使得

$$p' = sp + tP, \quad q' = sq + tQ$$

证明　因为

$$p \equiv q\alpha + 2^k \bmod 2^{k+1}$$
$$P \equiv Q\alpha + 2^k \bmod 2^{k+1}$$

所以对于任意奇数 s 和 t，有

$$sp + tP \equiv (sq + tQ)\,\alpha + (s + t)\,2^k \bmod 2^{k+1}$$
$$\equiv (sq + tQ)\,\alpha \bmod 2^{k+1}$$

并且因为 q 是奇数，Q 是偶数，所以 $sq + tQ$ 是奇数。

反之，设整数 p' 和奇数 q' 满足 $p' \equiv q'\alpha \bmod 2^{k+1}$。因为 $pQ - qP \neq 0$，所以方程组

$$\begin{cases} p' = sp + tP \\ q' = sq + tQ \end{cases}$$

在有理数域 $\mathbb{Q}$ 上有唯一解:

$$\begin{cases} s = \dfrac{p'Q - q'P}{pQ - qP} \\ t = \dfrac{pq' - qp'}{pQ - qP} \end{cases}$$

下面说明 s 和 t 都是奇整数。因为

$$p'Q - q'P \equiv q'\alpha Q - q'\left(Q\alpha + 2^k\right) \equiv -q'2^k \bmod 2^{k+1}$$

$$pq' - qp' \equiv \left(q\alpha + 2^k\right)q' - qq'\alpha \equiv q'2^k \bmod 2^{k+1}$$

又因为 $|pQ - qP| = 2^k$，所以 s 和 t 都是奇整数。　　　　　　　　　　□

在定理 5.19 的条件假设下，即设 $\alpha = \sum\limits_{i=0}^{\infty} a_i 2^i$ 是 2-adic 整数，$k \geqslant 0$，p、q、P、Q 为整数，并且 q 是奇数，Q 是偶数，满足

$$p \equiv q\alpha + 2^k \bmod 2^{k+1}, \quad P \equiv Q\alpha + 2^k \bmod 2^{k+1}, \quad |pQ - qP| = 2^k$$

记 $\underline{a}(k) = (a_0,\, a_1,\, \cdots,\, a_k)$，则集合

$$\left\{ \frac{sp + tP}{sq + tQ} \,\middle|\, s,\, t\text{为奇数} \right\}$$

给出了 $\underline{a}(k)$ 的所有有理数表示。因此，为求 $\underline{a}(k)$ 的极小有理数表示，只要求奇数 s 和 t，使得 $\varPhi(sp + tP,\, sq + tQ)$ 达到极小即可。

定理 5.20　设 α 是 2-adic 整数，$k \geqslant 0$，p、q、P、Q 为整数，q 是奇数，Q 是偶数，若

$$p \equiv q\alpha + 2^k \bmod 2^{k+1}, \quad P \equiv Q\alpha + 2^k \bmod 2^{k+1}, \quad |pQ - qP| = 2^k$$

并且 $\varPhi(p, q)$ 是满足 $p \equiv q\alpha \bmod 2^k$ 的极小者，则有以下结论。

(1) 当 $\varPhi(p, q) \geqslant \varPhi(P, Q)$ 时，存在奇数 r，使得

$$\varPhi(p + rP,\, q + rQ) = \min\{\varPhi(sp + tP,\, sq + tQ) | s,\, t\text{为奇数}\}$$

(2) 当 $\varPhi(p, q) < \varPhi(P, Q)$ 时，存在奇数 r，使得

$$\varPhi(rp + P,\, rq + Q) = \min\{\varPhi(sp + tP,\, sq + tQ) | s,\, t\text{为奇数}\}$$

证明　(1) 设 $\varPhi(p, q) \geqslant \varPhi(P, Q)$，$u$、$v$ 是奇数，且满足

$$\varPhi(up + vP,\, uq + vQ) = \min\{\varPhi(sp + tP,\, sq + tQ) \mid s,\, t\text{为奇数}\}$$

若 $|u| = 1$，则结论成立。下面设 $|u| \geqslant 3$。记

$$r = \begin{cases} \lceil v/u \rceil, & \lceil v/u \rceil \text{ 是奇数} \\ \lfloor v/u \rfloor, & \lfloor v/u \rfloor \text{ 是奇数} \end{cases}$$

注：若 v/u 是整数，即 $v/u = \lceil v/u \rceil = \lfloor v/u \rfloor$ 时，由 v 是奇数知 v/u 必是奇数。

显然 $|(v/u - r)u| < |u|$，而不等式两边都是整数，所以 $|(v/u - r)u| \leqslant |u| - 1$，则有

$$\Phi(p + rP,\ q + rQ)$$

$$= \max\{|p + rP|,\ |q + rQ|\}$$

$$= \frac{|u|}{|u|} \max\{|p + rP|,\ |q + rQ|\}$$

$$= \frac{1}{|u|} \max\{|up + urP|,\ |uq + urQ|\}$$

$$= \frac{1}{|u|} \max\{|up + vP - u(v/u - r)P|,\ |uq + vQ - u(v/u - r)Q|\}$$

$$\leqslant \frac{1}{|u|} \left(\max\{|up + vP|,\ |uq + vQ|\} + \max\{|u(v/u - r)P|,\ |u(v/u - r)Q|\}\right)$$

$$\leqslant \frac{1}{|u|} \left(\max\{|up + vP|,\ |uq + vQ|\} + \max\{|(|u| - 1)P|,\ |(|u| - 1)Q|\}\right)$$

$$= \frac{1}{|u|} \left(\max\{|up + vP|,\ |uq + vQ|\} + (|u| - 1)\max\{|P|,\ |Q|\}\right)$$

$$\leqslant \frac{1}{|u|} \left(\max\{|up + vP|,\ |uq + vQ|\} + (|u| - 1)\max\{|p|,\ |q|\}\right)$$

$$\leqslant \frac{1}{|u|} \left(\max\{|up + vP|,\ |uq + vQ|\} + (|u| - 1)\max\{|up + vP|,\ |uq + vQ|\}\right)$$

$$= \max\{|up + vP|,\ |uq + vQ|\}$$

$$= \Phi(up + vP,\ uq + vQ)$$

由 $\Phi(up + vP,\ uq + vQ)$ 的极小性知，$\Phi(p + rP,\ q + rQ)$ 也是极小的。

(2) 设 $\Phi(p, q) < \Phi(P, Q)$，u、v 是奇数，且满足

$$\Phi(up + vP,\ uq + vQ) = \min\{\Phi(sp + tP,\ sq + tQ) \mid s, t\text{为奇数}\}$$

若 $|v| = 1$，则结论成立。下面设 $|v| \geqslant 3$。记

$$r = \begin{cases} \lceil u/v \rceil, & \lceil u/v \rceil \text{ 是奇数} \\ \lfloor u/v \rfloor, & \lfloor u/v \rfloor \text{ 是奇数} \end{cases}$$

则 $|v(u/v - r)| \leqslant |v| - 1$，并且有

$$\Phi(rp + P,\ rq + Q)$$

$$= \max\{|rp + P|,\ |rq + Q|\}$$

$$= \frac{1}{|v|} \max\{|vrp + vP|,\ |vrq + vQ|\}$$

$$= \frac{1}{|v|} \max \left\{ |up + vP - v(u/v - r)p|, \ |uq + vQ - v(u/v - r)q| \right\}$$

$$\leqslant \frac{1}{|v|} \left(\max \left\{ |up + vP|, \ |uq + vQ| \right\} + \max \left\{ |v(u/v - r)p|, \ |v(u/v - r)q| \right\} \right)$$

$$\leqslant \frac{1}{|v|} \left(\max \left\{ |up + vP|, \ |uq + vQ| \right\} + \max \left\{ |(|v| - 1)p|, \ |(|v| - 1)q| \right\} \right)$$

$$= \frac{1}{|v|} \left(\max \left\{ |up + vP|, \ |uq + vQ| \right\} + (|v| - 1) \max \left\{ |p|, \ |q| \right\} \right)$$

$$\leqslant \frac{1}{|v|} \left(\max \left\{ |up + vP|, \ |uq + vQ| \right\} + (|v| - 1) \max \left\{ |up + vP|, \ |uq + vQ| \right\} \right)$$

$$= \max \left\{ |up + vP|, \ |uq + vQ| \right\}$$

$$= \Phi(up + vP, \ uq + vQ)$$

由 $\Phi(up + vP, \ uq + vQ)$ 的极小性，可知 $\Phi(rp + P, \ rq + Q)$ 是极小的。　□

定理 5.21　条件同定理 5.20，即设 α 是 2-adic 整数，$k \geqslant 0$，p、q、P、Q 为整数，q 是奇数，Q 是偶数，使得 $\Phi(p, q)$ 是满足 $p \equiv q\alpha \bmod 2^k$ 的极小者，并且有

$$p \equiv q\alpha + 2^k \bmod 2^{k+1}, \qquad P \equiv Q\alpha + 2^k \bmod 2^{k+1}, \qquad |pQ - qP| = 2^k$$

(1) 若 $\Phi(p, q) \geqslant \Phi(P, Q)$，由定理 5.19 和定理 5.20 知以下结论，设 $\Phi(p + dP, q + dQ)$ 是满足 $p + dP \equiv (q + dQ)\alpha \bmod 2^{k+1}$ 的最小者，其中 d 是奇数。

① 若 $PQ \geqslant 0$，则有

$$d \in \left\{ \left\lfloor -\frac{p+q}{P+Q} \right\rfloor + \varepsilon \ \middle| \ \varepsilon = -1, \ 0, \ 1, \ 2 \right\}$$

② 若 $PQ < 0$，则有

$$d \in \left\{ \left\lfloor -\frac{p-q}{P-Q} \right\rfloor + \varepsilon \ \middle| \ \varepsilon = -1, \ 0, \ 1, \ 2 \right\}$$

(2) 若 $\Phi(p, q) < \Phi(P, Q)$，由定理 5.19 和定理 5.20 知以下结论，设 $\Phi(dp + P, dq + Q)$ 是满足 $dp + P \equiv (dq + Q)\alpha \bmod 2^{k+1}$ 的最小者，其中 d 是奇数。

① 若 $pq \geqslant 0$，则有

$$d \in \left\{ \left\lfloor -\frac{P+Q}{p+q} \right\rfloor + \varepsilon \ \middle| \ \varepsilon = -1, \ 0, \ 1, \ 2 \right\}$$

② 若 $pq < 0$，则有

$$d \in \left\{ \left\lfloor -\frac{P-Q}{p-q} \right\rfloor + \varepsilon \ \middle| \ \varepsilon = -1, \ 0, \ 1, \ 2 \right\}$$

证明　(1) 设 $\Phi(p,\,q) \geqslant \Phi(P,\,Q)$。计算使得 $\Phi(p+dP,\,q+dQ)$ 最小的奇数 d。为此考虑平面上的直线:

$$y = p + xP \text{ 和 } y = q + xQ$$

①若 $PQ \geqslant 0$,则直线 $y = p + xP$ 和 $y = q + xQ$ 如图 5.2所示,其中,

$$\mu = -\frac{p+P}{q+Q}$$

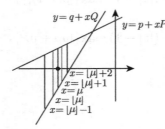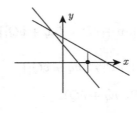

图 5.2

显然,当 $x = -(p+q)/(P+Q)$ 时,即当 $q+xQ = -(p+xP)$ 时,$\max\{|p+xP|,\ |q+xQ|\}$ 达到极小。根据图 5.2 并考虑到 d 必须是奇数,显然使得 $\Phi(p+dP,\,q+dQ)$ 达到极小的奇整数 d 满足

$$d \in \left\{ \left\lfloor -\frac{p+q}{P+Q} \right\rfloor + \varepsilon \ \middle|\ \varepsilon = -1,\ 0,\ 1,\ 2 \right\}$$

特别地,当 $(p+q)/(P+Q)$ 是奇整数时,$d = -(p+q)/(P+Q)$。

② 若 $PQ < 0$,则直线 $y = p+xP$, $y = q+xQ$ 如图 5.3 所示。

同理有

$$d \in \left\{ \left\lfloor -\frac{p-q}{P-Q} \right\rfloor + \varepsilon \ \middle|\ \varepsilon = -1,\ 0,\ 1,\ 2 \right\}$$

图 5.3

(2) 同 (1) 的证明方法类似,略。　　□

注 5.14　在定理 5.21中,每种情形下,d 至多在两个值中取一个,以情形 (1) 中的①为例。

(1) 若 $\left\lfloor -\dfrac{p+q}{P+Q} \right\rfloor$ 是奇数,则有

$$d = \left\lfloor -\frac{p+q}{P+Q} \right\rfloor \text{ 或者} d = \left\lfloor -\frac{p+q}{P+Q} \right\rfloor + 2$$

(2) 若 $\left\lfloor -\dfrac{p+q}{P+Q} \right\rfloor$ 是偶数,则有

$$d = \left\lfloor -\frac{p+q}{P+Q} \right\rfloor - 1 \text{ 或者} d = \left\lfloor -\frac{p+q}{P+Q} \right\rfloor + 1$$

(3) 特别地，若 $\dfrac{p+q}{P+Q}$ 恰好是奇整数，则有

$$d = -\frac{p+q}{P+Q}$$

其他情况可类似给出。

下面定理的结论是在有理逼近算法中，要确保条件 $|pQ - qP| = 2^k$ 始终满足。

定理 5.22　设 p、q、P、Q 是整数，$k \geqslant 1$，满足 $|pQ - qP| = 2^k$，按以下三种方式定义 p'、q'、P'、Q'。

(1) $p' = p$, $q' = q$, $P' = 2P$, $Q' = 2Q$。

(2) $p' = p + dP$, $q' = q + dQ$, $P' = 2P$, $Q' = 2Q$，其中 d 是任意整数。

(3) $p' = dp + P$, $q' = dq + Q$, $P' = 2p$, $Q' = 2q$，其中 d 是任意整数。

以上三种定义都满足 $|p'Q' - q'P'| = 2^{k+1}$。

证明　$(1)|p'Q' - q'P'| = |p \cdot 2Q - q \cdot 2P| = 2|pQ - qP| = 2^{k+1}$。

(2) $|p'Q' - q'P'| = |(p + dP) \cdot 2Q - (q + dQ) \cdot 2P| = 2|pQ - qP| = 2^{k+1}$。

(3) $|p'Q' - q'P'| = |(P + dp) \cdot 2q - (Q + dq) \cdot 2p| = 2|pQ - qP| = 2^{k+1}$。　□

有了以上的准备，下面给出有理逼近算法。

输入 $\underline{a}(N-1) = (a_0, a_1, \cdots, a_{N-1})$，求 $\underline{a}(N-1)$ 的极小有理数表示。

记

$$\alpha_k = \sum_{i=0}^{k} a_i 2^i, \quad k = 0, 1, 2, \cdots, N-1$$

若 $a_0 = a_1 = \cdots = a_{N-1} = 0$，则 $q = 1$ 就是 $\underline{a}(N-1)$ 的极小连接数，且 $0/1$ 是 $\underline{a}(N-1)$ 有极小有理数表示，否则，执行以下步骤。

(1) 初始化。设 a_{n_0} 是第一个不为 0 的比特，即

$$a_0 = a_1 = \cdots = a_{n_0-1} = 0, \quad a_{n_0} = 1$$

则设

$$p_0 = p_1 = \cdots = p_{n_0-1} = 0, \quad p_{n_0} = 2^{n_0}$$
$$q_0 = q_1 = \cdots = q_{n_0} = 1$$
$$P_{n_0} = 0, \quad Q_{n_0} = 2$$

(2) 循环。设 $n_0 \leqslant k \leqslant N-2$，且已求得满足 $p_k \equiv q_k \alpha_k \bmod 2^{k+1}$ 的 p_k 和 q_k。

① 若 $p_k \equiv q_k \alpha_k + a_{k+1} 2^{k+1} \bmod 2^{k+2}$（即 $p_k \equiv q_k \alpha_{k+1} \bmod 2^{k+2}$），则令

$$p_{k+1} = p_k, \quad q_{k+1} = q_k, \quad P_{k+1} = 2P_k, \quad Q_{k+1} = 2Q_k$$

② 若 $p_k \neq q_k \alpha_k + a_{k+1} 2^{k+1} \bmod 2^{k+2}$，用下述方法来构造 p_{k+1}、q_{k+1}。

a. 若 $\Phi(p_k, q_k) \geqslant \Phi(P_k, Q_k)$，则令

$$(p_{k+1}, q_{k+1}) = (p_k + dP_k, q_k + dQ_k)$$

$$P_{k+1} = 2P_k, \qquad Q_{k+1} = 2Q_k$$

式中, 奇数 d 按定理 5.21确定.

b. 若 $\Phi(p_k, q_k) < \Phi(P_k, Q_k)$, 则令

$$(p_{k+1}, q_{k+1}) = (P_k + dp_k, Q_k + dq_k)$$

$$P_{k+1} = 2p_k, \qquad Q_{k+1} = 2q_k$$

式中, 奇数 d 按定理 5.21确定.

(3) 输出. 当 $k = N-1$ 时, 输出 (p_{N-1}, q_{N-1}), 则 p_{N-1}/q_{N-1} 为 $\underline{a}(N-1)$ 的极小有理分数表示.

注 5.15　算法中 $|p_{n_0}Q_{n_0} - P_{n_0}q_{n_0}| = 2^{n_0+1}$, 而对于 $n_0 \leqslant k \leqslant N-1$, 在构造过程中, p_k、q_k、P_k、Q_k 都满足定理 5.20的要求, 所以都有 $|P_kq_k - Q_kp_k| = 2^{k+1}$. 另外, 初始的 p_{n_0} 和 q_{n_0} 的构造不是唯一的, 例如, 令 $p_{n_0} = 2^{n_0}$, $q_{n_0} = 1 + 2^i$, $i < n_0$, 也是可以的.

下面给出有限序列极小有理数表示唯一的充分条件.

定理 5.23　设 $\underline{a}(N-1) = (a_0, a_1, \cdots, a_{N-1})$ 是 $\mathbb{F}_2$ 上长为 N 的有限序列, p/q 是 $\underline{a}(N-1)$ 的一个极小有理数表示. 若 $N \geqslant \lceil 2\log\Phi(p, q) \rceil + 1$, 则 p/q 是 $\underline{a}(N-1)$ 唯一的极小有理数表示.

证明　设既约分数 p'/q' 也是 $\underline{a}(N-1)$ 的一个极小有理数表示, 则 $\Phi(p', q') = \Phi(p, q)$, 并且 $pq' - qp' \equiv 0 \bmod 2^N$. 又因为

$$N \geqslant \lceil 2\log\Phi(p, q) \rceil + 1 = \lceil 2\log\Phi(p', q') \rceil + 1$$

所以 $pq' - qp' = 0$, 即 $p/q = p'/q'$.　　　　　　　　　　　□

假定已知一段 $\mathbb{F}_2$ 上的有限序列 $\underline{a}(N-1) = (a_0, a_1, \cdots, a_{N-1})$, 利用有理逼近算法输出 $\underline{a}(N-1)$ 的极小有理数表示 p_{N-1}/q_{N-1}, 且由定理 5.23知, 当 $N \geqslant \lceil 2\log\Phi(p, q) \rceil + 1$ 时, p_{N-1}/q_{N-1} 就是 $\underline{a}(N-1)$ 的唯一极小有理数表示.

注 5.16　定理 5.23的条件不满足必要性. 例如, $\underline{a}(4) = (1, 1, 0, 0, 1)$, $-1/5$ 是 $\underline{a}(4)$ 的唯一极小有理数表示.

综上, 若 $\underline{a}$ 是以 q 为极小连接数的周期 FCSR 序列, 则根据有理逼近算法, 最多只需已知 $\underline{a}$ 的连续 $N = \lceil 2\varphi_2(\underline{a}) \rceil + 1$ 比特, 即可还原出序列 $\underline{a}$ 的既约有理分数表示, 也即生成序列 $\underline{a}$ 的 FCSR 参数. 算法的时间复杂度为 $O(N^2 \log N \cdot \log\log N)$.

类似于 B-M 算法, 有理逼近算法可以用来求序列的 2-adic 复杂度曲线, 且算法的时间复杂度不高, 所以 2-adic 复杂度也是衡量序列安全性的一个重要参数.

5.7　Galois-FCSR 与 Diversified-FCSR

这一节介绍 FCSR 的其他两个模型 Galois-FCSR 和 Diversified-FCSR, 其中 Galois-FCSR 来源于文献 [39], Diversified-FCSR 来源于文献 [40], 它在密码体制的设计中更具优势.

定义 5.6　设 q 为正奇数，$r = \lfloor \log_2(q+1) \rfloor$，$q = -1 + q_1 2 + q_2 2^2 + \cdots + q_r 2^r$，$q_i \in \{0, 1\}$ 且 $q_r = 1$。连接数为 q 的 Galois-FCSR 如图 5.4所示，其中 Σ 表示整数加法，$\mathrm{div}\,2$ 表示 $\Sigma/2$ 的取整，$\mathrm{mod}\,2$ 表示 $\Sigma \bmod 2$，这里 c_i 的初始值取自 $\{0, 1\}$。为叙述方便，记 GalFCSR(q) 表示以 q 为连接数的 Galois-FCSR。

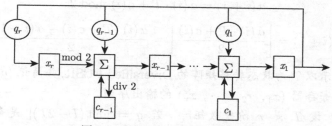

图 5.4　Galois-FCSR 的结构图

给定 GalFCSR(q) 初态：

$$(c_1, \cdots, c_{r-1}; x_1, \cdots, x_r) = (c_1(0), \cdots, c_{r-1}(0); a_1(0), \cdots, a_r(0))$$

则 GalFCSR(q) 的 r 个输出序列

$$\underline{a}_1 = (a_1(0), a_1(1), \cdots), \cdots, \underline{a}_r = (a_r(0), a_r(1), \cdots)$$

满足如下递归关系：

$$a_j(i+1) = a_{j+1}(i) + c_j(i) + q_j a_1(i) \bmod 2, \quad 1 \leqslant j \leqslant r-1$$

$$a_r(i+1) = q_r a_1(i) = a_1(i)$$

$$c_j(i+1) = \left\lfloor \frac{a_{j+1}(i) + c_j(i) + q_j a_1(i)}{2} \right\rfloor$$
$$= \frac{a_{j+1}(i) + c_j(i) + q_j a_1(i) - a_j(i+1)}{2}, \quad 1 \leqslant j \leqslant r-1$$

设 q 是正奇数，$r = \lfloor \log_2(q+1) \rfloor$，GalFCSR$(q)$ 的 r 个输出序列 $\underline{a}_1, \underline{a}_2, \cdots, \underline{a}_r$，可以表示为 $(\underline{a}_1, \underline{a}_2, \cdots, \underline{a}_r) \in$ GalFCSR(q)。以 q 为连接数的 Fibonacci-FCSR 的输出序列全体简记为 FiFCSR(q)。

定理 5.24　设 q 是正奇数，$r = \lfloor \log_2(q+1) \rfloor$，对于任意 $(\underline{a}_1, \underline{a}_2, \cdots, \underline{a}_r) \in$ GalFCSR(q)，有 $\underline{a}_i \in$ FiFCSR(q)。

先不证明该定理，而是给出更一般的 FCSR，即 Diversified-FCSR。

定义 5.7　r 级 Diversified-FCSR 由二元主寄存器 $x = (x_1, x_2, \cdots, x_r)$、整数进位寄存器 $c = (c_1, c_2, \cdots, c_r)$ 和 r 阶整数矩阵 T 组成。记

$$a(i) = (a_1(i), a_2(i), \cdots, a_r(i))$$

和
$$c(i) = (c_1(i), c_2(i), \cdots, c_r(i))$$
分别表示 i 时刻 x 和 c 的状态, 即 $(c(i); a(i))$ 为该 Diversified-FCSR 的 i 时刻状态, 并且满足
$$a(i+1) = a(i) \cdot T + c(i) \bmod 2$$
$$c(i+1) = \left\lfloor \frac{a(i) \cdot T + c(i)}{2} \right\rfloor = \frac{a(i) \cdot T + c(i) - a(i+1)}{2} \tag{5.2}$$
记 DiFCSR(T) 表示以 T 为状态转移矩阵的 Diversified-FCSR, 并简记 $(\underline{a}_1, \underline{a}_2, \cdots, \underline{a}_r) \in$ DiFCSR(T) 表示寄存器 $(x_1, x_2, \cdots, x_r)$ 的输出序列。

定理 5.25　　设 T 是 r 阶整数矩阵, 若 $q = |\det(I - 2T)|$ 是奇数, 则对于任意 $(\underline{a}_1, \underline{a}_2, \cdots, \underline{a}_r) \in$ DiFCSR(T), 有 $\underline{a}_i \in$ FiFCSR(q) $(i = 1, 2, \cdots, r)$。

证明　　设 DiFCSR(T) 的初态为
$$(c(0); a(0)) = (c_1(0), c_2(0), \cdots, c_r(0); a_1(0), a_2(0), \cdots, a_r(0))$$
对于 $i \geqslant 0$, 由式 (5.2) 得
$$a(i+1) = a(i) \cdot T + c(i) - 2c(i+1)$$
从而有
$$a(i+1) + a(i+2) \times 2 + \cdots = (a(i) + a(i+1) \times 2 + \cdots) \cdot T + c(i)$$
对于 $j = 1, 2, \cdots, r$, 记
$$A_j(i) = \sum_{k=0}^{\infty} a_j(i+k) \times 2^k$$
$$A(i) = (A_1(i), A_2(i), \cdots, A_r(i))$$
则有
$$A(i+1) = A(i) \cdot T + c(i)$$
特别地, 取 $i = 0$, 有
$$A(1) = A(0) \cdot T + c(0)$$
从而有
$$2(A(0) \cdot T + c(0)) = 2A(1) - a(0)$$
记 I 是 r 阶单位矩阵, 则有
$$A(0)(I - 2T) = a(0) + 2c(0)$$
设 $(I - 2T)^*$ 表示 $I - 2T$ 的伴随矩阵, 即
$$(I - 2T)(I - 2T)^* = \det(I - 2T) \cdot I$$

从而有

$$\det (I - 2T) A (0) = (a (0) + 2c(0)) \cdot (I - 2T)^*$$

记 $(p_1,\ p_2,\ \cdots,\ p_r) = (a (0) + 2c(0)) \cdot (I - 2T)^*$，则有

$$A (0) = \left(\frac{p_1}{\det (I - 2T)},\ \frac{p_2}{\det (I - 2T)},\ \cdots,\ \frac{p_r}{\det (I - 2T)} \right)$$

即

$$\sum_{k=0}^{\infty} a_j(k) \cdot 2^k = \frac{p_j}{\det (I - 2T)}, \quad j = 1,\ 2,\ \cdots,\ r$$

结论得证。

　　下面证明定理 5.24：显然图 5.4等价于图 5.5，其中 c_r 的初始值 $c_r (0) = 0$，从而 $c_r (i) = 0 (i = 0,\ 1,\ \cdots)$。

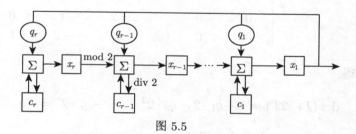

图 5.5

　　设 $q = -1 + q_1 \cdot 2 + q_2 \cdot 2^2 + \cdots + q_r \cdot 2^r$，对于 $(\underline{a}_1,\ \underline{a}_2,\ \cdots,\ \underline{a}_r) \in \mathrm{GalFCSR}(q)$，设其初态为 $(c_1 (0),\ c_2 (0),\ \cdots,\ c_{r-1} (0); a_1 (0),\ a_2 (0),\ \cdots,\ a_r(0))$，则 $(\underline{a}_1,\ \underline{a}_2,\ \cdots,\ \underline{a}_r)$ 也是图 5.5的输出序列，其初态为

$$(c_1 (0),\ c_2 (0),\ \cdots,\ c_{r-1} (0),\ c_r (0); a_1 (0),\ a_2 (0),\ \cdots,\ a_r (0))$$

式中，$c_r (0) = 0$。

　　记

$$a (i) = (a_1 (i),\ a_2 (i),\ \cdots,\ a_r (i))$$

$$c (i) = (c_1 (i),\ c_2 (i),\ \cdots,\ c_r (i))$$

则由 $(\underline{a}_1,\ \underline{a}_2,\ \cdots,\ \underline{a}_r) \in \mathrm{GalFCSR}(q)$，得下面的递归关系：

$$a (i + 1) = a (i) \cdot T + c (i) \bmod 2$$

$$c (i + 1) = \left\lfloor \frac{a (i) \cdot T + c (i)}{2} \right\rfloor = \frac{a (i) \cdot T + c (i) - a (i + 1)}{2}$$

式中,

$$T = \begin{pmatrix} q_1 & q_2 & \cdots & q_{r-2} & q_{r-1} & q_r \\ 1 & 0 & \cdots & 0 & 0 & 0 \\ 0 & 1 & \cdots & 0 & 0 & 0 \\ \vdots & \vdots & & \vdots & \vdots & \vdots \\ 0 & 0 & \cdots & 1 & 0 & 0 \\ 0 & 0 & \cdots & 0 & 1 & 0 \end{pmatrix}$$

从而由定理 5.25, 知 $\underline{a}_j \in \mathrm{FiFCSR}\,(q')(j = 1, 2, \cdots, r)$, 其中 $q' = |\det\,(I - 2T)|$。

下面计算 $\det\,(I - 2T)$:

$$\det\,(I - 2T) = \begin{vmatrix} 1 - 2q_1 & -2q_2 & \cdots & -2q_{r-2} & -2q_{r-1} & -2q_r \\ -2 & 1 & \cdots & 0 & 0 & 0 \\ 0 & -2 & \cdots & 0 & 0 & 0 \\ \vdots & \vdots & & \vdots & \vdots & \vdots \\ 0 & 0 & \cdots & -2 & 1 & 0 \\ 0 & 0 & \cdots & 0 & -2 & 1 \end{vmatrix}$$

按第一行展开, 得

$$\det\,(I - 2T) = 1 - q_1 \cdot 2 - q_2 \cdot 2^2 - \cdots - q_r \cdot 2^r = -q$$

所以 $q' = |\det\,(I - 2T)| = q$。定理 5.24得证。

至此, 证明了 Galois-FCSR 和 Diversified-FCSR 都可以转化为 Fibonacci-FCSR。并且 r 级 Galois-FCSR 可以转化为 r 级 Diversified-FCSR, 连接数为 q 的 Galois-FCSR 可以转化为连接数为 q 的 Fibonacci-FCSR。

但是 r 级 Diversified-FCSR 的输出序列未必是 r 级 Fibonacci-FCSR 输出序列, 这是因为 $\lfloor \log_2 |\det\,(I - 2T)| \rfloor$ 未必等于 r, 其中 T 是 r 级 Diversified-FCSR 的状态转移矩阵。

第 6 章　非线性反馈移位寄存器序列

在第 5 章中，学习了 FCSR 序列，从中了解到直接生成具有较好的非线性结构的序列的一个方法。在这一章中将介绍另一种产生非线性序列的方法，即非线性反馈移位寄存器。尽管非线性反馈移位寄存器的研究历史已较长，但一直没有找到有效的研究工具，目前主要借助图论工具，而且研究也不透彻。本章中 6.1～6.6 节的内容主要来源于文献 [41] 和 [42]。

6.1　有向图、de Bruijn Good 图

这一节简要介绍图论的相关知识。

定义 6.1　设 V 是由平面上有限多个点构成的非空集合，E 是连接 V 中点的有限多条有向弧构成的集合，则由 V 和 E 构成的图 $G = (V, E)$ 称为一个有向图。设 $G_1 = (V_1, E_1)$ 也是有向图，若 $V_1 = V$ 且 $E_1 \subseteq E$，则称 G_1 是 G 的部分图。

定义 6.2　设 $G = (V, E)$ 是有向图，$x, y \in V$，$e \in E$ 是顶点 x 到顶点 y 的一条有向弧，则 e 称为顶点 x 的出弧，也称为 y 的入弧。x 的出弧的总数称为 x 的出度，记为 $d^+(x)$；x 的入弧的总数称为 x 的入度，记为 $d^-(x)$；x 的出度与入度之和 $d^+(x) + d^-(x)$ 称为 x 的度，记为 $d(x)$。对于 $x \in V$，若 $d(x) = 0$，则称 x 是孤立点。

定义 6.3　设有向图 G 中有一串弧 $e_1, e_2, \cdots, e_n$，其中 $e_i (i = 1, 2, \cdots, n)$ 以 x_i 为起点，以 x_{i+1} 为终点，则称 $e_1 e_2 \cdots e_n$ 是从 x_1 到 x_{n+1} 的一条有向路，n 叫作这条路的路长，$x_1, x_2, \cdots, x_{n+1}$ 称为这条路上的顶点。进一步，如果 $e_1, e_2, \cdots, e_n$ 两两不同，则称 $e_1 e_2 \cdots e_n$ 是从 x_1 到 x_{n+1} 的一条有向单路；如果 $x_1 = x_{n+1}$，则称 $e_1 e_2 \cdots e_n$ 是一条有向回路。设 $e_1 e_2 \cdots e_n$ 是一条有向回路，若 $e_1, e_2, \cdots, e_n$ 两两不同且 $x_1, x_2, \cdots, x_n$ 也两两不同，则称该有向回路为圈，此时，其路长称为圈长或圈的周期。

定义 6.4　若对于有向图 G 中任意两个顶点 x 和 y，存在一条以 x 为起点，以 y 为终点的有向路，则称 G 是连通的。

定义 6.5　设 G 是有向图，若 G 有一条有向回路 l，使得 G 的每一条弧都在 l 中出现且只出现一次，则有向回路 l 称为 G 的一条完备回路（也称 Euler 回路）。若 G 有一条有向回路 l，使得 G 中每个顶点都在有向回路 l 上出现且只出现一次，则这条有向回路称为 G 的一个极大圈（也称 Hamilton 圈）。

关于完备回路的存在性，有下面的结论。

定理 6.1　设有向图 $G = (V, E)$ 没有孤立点，则 G 存在完备回路当且仅当 G 是连通图且对于 V 中的每个顶点 x，均有 $d^+(x) = d^-(x)$。

证明　必要性：设 G 存在完备回路 l。

因为 G 中的每条弧都在 l 中出现且 G 没有孤立点，所以 G 中的每个顶点在 l 中出现，

从而 G 也是连通图。

对于 $x \in V$，设 $e \in E$ 是 x 的一条入弧，则在 l 中有唯一的 x 的出弧 e'，使得 e' 是 e 的后继，即 $\xrightarrow{e} x \xrightarrow{e'}$ 是 l 中的一段有向路 ee'，从而在完备回路 l 中，每个顶点 x 的入弧与出弧是一一对应的，所以 $d^+(x) = d^-(x)$。

显然，l 中任意两个顶点之间有一条有向路并且每个顶点的入度等于出度。由于 G 没有孤立点，所以 G 的每个顶点都在 l 中，从而结论成立。

充分性：设 G 是连通的并且 G 中每个顶点的入度和出度相等，证明 G 中存在完备回路。

E 是非空集，G 中至少存在一条有向单路，不妨设

$$x_1 \xrightarrow{e_1} x_2 \xrightarrow{e_2} \cdots \xrightarrow{e_{n-1}} x_n \xrightarrow{e_n} x_{n+1}$$

是 G 中最长的有向单路，记为 l。下面证明 l 是完备回路。

首先，证明 l 是有向回路。假设 l 不是有向回路，即 $x_{n+1} \neq x_1$，则 x_{n+1} 在有向单路 l 中的入度大于出度，而 x_{n+1} 在 G 中的入度和出度相同，故 x_{n+1} 至少有一条出弧 e_{n+1} 不在 l 中，从而

$$x_1 \xrightarrow{e_1} x_2 \xrightarrow{e_2} \cdots \xrightarrow{e_{n-1}} x_n \xrightarrow{e_n} x_{n+1} \xrightarrow{e_{n+1}} x_{n+2}$$

也是 G 的有向单路，其中 x_{n+2} 是 e_{n+1} 的终点。这与 l 是 G 中最长的有向单路矛盾，所以，l 是有向回路。

其次，证明 $x_1, x_2, \cdots, x_n$ 的所有入弧和出弧都在 l 中。假设 $x_i(1 \leqslant i \leqslant n)$ 的一条入弧 e 不在 l 中。因为 l 是有向回路，所以不妨设 $i = 1$，那么

$$x_0 \xrightarrow{e} x_1 \xrightarrow{e_1} x_2 \xrightarrow{e_2} \cdots \xrightarrow{e_{n-1}} x_n \xrightarrow{e_n} x_{n+1} = x_1$$

也是 G 的有向单路。其中，x_0 是 e 的起点，这与 l 是 G 中最长的有向单路矛盾，故 $x_1, x_2, \cdots, x_n$ 的所有入弧都在 l 中。同理可证，$x_1, x_2, \cdots, x_n$ 的所有出弧都在 l 中。

由此可得：设 l' 是 G 的一条有向路，若 l' 的某个顶点也是 l 的顶点，则 l' 中的所有顶点和弧也都在 l 中。

最后，证明 G 的每条弧都在 l 中，从而 l 是 G 的一条完备回路。设 e 是 G 的任意一条弧，起点和终点分别为 z_1 和 z_2。因为 G 是连通的，所以存在 z_2 到 x_1 的一条有向路并通过弧 e 扩充为 z_1 到 x_1 的一条有向路：

$$z_1 \xrightarrow{e} z_2 \xrightarrow{e_2} \cdots \xrightarrow{e_m} z_{m+1} = x_1$$

因为 x_1 是 l 中的顶点，所以这条有向路上的所有顶点和弧都在 l 中，从而 e 在 l 中。由 l 是有向单回路知 l 是 G 的一条完备回路。 $\square$

定义 6.6 有向图 $D_n = (V, E)$ 定义如下：

$$V = \{(a_0, a_1, \cdots, a_{n-1}) \mid a_i \in \mathbb{F}_2, i = 0, 1, \cdots, n-1\}$$

$$E = \{(a_0, a_1, \cdots, a_{n-1}) \rightarrow (a_1, a_2, \cdots, a_n) \mid a_i \in \mathbb{F}_2, i = 0, 1, \cdots, n\}$$

式中，$(a_0, a_1, \cdots, a_{n-1}) \to (a_1, a_2, \cdots, a_n)$ 表示起点为 $(a_0, a_1, \cdots, a_{n-1})$，终点为 $(a_1, a_2, \cdots, a_n)$ 的有向弧，简记为 $(a_0, a_1, \cdots, a_{n-1}, a_n)$，称 D_n 为 n 级 de Bruijn Good 图（简称 n 级 D-G 图）。

n 级 D-G 图 D_n 有 2^n 个顶点和 2^{n+1} 条弧，每个顶点的出度为 2，即 $(a_0, a_1, \cdots, a_{n-1})$ 的后继为 $(a_1, a_2, \cdots, a_{n-1}, 0)$ 和 $(a_1, a_2, \cdots, a_{n-1}, 1)$，同样，每个顶点的入度也为 2，即 $(a_0, a_1, \cdots, a_{n-1})$ 的两个先导为 $(0, a_0, \cdots, a_{n-2})$ 及 $(1, a_0, \cdots, a_{n-2})$。$D_n$ 的任意两个顶点 $(a_0, a_1, \cdots, a_{n-1})$ 和 $(b_0, b_1, \cdots, b_{n-1})$ 之间都存在一条有向路：

$$(a_0, a_1, \cdots, a_{n-1}, b_0), (a_1, a_2, \cdots, a_{n-1}, b_0, b_1), \cdots, (a_{n-1}, b_0, b_1, \cdots, b_{n-1})$$

式中，$(a_0, a_1, \cdots, a_{n-1}, b_0)$ 是指 D_n 中的顶点 $(a_0, a_1, \cdots, a_{n-1})$ 到 $(a_1, \cdots, a_{n-1}, b_0)$ 的有向弧，从而 D_n 是连通图。

推论 6.1　对于任意的正整数 n，D_n 中存在完备回路。

证明　因为 D_n 是连通的且每个顶点的入度和出度相等，故由定理 6.1 知结论成立。□

例 6.1　下面分别是 1 级、2 级和 3 级 D-G 图。

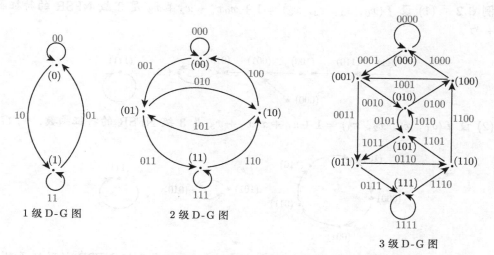

1 级 D-G 图　　　2 级 D-G 图　　　3 级 D-G 图

注 6.1　由推论 6.1 知，n 级 de Bruijn Good 图 D_n 中存在完备回路。并且由定义 6.6 知，D_{n-1} 中的弧 $(a_0, a_1, \cdots, a_{n-2}) \to (a_1, a_2, \cdots, a_{n-1})$ 记为 $(a_0, a_1, \cdots, a_{n-2}, a_{n-1})$，从而可知 D_{n-1} 的两条不同完备回路对应 D_n 的两个不同的极大圈；反之，D_n 的两个不同的极大圈也对应 D_{n-1} 的两条不同的完备回路，因此 D_{n-1} 的完备回路和 D_n 的极大圈是一一对应的，从而数量相等。

6.2　非线性反馈移位寄存器及其状态图

非线性反馈移位寄存器（简记 NFSR）的模型如图 6.1 所示。

其中，$g(x_0, x_1, \cdots, x_{n-1})$ 是 n 元布尔函数（当 g 是线性的时，就是第 1 章介绍的 LFSR），称 $g(x_0, x_1, \cdots, x_{n-1})$ 为该 NFSR 的反馈函数，并称

$$f(x_0, x_1, \cdots, x_n) = g(x_0, x_1, \cdots, x_{n-1}) + x_n$$

为该 NFSR 的特征函数，记 $\mathrm{NFSR}(f)$ 为以 $f(x_0,\, x_1,\, \cdots,\, x_n)$ 为特征函数的 NFSR。$\mathrm{NFSR}(f)$ 的输出序列 $\underline{a} = (a_0,\, a_1,\, a_2,\, \cdots)$ 称为 n 级 NFSR 序列，它满足递归关系：

$$a_{n+k} = g(a_k,\, a_{k+1},\, \cdots,\, a_{n+k-1}),\quad k = 0,\, 1,\, 2,\, \cdots$$

该 NFSR 输出序列全体记为 $G(f)$，即

$$G(f) = \{\underline{a} \in \mathbb{F}_2^\infty \mid f(a_k,\, a_{k+1},\, \cdots,\, a_{n+k}) = 0,\ k = 0,\, 1,\, 2,\, \cdots\}$$

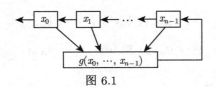

图 6.1

以 $f(x_0,\, x_1,\, \cdots,\, x_n)$ 为特征函数的 NFSR 的状态图记为 G_f。

以下提到的特征函数 $f(x_0,\, x_1,\, \cdots,\, x_n)$，都是指形如

$$f(x_0,\, x_1,\, \cdots,\, x_n) = g(x_0,\, x_1,\, \cdots,\, x_{n-1}) + x_n$$

的布尔函数。

例 6.2 (1) 设 $f(x_0,\, x_1,\, x_2,\, x_3) = 1 + x_0 x_1 + x_2 + x_3$ 是 3 级 NFSR 的特征函数，则 G_f 为

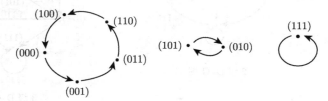

(2) 设 $f(x_0,\, x_1,\, x_2,\, x_3) = 1 + x_0 + x_1 x_2 + x_3$ 是 3 级 NFSR 的特征函数，则 G_f 为

(3) 设 $f(x_0,\, x_1,\, x_2,\, x_3) = 1 + x_0 + x_1 x_2 + x_2 + x_3$ 是 3 级 NFSR 的特征函数，则 G_f 为

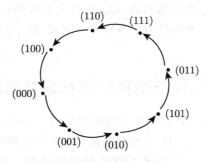

定义 6.7 设 $\mathrm{NFSR}(f)$ 是一个 n 级 NFSR，若 G_f 都由圈构成，即 $G(f)$ 中都是周期序列，则称 $\mathrm{NFSR}(f)$ 为非奇异的，同时称特征函数 f 是非奇异的。

定理 6.2　设 $f(x_0, x_1, \cdots, x_n)$ 是 n 级 NFSR 的特征函数，则 $f(x_0, x_1, \cdots, x_n)$ 是非奇异的当且仅当 $f(x_0, x_1, \cdots, x_n) = x_0 + f_0(x_1, \cdots, x_{n-1}) + x_n$，其中 f_0 是 $n-1$ 元布尔函数。

证明　设 $f(x_0, x_1, \cdots, x_n) = g(x_0, x_1, \cdots, x_{n-1}) + x_n$，其中 g 是 NFSR(f) 的反馈函数。

必要性：设

$$g(x_0, x_1, \cdots, x_{n-1}) = g_1(x_1, \cdots, x_{n-1}) + x_0 g_2(x_1, \cdots, x_{n-1})$$

若 $g_2(x_1, \cdots, x_{n-1}) \neq 1$，可设 $(a_1, \cdots, a_{n-1}) \in \mathbb{F}_2^{n-1}$，使得 $g_2(a_1, \cdots, a_{n-1}) = 0$，从而有

$$g(0, a_1, \cdots, a_{n-1}) = g(1, a_1, \cdots, a_{n-1}) = a_n$$

所以 $(0, a_1, \cdots, a_{n-1}) \to (a_1, \cdots, a_{n-1}, a_n)$ 和 $(1, a_1, \cdots, a_{n-1}) \to (a_1, \cdots, a_{n-1}, a_n)$ 是 G_f 的两条弧，即 $(a_1, \cdots, a_{n-1}, a_n)$ 有两条入弧，这与 NFSR 的非奇异性矛盾。

充分性：因为反馈函数 $g(x_0, x_1, \cdots, x_{n-1}) = x_0 + f_0(x_1, \cdots, x_{n-1})$，所以对于任意 $(a_1, \cdots, a_n) \in \mathbb{F}_2^n$，$G_f$ 中 $(a_1, \cdots, a_n)$ 的入弧是唯一的，从而 NFSR(f) 是非奇异的，即 f 是非奇异的。 $\quad\square$

下面讨论 n 级非奇异 NFSR 圈的个数。

给定特征函数 $f(x_0, x_1, \cdots, x_n)$，根据定理 6.2，很容易判断状态图 G_f 是否都由圈构成，但判断 G_f 中有多少个圈、各个圈的长度等是很困难的，至今没有有效的方法。

对于非奇异特征函数 $f(x_0, x_1, \cdots, x_n)$，记 N_f 为状态图 G_f 中圈的个数。

定理 6.3　设 $f(x_0, x_1, \cdots, x_n) = x_0 + x_n$，显然 G_f 中每个圈的圈长整除 n，对于 $d|n$，G_f 中圈长为 d 的圈的个数记为 $M(d)$，则有

$$M(d) = \frac{1}{d} \sum_{d'|d} \mu(d') 2^{\frac{d}{d'}}$$

$$N_f = \frac{1}{n} \sum_{d|n} \phi(d) 2^{\frac{n}{d}}$$

式中，ϕ 是 Euler 函数。

证明　设 $(a_0, a_1, \cdots, a_{n-1})$ 是 G_f 中的一个状态，因为 $f(x_0, x_1, \cdots, x_n) = x_0 + x_n$，所以状态 $(a_0, a_1, \cdots, a_{n-1})$ 所在圈的圈长为 d 的因子当且仅当

$$(a_0, a_1, \cdots, a_{n-1}) = (a_0, a_1, \cdots, a_{d-1}, \cdots, a_0, a_1, \cdots, a_{d-1})$$

因此，G_f 中圈长整除 d 的所有圈中的状态总数为 2^d。

另外，满足

$$(a_0, a_1, \cdots, a_{n-1}) = (a_0, a_1, \cdots, a_{d-1}, \cdots, a_0, a_1, \cdots, a_{d-1})$$

的状态 $(a_0, a_1, \cdots, a_{n-1})$ 的总数也等于 $\sum_{d'|d} d' M(d')$，所以

$$\sum_{d'|d} d' M(d') = 2^d$$

由 Mobius 反演公式得

$$dM(d) = \sum_{d'|d} \mu(d') 2^{\frac{d}{d'}}$$

即

$$M(d) = \frac{1}{d} \sum_{d'|d} \mu(d') 2^{\frac{d}{d'}}$$

所以

$$\begin{aligned}
N_f &= \sum_{d|n} M(d) \\
&= \sum_{d|n} \frac{1}{d} \sum_{d'|d} \mu(d') 2^{\frac{d}{d'}} \\
&= \sum_{d|n} \frac{1}{d} \sum_{d'|d} \mu\left(\frac{d}{d'}\right) 2^{d'} \\
&= \sum_{d_1|n} \frac{d_1}{n} \sum_{d'|\frac{n}{d_1}} \mu\left(\frac{n}{d_1 d'}\right) 2^{d'} \quad (\text{记} d_1 = n/d) \\
&= \sum_{d_1|n} \sum_{d'|\frac{n}{d_1}} \frac{d_1}{n} \mu\left(\frac{n}{d_1 d'}\right) 2^{d'} \\
&= \sum_{d'|n} \sum_{d_1|\frac{n}{d'}} \frac{d_1}{n} \mu\left(\frac{n}{d_1 d'}\right) 2^{d'} \\
&= \sum_{d'|n} \left(\frac{1}{d'} \left(\sum_{d_1|\frac{n}{d'}} \frac{d_1 d'}{n} \mu\left(\frac{n}{d_1 d'}\right) \right) 2^{d'} \right)
\end{aligned}$$

当 d_1 跑遍 n/d' 的因子时，$n/(d_1 d')$ 也恰好跑遍 n/d' 的因子，所以由 Euler 函数和 Mobius 函数之间的关系

$$\phi(n) = n \sum_{d|n} \frac{\mu(d)}{d}$$

得

$$\sum_{d_1|\frac{n}{d'}} \frac{d_1 d'}{n} \mu\left(\frac{n}{d_1 d'}\right) = \frac{d'}{n} \phi\left(\frac{n}{d'}\right)$$

所以

$$
\begin{aligned}
N_f &= \sum_{d'\mid n}\left(\frac{1}{d'}\left(\sum_{d_1\mid\frac{n}{d'}}\frac{d_1 d'}{n}\mu\left(\frac{n}{d_1 d'}\right)\right)2^{d'}\right)\\
&= \sum_{d'\mid n}\left(\frac{1}{d'}\left(\frac{d'}{n}\phi\left(\frac{n}{d'}\right)\right)2^{d'}\right)\\
&= \sum_{d'\mid n}\frac{1}{n}\phi\left(\frac{n}{d'}\right)2^{d'}\\
&= \frac{1}{n}\sum_{d\mid n}\phi\left(d\right)2^{\frac{n}{d}}
\end{aligned}
$$

$\square$

下面记 $f(x_0, x_1, \cdots, x_n)=x_0+x_n$ 的圈的个数为 $z(n)$，即

$$
z(n)=\frac{1}{n}\sum_{d\mid n}\phi\left(d\right)2^{n/d}
$$

对于 n 级非奇异特征函数 $f(x_0, x_1, \cdots, x_n)$，下面的结论给出了 G_f 中圈的个数的上界。

定理 6.4　设 $f(x_0, x_1, \cdots, x_n)$ 是 n 级非奇异特征函数，则有以下结论。

(1) $1\leqslant N_f\leqslant z(n)$。

(2) 对于任意 $1\leqslant N\leqslant z(n)$，存在非奇异特征函数 $g(x_0, x_1, \cdots, x_n)$，使得 $N_g=N$。

(3) 当 $n>2$ 时，$z(n)$ 是偶数。

这个定理的证明难度较大，在此略。

定义 6.8　设 $\underline{a}$ 是 n 级 NFSR 序列，显然 $\mathrm{per}(\underline{a})\leqslant 2^n$。若 $\mathrm{per}(\underline{a})=2^n$，则称 $\underline{a}$ 为极大周期 n 级非线性递归序列或 n 级 de Bruijn 序列（俗称 n 级 M-序列）。

显然，若特征函数 $f(x_0, x_1, \cdots, x_n)$ 是 n 级 de Bruijn 序列 $\underline{a}$ 特征函数，则 G_f 只包含一个圈，而 $\underline{a}$ 在一个周期圆中的所有状态都出现且仅出现一次。

注 6.2　显然 D_n 中的极大圈与 n 级 de Bruijn 序列的特征函数是一一对应的。

这是因为，若 $f(x_0, x_1, \cdots, x_n)$ 是 n 级 de Bruijn 序列的特征函数，显然 G_f 是 D_n 的一个极大圈。

下面说明由 D_n 的一个极大圈确定一个 n 级 de Bruijn 序列的特征函数。

首先定义布尔函数的小项表示。对于 $(b_0, b_1, \cdots, b_{n-1})\in\mathbb{F}_2^n$，定义

$$
x_0^{b_0}x_1^{b_1}\cdots x_{n-1}^{b_{n-1}}\stackrel{\mathrm{def}}{=\!=}
\begin{cases}
1, & (x_0, \cdots, x_{n-1})=(b_0, b_1, \cdots, b_{n-1})\\
0, & 否则
\end{cases}
$$

即

$$
x_0^{b_0}x_1^{b_1}\cdots x_{n-1}^{b_{n-1}}=(x_0+b_0+1)(x_1+b_1+1)\cdots(x_{n-1}+b_{n-1}+1)
$$

或者说，对单变元的布尔函数：$x^1 = x$，$x^0 = x + 1$。

设

$$(a_0, a_1, \cdots, a_{n-1}) \to (a_1, a_2, \cdots, a_n) \to \cdots \to (a_{2^n-n}, a_{2^n-n+1}, \cdots, a_{2^n-1})$$
$$\to (a_{2^n-n+1}, \cdots, a_{2^n-1}, a_0) \to \cdots \to (a_{2^n-1}, a_0, \cdots, a_{n-2}) \to (a_0, a_1, \cdots, a_{n-1})$$

是 D_n 的一个极大圈。

令

$$g(x_0, x_1, \cdots, x_{n-1})$$
$$= a_n x_0^{a_0} \cdots x_{n-1}^{a_{n-1}} + \cdots + a_{2^n-1} x_0^{a_{2^n-n-1}} \cdots x_{n-1}^{a_{2^n-2}}$$
$$+ a_0 x_0^{a_{2^n-n}} \cdots x_{n-1}^{a_{2^n-1}} + \cdots + a_{n-1} x_0^{a_{2^n-1}} x_1^{a_0} \cdots x_{n-1}^{a_{n-2}}$$

则以 $(a_0, a_1, \cdots, a_{n-1})$ 为初态，以 $g(x_0, x_1, \cdots, x_{n-1})$ 为反馈函数的序列为

$$\underline{a} = (a_0, a_1, \cdots, a_{2^n-1}, \cdots)$$

其中 $a_{k+2^n} = a_k$。再由极大圈的假设知，$\mathrm{per}(\underline{a}) = 2^n$，从而序列 $\underline{a}$ 是 n 级 de Bruijn 序列，所以

$$f(x_0, x_1, \cdots, x_n) = g(x_0, x_1, \cdots, x_{n-1}) + x_n$$

是 n 级 de Bruijn 序列 $\underline{a}$ 的特征函数。

再由注 6.1得以下结论。

定理 6.5　两两平移不等价的 n 级 de Bruijn 序列的个数（或 n 级 de Bruijn 序列特征函数的个数）等于 D_{n-1} 中完备回路的个数（或 D_n 中极大圈的个数）。

在 6.3 节中，将给出两两平移不等价的 n 级 de Bruijn 序列的个数。

6.3　de Bruijn 序列的计数

因为 D_n 中极大圈存在，所以 n 级 de Bruijn 序列必存在。

为给出 n 级 de Bruijn 序列的个数 (不计平移等价的序列)，由定理 6.5知，只要计算 D_{n-1} 中的完备回路个数即可。为表示方便，下面计算 D_n 中的完备回路个数。

主要思想是利用有向图的联系矩阵。

定义 6.9　设 $G = (V, E)$ 是有向图，并设 $V = \{x_1, x_2, \cdots, x_m\}$。对于 $x_i, x_j \in V$，记 x_i 到 x_j 的有向弧条数为 a_{ij}，则称矩阵 $A_G = (a_{ij})_{m \times m}$ 为 G 的联系矩阵。

显然，m 个顶点的有向图与 $m \times m$ 的非负整数矩阵具有一一对应关系，从而有向图可由它的联系矩阵完全刻画。

定义 6.10　设 $G = (V, E)$ 是有向图，$x \in V$。若 G 满足：

(1) $d^-(x) = 0$，而对于任意 $y \in V \setminus \{x\}$，有 $d^-(y) = 1$；

(2) 对于任意 $y \in V \setminus \{x\}$，x 到 y 有一条有向路。

则称 G 为有向树，x 为 G 的树根。

注 6.3　若 x_i 到自身有弧，则称该弧为环。显然，有向树中的顶点没有环。

例 6.3　图 6.2是一个以 $\{x_1, x_2, \cdots, x_8\}$ 为顶点的有向树，其中 x_1 是树根。

引理 6.1　设 $G = (V, E)$ 是以 $x \in V$ 为根的有向树，$|V|$ 和 $|E|$ 分别表示 G 的顶点数和有向弧条数，则有以下结论。

(1) $|E| = |V| - 1$。

(2) x 到任意其他顶点有唯一的有向路。

证明　(1) 根据有向树的定义，除了顶点 x 没有入弧，其他顶点有唯一入弧，所以 $|E| = |V| - 1$。

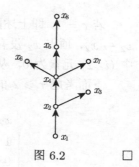

图 6.2

(2) 若存在 $y \in V \setminus \{x\}$，使得 x 到 y 存在两条不同的有向路，可设这两条有向路为

$$x = x_{i_{r+s}} \to \cdots \to x_{i_{r+1}} \to y_{i_r} \to \cdots \to y_{i_1} \to y_{i_0} = y$$

$$x = z_{i_{r+t}} \to \cdots \to z_{i_{r+1}} \to y_{i_r} \to \cdots \to y_{i_1} \to y_{i_0} = y$$

式中，$r \geqslant 0$，$x_{i_{r+1}} \neq z_{i_{r+1}}$，则顶点 y_{i_r} 有两条入弧，矛盾。

设 G 是有 m 个顶点 $\{x_1, x_2, \cdots, x_m\}$ 的有向图，以下记

$$T_G = \begin{pmatrix} d^-(x_1) & 0 & \cdots & 0 \\ 0 & d^-(x_2) & \cdots & 0 \\ \vdots & \vdots & & \vdots \\ 0 & 0 & \cdots & d^-(x_m) \end{pmatrix}$$

即 T_G 是对角线上元素为 $d^-(x_1)$，$d^-(x_2)$，$\cdots$，$d^-(x_m)$ 的对角矩阵。

对于 $m \times m$ 矩阵 A，A 的第 i 行第 j 列元素的代数余子式简称 A 的 (i, j)-代数余子式。

引理 6.2　设 G 是有 m 个顶点 $\{x_1, x_2, \cdots, x_m\}$ 和 $m - 1$ 条弧的有向图。记 $T_G - A_G = (b_{ij})_{m \times m}$ 的 $(1, 1)$-代数余子式为 M_{11}，则 $M_{11} = 0$ 或 1，并且 G 是以 x_1 为根的有向树当且仅当 $M_{11} = 1$。

证明　只需要证明：若 $M_{11} \neq 0$，则 G 是以 x_1 为根的有向树；若 G 是以 x_1 为根的有向树，则 $M_{11} = 1$。

(1) 设 $M_{11} \neq 0$。要证明：对于每个顶点 $y \neq x_1$，都有 $d^-(y) = 1$，并且 y 到 x_1 有一条有向路。

首先，证明对于每个顶点 $y \neq x_1$，都有 $d^-(y) = 1$。

假设存在一个顶点 x_j $(2 \leqslant j \leqslant m)$ 没有入弧，即 $d^-(x_j) = 0$，则 $T_G - A_G$ 的第 j 列全为 0，从而 $M_{11} = 0$，这与 $M_{11} \neq 0$ 矛盾，故每个顶点 $y \neq x_1$ 都至少有一条入弧，又因为 G 只有 $m - 1$ 条有向弧，所以 $d^-(y) = 1$。

其次，证明对于每个顶点 $y \neq x_1$，y 到 x_1 有一条有向路。

因为除 x_1 以外的每个顶点都有唯一的入弧，所以从顶点 y 出发，沿入弧方向一直前进，得到一条有向路 l：

$$l: y = x_{i_1} \leftarrow x_{i_2} \leftarrow \cdots$$

若 y 到 x_1 没有有向路, 则所有 $x_{i_j} \neq x_1$, 从而必存在 $1 \leqslant s < t \leqslant m$, 使得 $x_{i_s} = x_{i_t}$, 即 $i_s = i_t$, 也就是说

$$x_{i_s} \leftarrow x_{i_{s+1}} \leftarrow \cdots \leftarrow x_{i_{t-1}} \leftarrow x_{i_t}$$

构成一个圈. 因为置换顶点 $x_2, \cdots, x_m$ 的标号不改变 M_{11} 的值, 不妨设该圈为

$$x_2 \to x_3 \to \cdots \to x_{r+1} \to x_2, \ r \geqslant 1$$

若 $r = 1$, 即上述圈为 $x_2 \to x_2$, 则 x_2 处有一个环. 此时, 因为 $d^-(x_2) = 1$, 所以除了 $x_2 \to x_2$, 顶点 x_2 没有其他入弧, 从而 T_G 和 A_G 中 $(2, 2)$-元素都为 1. 而对于 $i \neq 2$, A_G 中 $(i, 2)$-元素为 0, 从而 $T_G - A_G$ 的第 2 列全为 0, 所以 $M_{11} = 0$, 矛盾.

下面考虑 $r \geqslant 2$ 的情形, 由圈 $x_2 \to x_3 \to \cdots \to x_{r+1} \to x_2$ 可知

$$M_{11} = \begin{array}{c} \\ \\ \\ \\ \\ \\ \\ \\ \\ \\ \end{array} \begin{array}{ccccccccc} x_2 & x_3 & x_4 & \cdots & x_r & x_{r+1} & x_{r+2} & \cdots & x_m \\ \hline 1 & -1 & 0 & \cdots & 0 & 0 & b_{2,\,r+2} & \cdots & b_{2,\,m} \\ 0 & 1 & -1 & \cdots & 0 & 0 & b_{3,\,r+2} & \cdots & b_{3,\,m} \\ 0 & 0 & 1 & \cdots & 0 & 0 & b_{4,\,r+2} & \cdots & b_{4,\,m} \\ \vdots & \vdots & \vdots & & \vdots & \vdots & \vdots & & \vdots \\ 0 & 0 & 0 & \cdots & 1 & -1 & b_{r,\,r+2} & \cdots & b_{r,\,m} \\ -1 & 0 & 0 & \cdots & 0 & 1 & b_{r+1,\,r+2} & \cdots & b_{r+1,\,m} \\ 0 & 0 & 0 & \cdots & 0 & 0 & b_{r+2,\,r+2} & \cdots & b_{r+2,\,m} \\ \vdots & \vdots & \vdots & & \vdots & \vdots & \vdots & & \vdots \\ 0 & 0 & 0 & \cdots & 0 & 0 & b_{m,\,r+2} & \cdots & b_{m,\,m} \end{array} \begin{array}{c} x_2 \\ x_3 \\ x_4 \\ \vdots \\ x_r \\ x_{r+1} \\ x_{r+2} \\ \vdots \\ x_m \end{array}$$

为计算 M_{11}, 考虑 M_{11} 的前 r 列的所有 r 级子式. 首先, 第一个 r 级子式为

$$\begin{vmatrix} 1 & -1 & 0 & \cdots & 0 & 0 \\ 0 & 1 & -1 & \cdots & 0 & 0 \\ 0 & 0 & 1 & \cdots & 0 & 0 \\ \vdots & \vdots & \vdots & & \vdots & \vdots \\ 0 & 0 & 0 & \cdots & 1 & -1 \\ -1 & 0 & 0 & \cdots & 0 & 1 \end{vmatrix} = 0$$

而 M_{11} 的前 r 列的其余 r 级子式显然都为 0, 从而由拉普拉斯展开知 $M_{11} = 0$. 这与 $M_{11} \neq 0$ 矛盾, 故此情形不成立.

因此, 对于每个顶点 $y \neq x_1$, y 到 x_1 有一条有向路.

综上知, 若 $M_{11} \neq 0$, 则对于每个顶点 $y \neq x_1$, 都有 $d^-(y) = 1$, 并且 y 到 x_1 有一条有向路.

(2) 若 G 是以 x_1 为根的有向树, 则 $M_{11} = 1$.

因为 G 是以 x_1 为根的有向树，所以有

$$d^-(x_1) = 0, \quad d^-(x_2) = \cdots = d^-(x_m)$$

对于每个 $x_i(i = 2, 3, \cdots, m)$，由引理 6.1知 x_1 到 x_i 有唯一的有向路，记该路长为 s_i。因为置换顶点 $x_2, \cdots, x_m$ 的标号不改变 M_{11} 的值，故不妨设

$$s_2 \leqslant s_3 \leqslant \cdots \leqslant s_m$$

若 x_i 到 x_j 有一条弧，则 $a_{ij} = 1$ 且 $s_i \leqslant s_j$，从而 $i \leqslant j$。而有向树中的顶点没有环，故 $i < j$，也就是说，若 $j \geqslant i$，则 $a_{ji} = 0$，即 G 的联系矩阵 A_G 形如

$$A_G = \begin{pmatrix} 0 & a_{12} & a_{13} & \cdots & a_{1m} \\ 0 & 0 & a_{23} & \cdots & a_{2m} \\ \vdots & \vdots & \vdots & & \vdots \\ 0 & 0 & 0 & \cdots & a_{m-1,\,m} \\ 0 & 0 & 0 & \cdots & 0 \end{pmatrix}$$

从而 $T_G - A_G$ 中 $(1, 1)$-代数余子式为

$$M_{11} = \begin{vmatrix} 1 & -a_{23} & \cdots & -a_{2m} \\ 0 & 1 & \cdots & -a_{3m} \\ \vdots & \vdots & & \vdots \\ 0 & 0 & \cdots & 1 \end{vmatrix} = 1 \neq 0$$

所以，若 G 是以 x_1 为根的有向树，则 $M_{11} = 1$。　□

注 6.4　在下面的引理 6.3证明过程中，需要用到以下行列式运算的基本性质：

$$\begin{vmatrix} a_{11} + b_1 & a_{12} & \cdots & a_{1m} \\ a_{21} + b_2 & a_{22} & \cdots & a_{2m} \\ \vdots & \vdots & & \vdots \\ a_{m1} + b_m & a_{m2} & \cdots & a_{mm} \end{vmatrix}$$

$$= \begin{vmatrix} a_{11} & a_{12} & \cdots & a_{1m} \\ a_{21} & a_{22} & \cdots & a_{2m} \\ \vdots & \vdots & & \vdots \\ a_{m1} & a_{m2} & \cdots & a_{mm} \end{vmatrix} + \begin{vmatrix} b_1 & a_{12} & \cdots & a_{1m} \\ b_2 & a_{22} & \cdots & a_{2m} \\ \vdots & \vdots & & \vdots \\ b_m & a_{m2} & \cdots & a_{mm} \end{vmatrix}$$

一般地，有

$$\begin{vmatrix} a_{11} + b_{11} & a_{12} + b_{12} & \cdots & a_{1m} + b_{1m} \\ a_{21} + b_{21} & a_{22} + b_{22} & \cdots & a_{2m} + b_{2m} \\ \vdots & \vdots & & \vdots \\ a_{m1} + b_{m1} & a_{m2} + b_{m2} & \cdots & a_{mm} + b_{mm} \end{vmatrix} = \sum_{c_1 \in C_1, \cdots, c_m \in C_m} |c_1, c_2, \cdots, c_m|$$

式中，$C_i = \left\{ (a_{1i}, a_{2i}, \cdots, a_{mi})^{\mathrm{T}}, (b_{1i}, b_{2i}, \cdots, b_{mi})^{\mathrm{T}} \right\}(i = 1, 2, \cdots, m)$。

引理 6.3 设 n 是正整数，$V = \{x_1, x_2, \cdots, x_{2^n}\}$ 是 n 级 D-G 图 D_n 的顶点集，记 $T_{D_n} - A_{D_n}$ 的 $(1, 1)$-代数余子式为 M_{11}，则 D_n 中以 x_1 为根的有向树部分图的个数等于 M_{11}。

证明 设 G 是 D_n 中去掉顶点 x_1 的两条入弧所得到的部分图，显然 G 中以 x_1 为根的有向树部分图与 D_n 中以 x_1 为根的有向树部分图是一一对应的，从而 G 和 D_n 中以 x_1 为根的有向树部分图的个数相同。

记 M_G 是 $T_G - A_G$ 的 $(1, 1)$-代数余子式，显然 $M_G = M_{11}$。

下面只要证明，G 中以 x_1 为根的有向树部分图的个数等于 M_G。

设 $m = 2^n$，记

$$\Gamma = \{P \text{ 是 } G \text{ 的部分图} \mid P \text{ 中 } d^-(x_1) = 0, d^-(x_2) = \cdots = d^-(x_m) = 1\}$$

对于 $P \in \Gamma$，显然 P 中有 $m-1$ 条有向弧。记 M_P 表示 $T_P - A_P$ 的 $(1, 1)$-代数余子式。

首先证明

$$M_G = \sum_{P \in \Gamma} M_P$$

对于整数 $1 \leqslant k \leqslant m$，记 ε_k 是第 k 个元素为 1，其他元素都为 0 的 m 维列向量，即

$$\varepsilon_k = (\underbrace{0, \cdots, 0, 1}_{k}, 0, \cdots, 0)^{\mathrm{T}}$$

在 G 中，因为 $d^-(x_1) = 0$ 且 $d^-(x_2) = \cdots = d^-(x_m) = 2$，所以

$$T_G = \begin{pmatrix} 0 & 0 & \cdots & 0 \\ 0 & 2 & \cdots & 0 \\ \vdots & \vdots & & \vdots \\ 0 & 0 & \cdots & 2 \end{pmatrix}_{m \times m} = (0, 2\varepsilon_2, 2\varepsilon_3, \cdots, 2\varepsilon_m)$$

$$A_G = (0, \varepsilon_{2,1} + \varepsilon_{2,2}, \varepsilon_{3,1} + \varepsilon_{3,2}, \cdots, \varepsilon_{m,1} + \varepsilon_{m,2})$$

式中，$\varepsilon_{i,j} \in \{\varepsilon_1, \varepsilon_2, \cdots, \varepsilon_m\}(i = 2, 3, \cdots, m; j = 1, 2)$，并且以下列方式确定 $\varepsilon_{i,j}$。

以 $\varepsilon_{2,1}$ 和 $\varepsilon_{2,2}$ 为例。在 G 中，x_2 有两条入弧，分别设为 $x_{k_1} \to x_2$，$x_{k_2} \to x_2$，其中 $1 \leqslant k_1 < k_2 \leqslant m$，则令 $\varepsilon_{2,1} = \varepsilon_{k_1}$，$\varepsilon_{2,2} = \varepsilon_{k_2}$，即 A_G 的第二列为

$$\varepsilon_{2,1} + \varepsilon_{2,2} = (\underbrace{0, \cdots, 0, 1}_{k_1}, 0, \cdots, 0, \underbrace{1}_{}, 0, \cdots, 0)^{\mathrm{T}}$$
$$\underbrace{\qquad\qquad\qquad\qquad\qquad}_{k_2}$$

对于 $(j_2, j_3, \cdots, j_m) \in \{1, 2\}^{m-1}$，记 $P_{j_2, j_3, \cdots, j_m}$ 是以 $(0, \varepsilon_{2,j_2}, \varepsilon_{3,j_3}, \cdots, \varepsilon_{m,j_m})$ 为联系矩阵的有向图，即

$$A_{P_{j_2, j_3, \cdots, j_m}} = (0, \varepsilon_{2,j_2}, \varepsilon_{3,j_3}, \cdots, \varepsilon_{m,j_m})$$

显然，当 $(j_2,\, j_3,\, \cdots,\, j_m)$ 遍历 $\{1,\, 2\}^{m-1}$ 时，$P_{j_2,\, j_3,\, \cdots,\, j_m}$ 也恰好遍历 Γ，即

$$\Gamma = \{P \text{ 是 } G \text{ 的部分图 } \mid P \text{ 中 } d^-(x_1) = 0,\ d^-(x_2) = \cdots = d^-(x_m) = 1\}$$

$$= \{P_{j_2,\, j_3,\, \cdots,\, j_m} \mid (j_2,\, j_3,\, \cdots,\, j_m) \in \{1,\, 2\}^{m-1}\}$$

记 $\bar{\varepsilon}_i$ 和 $\bar{\varepsilon}_{i,\, j}$ 分别为列向量 ε_i 和 $\varepsilon_{i,\, j}$ 中删除第一个元素所得的 $m-1$ 维列向量，则由

$$T_G - A_G = (0,\ 2\varepsilon_2 - (\varepsilon_{2,\,1} + \varepsilon_{2,\,2}),\ \cdots,\ 2\varepsilon_m - (\varepsilon_{m,\,1} + \varepsilon_{m,\,2}))$$

$$= (0,\ (\varepsilon_2 - \varepsilon_{2,\,1}) + (\varepsilon_2 - \varepsilon_{2,\,2}),\ \cdots,\ (\varepsilon_m - \varepsilon_{m,\,1}) + (\varepsilon_m - \varepsilon_{m,\,2}))$$

得

$$M_G = |(\bar{\varepsilon}_2 - \bar{\varepsilon}_{2,\,1}) + (\bar{\varepsilon}_2 - \bar{\varepsilon}_{2,\,2}),\ \cdots,\ (\bar{\varepsilon}_m - \bar{\varepsilon}_{m,\,1}) + (\bar{\varepsilon}_m - \bar{\varepsilon}_{m,\,2})|$$

再由行列式运算性质，得

$$M_G = \sum_{(j_2,\, j_3,\, \cdots,\, j_m) \in \{1,\, 2\}^{m-1}} |\bar{\varepsilon}_2 - \bar{\varepsilon}_{2,\, j_2},\ \bar{\varepsilon}_3 - \bar{\varepsilon}_{3,\, j_3},\ \cdots,\ \bar{\varepsilon}_m - \bar{\varepsilon}_{m,\, j_m}|$$

$$= \sum_{(j_2,\, j_3,\, \cdots,\, j_m) \in \{1,\, 2\}^{m-1}} |(\bar{\varepsilon}_2,\ \bar{\varepsilon}_3,\ \cdots,\ \bar{\varepsilon}_m) - (\bar{\varepsilon}_{2,\, j_2},\ \bar{\varepsilon}_{3,\, j_3},\ \cdots,\ \bar{\varepsilon}_{m,\, j_m})|$$

$$(6.1)$$

因为在 $P_{j_2,\, j_3,\, \cdots,\, j_m}$ 中，$d^-(x_1) = 0$，$d^-(x_2) = \cdots = d^-(x_m) = 1$，所以

$$T_{P_{j_2,\, j_3,\, \cdots,\, j_m}} = (0,\ \varepsilon_2,\ \varepsilon_3,\ \cdots,\ \varepsilon_m)$$

从而 $T_{P_{j_2,\, j_3,\, \cdots,\, j_m}} - A_{P_{j_2,\, j_3,\, \cdots,\, j_m}}$ 的 $(1,\, 1)$-代数余子式为

$$M_{P_{j_2,\, j_3,\, \cdots,\, j_m}} = |(\varepsilon_2,\ \varepsilon_3,\ \cdots,\ \varepsilon_m) - (\bar{\varepsilon}_{2,\, j_2},\ \bar{\varepsilon}_{3,\, j_3},\ \cdots,\ \bar{\varepsilon}_{m,\, j_m})|$$

再由式 (6.1)，得

$$M_G = \sum_{(j_2,\, j_3,\, \cdots,\, j_m) \in \{1,\, 2\}^{m-1}} M_{P_{j_2,\, j_3,\, \cdots,\, j_m}} = \sum_{P \in \Gamma} M_P$$

最后，证明 $\sum_{P \in \Gamma} M_P$ 等于以 x_1 为根的有向树部分图个数。

显然，G 中以 x_1 为根的有向树部分图都是 Γ 中的一个图。再由引理 6.2 知，对于 $P \in \Gamma$，若 P 构成以 x_1 为根的 G 的有向树部分图，则 $M_P = 1$，否则 $M_P = 0$，所以 G 中以 x_1 为根的有向树部分图个数为

$$N_1 = \sum_{P \in \Gamma} M_P$$

综上得

$$N_1 = \sum_{P \in \Gamma} M_P = M_G = M_{11}$$

命题得证。 $\qquad\square$

注 6.5　　事实上，引理 6.3的结论对于任意有向图都是成立的。

下面的引理将证明 $T_{D_n} - A_{D_n}$ 的 (i, i)-代数余子式 M_{ii} 都是相等的，证明过程中，说明了 D_n 中以 x_1 为根的有向树部分图与 D_n 中的完备回路是一一对应的。

引理 6.4　　设 n 是正整数，$V = \{x_1, x_2, \cdots, x_m\}$ 是 n 级 D-G 图 D_n 的顶点集，其中 $m = 2^n$，$T_{D_n} - A_{D_n}$ 的 (i, i)-代数余子式为 M_{ii} $(i = 1, 2, \cdots, m)$，则 D_n 中不同完备回路的个数为 M_{11}，并且 $M_{11} = M_{22} = \cdots = M_{mm}$。

证明　　D_n 中不同完备回路的个数记为 N_1，D_n 中以 x_1 为根的有向树部分图的个数记为 N_2。由引理 6.3知 $N_2 = M_{11}$。下面只要证明 $N_1 = N_2$ 即可。

首先，证明 $N_2 \leqslant N_1$。

在 D_n 中，顶点 x_1 的两条入弧分别标记为 $e_{1,1}$ 和 $e_{1,2}$。

设 $G = (V, E)$ 是 D_n 中一个以 x_1 为根的有向树部分图，对于 $2 \leqslant i \leqslant m$，记 G 中 x_i 的入弧为 $e_{i,1}$，而 x_i 在 D_n 中的另一条入弧记为 $e_{i,2}$，并记

$$E' = \{e_{2,2}, e_{3,2}, \cdots, e_{m,2}\} \cup \{e_{1,1}, e_{1,2}\}$$

显然，$\{e_{2,1}, e_{3,1}, \cdots, e_{m,1}\} \bigcup \{e_{2,2}, e_{3,2}, \cdots, e_{m,2}\} \bigcup \{e_{1,1}, e_{1,2}\}$ 就是 D_n 中的所有弧。

按下述方法唯一确定 D_n 的完备回路。

在 D_n 中构造一条反向单路 l：从顶点 x_1 和 $e_{1,1}$ 出发，按优先选择 E' 中有向弧的原则，沿入弧方向前进，直到没有弧可选择，得到一条有向单路 l。具体构造如下。

递归构造下面的有向单路 $l_2, l_3, \cdots$。

首先可设

$$l_2 : x_1 \xleftarrow{e_{1,1}} x_{i_2}$$

$$l_3 : x_1 \xleftarrow{e_{1,1}} x_{i_2} \xleftarrow{e_{i_2,2}} x_{i_3}$$

假设已经构造有向单路：

$$l_k : x_1 \xleftarrow{e_{1,1}} x_{i_2} \xleftarrow{e_{i_2,2}} x_{i_3} \longleftarrow \cdots \longleftarrow x_{i_k}$$

(1) 若 D_n 中 x_{i_k} 的两条入弧 $e_{i_k,1}$ 和 $e_{i_k,2}$ 在 l_k 中都没出现，则设

$$l_{k+1} : x_1 \xleftarrow{e_{1,1}} x_{i_2} \xleftarrow{e_{i_2,2}} x_{i_3} \longleftarrow \cdots \longleftarrow x_{i_k} \xleftarrow{e_{i_k,2}} x_{i_{k+1}}$$

(2) 若 D_n 中 x_{i_k} 的入弧 $e_{i_k,2}$ 在 l_k 中出现，而 $e_{i_k,1}$ 在 l_k 中没有出现，则设

$$l_{k+1} : x_1 \xleftarrow{e_{1,1}} x_{i_2} \xleftarrow{e_{i_2,2}} x_{i_3} \longleftarrow \cdots \longleftarrow x_{i_k} \xleftarrow{e_{i_k,1}} x_{i_{k+1}}$$

(3) 若 D_n 中 x_{i_k} 的两条入弧 $e_{i_k,1}$ 和 $e_{i_k,2}$ 在 l_k 中都出现，则 l_k 就是所要构造的有向单路 l。

设所构造的 l 为

$$l : x_1 \xleftarrow{e_{1,1}} x_{i_2} \xleftarrow{e_{i_2,2}} x_{i_3} \longleftarrow \cdots \longleftarrow x_{i_k}$$

下面说明 l 是 D_n 的一条完备回路。

(1) 由构造方法知，l 是一条有向单路。

(2) D_n 的每条弧在 l 中出现，原因如下。

① l 是回路，即 $x_{i_k} = x_1$，否则，由构造知，x_{i_k} 的两条入弧 $e_{i_k, 1}$ 和 $e_{i_k, 2}$ 在 l 中出现，从而存在 $2 \leqslant d < j < k$，使得 $x_{i_d} = x_{i_j} = x_{i_k}$，即

$$l : x_1 \xleftarrow{e_{1, 1}} \cdots \leftarrow x_{i_d} \xleftarrow{e_{i_d, 2}} \cdots \leftarrow x_{i_j} \xleftarrow{e_{i_j, 1}} \cdots \leftarrow x_{i_k}$$

这样，在 l 中出现 x_{i_k} 的三条出弧，而 D_n 中每个顶点只有两条出弧，这使得 l 不可能是有向单路，矛盾，所以

$$l : x_1 \xleftarrow{e_{1, 1}} x_{i_2} \xleftarrow{e_{i_2, 2}} x_{i_3} \leftarrow \cdots \leftarrow x_{i_k} = x_1$$

② 顶点 x_1 的 2 条入弧和 2 条出弧都在 l 中。因为构造的 l 终止于 $x_{i_k} = x_1$，所以 x_1 的两条入弧在 l 中都已出现，而 l 是有向单回路，所以 x_1 的两条出弧也必然出现。

③ 最后证明 D_n 中任意一条弧 e 都在 l 中出现。

设 e 是顶点 x_i 的入弧，即 $e = e_{i, 1}$ 或 $e_{i, 2}$。根据②，不妨设 $2 \leqslant i \leqslant m$。为证 e 是 l 中的弧，由 l 的构造知，只要证 $e_{i, 1}$ 是 l 中的弧即可。

因为 G 是以 x_1 为根的有向树，可设 G 中 x_1 到 x_i 的有向路为

$$x_i = x_{j_s} \xleftarrow{e_{1, 1}} x_{j_{s-1}} \xleftarrow{e_{j_{s-1}, 1}} \cdots \leftarrow x_{j_3} \xleftarrow{e_{j_3, 1}} x_{j_2} \xleftarrow{e_{j_2, 1}} x_1$$

由②知，$e_{j_2, 1}$ 在 l 中出现，再由 l 的构造知 x_{j_2} 的另一条入弧 $e_{j_2, 2}$ 也在 l 中出现，即 x_{j_2} 的两条入弧都在 l 中出现，从而 x_{j_2} 的两条出弧也在 l 中出现，特别地，$e_{j_3, 1}$ 在 l 中出现。以此类推，可知 $e_{i, 1} = e_{j_s, 1}$ 在 l 中出现。

综上知，l 是 D_n 的一条完备回路。

显然，对于以 x_1 为根的不同的有向树，按上述方法得到的完备回路必不同，从而 $N_2 \leqslant N_1$。

其次，证明 $N_2 \geqslant N_1$。

设 l 是 D_n 的一条完备回路，可按下述方法，唯一确定 D_n 中以 x_1 为根的有向树部分图。

选定 x_1 的一条入弧，不妨记该弧为 $e_{1, 2}$。

从 x_1 以及 x_1 的入弧 $e_{1, 2}$ 出发，沿 l 的反方向前进一圈，直到遍历 D_n 的所有弧，如图 6.3所示，并对 D_n 的弧做如下标记。

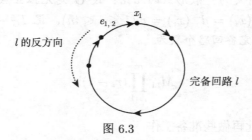

图 6.3

① 按遍历的先后顺序，依次给每条弧编号为 $1, 2, \cdots, 2m$。记弧 e 的编号为 $N(e)$，则 $N(e_{1, 2}) = 1$。

② 对于每个顶点 $x_i \in V$，第一次经过顶点 x_i 时，x_i 的入弧记为 $e_{i,2}$；第二次经过 x_i 时，x_i 的入弧记为 $e_{i,1}$。显然 $N(e_{i,2}) < N(e_{i,1})$。

令 $G = (V, \{e_{2,1}, \cdots, e_{m,1}\})$，显然 G 是 D_n 的部分图。若

$$x_k \overset{e_{k,1}}{\longleftarrow} x_j \overset{e_{j,1}}{\longleftarrow} x_i$$

是 G 的有向路，自然也是 D_n 中的有向路，由弧编号的规则，有

$$N(e_{k,1}) < \max\{N(e_{j,1}), N(e_{j,2})\} = N(e_{j,1}) \tag{6.2}$$

下面证明 G 是以 x_1 为根的有向树。

(1) 显然，在 G 中，顶点 x_1 没有入弧，顶点 $x_2, \cdots, x_m$ 有且仅有一条入弧。

(2) 设 $y \in \{x_2, x_3, \cdots, x_m\}$，下面说明在 G 中 x_1 到 y 有一条有向路。

从顶点 y 出发，沿入弧方向一直前进：

$$y = x_{i_1} \overset{e_{i_1,1}}{\longleftarrow} x_{i_2} \longleftarrow \cdots$$

若 G 中 x_1 到 y 没有有向路，则所有 $x_{i_j} \neq x_1$，从而必存在 $1 \leqslant s < t \leqslant m$，使得 $x_{i_s} = x_{i_t}$，即 $i_s = i_t$。再由式 (6.2) 得

$$N(e_{i_s,1}) < N(e_{i_{s+1},1}) < \cdots < N(e_{i_{t-1},1}) < N(e_{i_t,1}) = N(e_{i_s,1})$$

矛盾。这表明在 G 中 x_1 到 y 有一条有向路。

因此，G 是以 x_1 为根的有向树。

显然，对于 D_n 的不同完备回路，按上述方法得到不同的以 x_1 为根的有向树，所以 $N_1 \leqslant N_2$。

综上有 $N_1 = N_2$。

再由引理 6.3 知，D_n 中以 x_1 为根的有向树部分图的个数等于 M_{11}，故 D_n 中不同完备回路的个数等于 M_{11}。

同理可证，对于 $2 \leqslant i \leqslant m$，$D_n$ 中不同完备回路的个数也等于 D_n 中以 x_i 为根的有向树部分图个数。再由引理 6.3 知，D_n 中不同完备回路的个数也等于 M_{ii}，从而

$$M_{11} = M_{22} = \cdots = M_{mm} \qquad\qquad \square$$

注 6.6　引理 6.4 有更为一般形式的结论：设 G 是无孤立点的有向图，顶点集 $V = \{x_1, x_2, \cdots, x_m\}$，$d^+(x_i) = d^-(x_i) = r_i (1 \leqslant i \leqslant m)$。记 $T_G - A_G$ 中 $(1,1)$-代数余子式为 M_{11}，则 G 中不同完备回路个数为

$$M_{11} \prod_{i=1}^{m} (r_i - 1)!$$

下面计算 M_{11}，为此再做些准备工作。

设 D_n 是 n 级 D-G 图，记 D_n 中的顶点 $(a_0, a_1, \cdots, a_{n-1})$ 为 x_{a+1}，其中

$$a = a_0 2^{n-1} + a_1 2^{n-2} + \cdots + a_{n-1}$$

从而 D_n 的顶点集为 $\{x_1, x_2, \cdots, x_{2^n}\}$。

下面计算 D_n 的联系矩阵 A_{D_n}。

对于 D_n 的顶点 $(a_0, a_1, \cdots, a_{n-1})$，根据 D_n 的定义，顶点 $(a_0, a_1, \cdots, a_{n-1})$ 到顶点 $(a_1, \cdots, a_{n-1}, a_n)$ 恰好有一条弧，其中 $a_n = 0$ 或 1，而到其他顶点没有弧，即对于 $a = a_0 2^{n-1} + a_1 2^{n-2} + \cdots + a_{n-1}$，因为

$$a_1 2^{n-1} + a_2 2^{n-2} + \cdots + a_n = 2a - a_0 2^n + a_n$$

所以顶点 x_{a+1} 两条出弧为

$$x_{a+1} \to x_{2a-a_0 2^n+1} \text{ 和 } x_{a+1} \to x_{2a-a_0 2^n+2}$$

即

$$x_{a+1} \to x_{2(a+1)-a_0 2^n-1} \text{ 和 } x_{a+1} \to x_{2(a+1)-a_0 2^n}$$

即对于 D_n 中每个顶点 x_i，其中 $1 \leqslant i \leqslant 2^n$，有以下结论。

(1) 当 $1 \leqslant i \leqslant 2^{n-1}$ 时，x_i 的两条出弧为

$$x_i \to x_{2i-1} \text{ 和 } x_i \to x_{2i}$$

(2) 当 $2^{n-1}+1 \leqslant i \leqslant 2^n$ 时，x_i 的两条出弧为

$$x_i \to x_{2i-2^n-1} \text{ 和 } x_i \to x_{2i-2^n}$$

由上述讨论可知，D_n 的联系矩阵为

$$A_{D_n} = \begin{pmatrix} 1 & 1 & 0 & 0 & \cdots & 0 & 0 & 0 & 0 \\ 0 & 0 & 1 & 1 & \cdots & 0 & 0 & 0 & 0 \\ \vdots & \vdots & \vdots & \vdots & & \vdots & \vdots & \vdots & \vdots \\ 0 & 0 & 0 & 0 & \cdots & 1 & 1 & 0 & 0 \\ 0 & 0 & 0 & 0 & \cdots & 0 & 0 & 1 & 1 \\ 1 & 1 & 0 & 0 & \cdots & 0 & 0 & 0 & 0 \\ 0 & 0 & 1 & 1 & \cdots & 0 & 0 & 0 & 0 \\ \vdots & \vdots & \vdots & \vdots & & \vdots & \vdots & \vdots & \vdots \\ 0 & 0 & 0 & 0 & \cdots & 1 & 1 & 0 & 0 \\ 0 & 0 & 0 & 0 & \cdots & 0 & 0 & 1 & 1 \end{pmatrix} \begin{matrix} x_1 \\ x_2 \\ \vdots \\ x_{2^{n-1}-1} \\ x_{2^{n-1}} \\ x_{2^{n-1}+1} \\ x_{2^{n-1}+2} \\ \vdots \\ x_{2^n-1} \\ x_{2^n} \end{matrix}$$

式中，A_{D_n} 的第 i 行为 $(1 \leqslant i \leqslant 2^{n-1})$

$$(\underbrace{0, 0, \cdots, 0}_{2(i-1)\text{个}0}, 1, 1, \cdots, 0)$$

并且对于 $1 \leqslant i \leqslant 2^{n-1}$，$A_{D_n}$ 中的第 i 行与第 $i+2^{n-1}$ 行相同。

下面的引理 6.5 给出了 A_{D_n} 的特征多项式 $f_n(x) = |xI - A_{D_n}|$，它为计算 $T_{D_n} - A_{D_n} = (b_{ij})_{m \times m}$ 中 b_{11} 的代数余子式 M_{11} 起着关键作用。

为便于理解引理 6.5 的证明方法，这里先具体计算 3 级 D-G 图 D_3 的联系矩阵 A_{D_3} 的特征多项式 $f_3(x)$。

D_3 的联系矩阵为

$$
A_{D_3} = \begin{pmatrix}
1 & 1 & 0 & 0 & 0 & 0 & 0 & 0 \\
0 & 0 & 1 & 1 & 0 & 0 & 0 & 0 \\
0 & 0 & 0 & 0 & 1 & 1 & 0 & 0 \\
0 & 0 & 0 & 0 & 0 & 0 & 1 & 1 \\
1 & 1 & 0 & 0 & 0 & 0 & 0 & 0 \\
0 & 0 & 1 & 1 & 0 & 0 & 0 & 0 \\
0 & 0 & 0 & 0 & 1 & 1 & 0 & 0 \\
0 & 0 & 0 & 0 & 0 & 0 & 1 & 1
\end{pmatrix}
$$

其特征多项式为

$$
f_3(x) = |xI - A_{D_3}| = \begin{vmatrix}
x-1 & -1 & 0 & 0 & 0 & 0 & 0 & 0 \\
0 & x & -1 & -1 & 0 & 0 & 0 & 0 \\
0 & 0 & x & 0 & -1 & -1 & 0 & 0 \\
0 & 0 & 0 & x & 0 & 0 & -1 & -1 \\
-1 & -1 & 0 & 0 & x & 0 & 0 & 0 \\
0 & 0 & -1 & -1 & 0 & x & 0 & 0 \\
0 & 0 & 0 & 0 & -1 & -1 & x & 0 \\
0 & 0 & 0 & 0 & 0 & 0 & -1 & x-1
\end{vmatrix}
$$

对于 $i = 1, 2, 3, 4$，将第 i 行乘以 -1 加到第 $i + 2^2$ 行，得

$$
f_3(x) = \begin{vmatrix}
x-1 & -1 & 0 & 0 & 0 & 0 & 0 & 0 \\
0 & x & -1 & -1 & 0 & 0 & 0 & 0 \\
0 & 0 & x & 0 & -1 & -1 & 0 & 0 \\
0 & 0 & 0 & x & 0 & 0 & -1 & -1 \\
-x & 0 & 0 & 0 & x & 0 & 0 & 0 \\
0 & -x & 0 & 0 & 0 & x & 0 & 0 \\
0 & 0 & -x & 0 & 0 & 0 & x & 0 \\
0 & 0 & 0 & -x & 0 & 0 & 0 & x
\end{vmatrix}
$$

对于 $i = 1,\ 2,\ 3,\ 4$, 再将第 $i + 2^2$ 列加到第 i 列, 得

$$f_3(x) = \begin{vmatrix} x-1 & -1 & 0 & 0 & 0 & 0 & 0 & 0 \\ 0 & x & -1 & -1 & 0 & 0 & 0 & 0 \\ -1 & -1 & x & 0 & -1 & -1 & 0 & 0 \\ 0 & 0 & -1 & x-1 & 0 & 0 & -1 & -1 \\ 0 & 0 & 0 & 0 & x & 0 & 0 & 0 \\ 0 & 0 & 0 & 0 & 0 & x & 0 & 0 \\ 0 & 0 & 0 & 0 & 0 & 0 & x & 0 \\ 0 & 0 & 0 & 0 & 0 & 0 & 0 & x \end{vmatrix} = \begin{vmatrix} H_1 & H_2 \\ 0 & H_3 \end{vmatrix} \tag{6.3}$$

式中, $|H_1| = |xI - A_{D_2}| = f_2(x)$, $|H_3| = |xI| = x^{2^2}$, 这里的 A_{D_2} 是 2 级 D-G 图 D_2 的联系矩阵, I 是 2^2 阶单位矩阵, 从而有

$$f_3(x) = f_2(x) x^{2^2}$$

引理 6.5　设 $n \geqslant 1$, D_n 是 n 级 D-G 图, 记 D_n 中的顶点 $(a_0,\ a_1,\ \cdots,\ a_{n-1})$ 为 x_{a+1}, 其中 $a = a_0 2^{n-1} + a_1 2^{n-2} + \cdots + a_{n-1}$, 由此确定 D_n 的如下联系矩阵:

$$A_{D_n} = \begin{array}{c} \begin{matrix} x_1 & x_2 & x_3 & x_4 & \cdots & x_{2^n-3} & x_{2^n-2} & x_{2^n-1} & x_{2^n} \end{matrix} \\ \left(\begin{matrix} 1 & 1 & 0 & 0 & \cdots & 0 & 0 & 0 & 0 \\ 0 & 0 & 1 & 1 & \cdots & 0 & 0 & 0 & 0 \\ \vdots & \vdots & \vdots & \vdots & & \vdots & \vdots & \vdots & \vdots \\ 0 & 0 & 0 & 0 & \cdots & 1 & 1 & 0 & 0 \\ 0 & 0 & 0 & 0 & \cdots & 0 & 0 & 1 & 1 \\ 1 & 1 & 0 & 0 & \cdots & 0 & 0 & 0 & 0 \\ 0 & 0 & 1 & 1 & \cdots & 0 & 0 & 0 & 0 \\ \vdots & \vdots & \vdots & \vdots & & \vdots & \vdots & \vdots & \vdots \\ 0 & 0 & 0 & 0 & \cdots & 1 & 1 & 0 & 0 \\ 0 & 0 & 0 & 0 & \cdots & 0 & 0 & 1 & 1 \end{matrix} \right) \end{array} \begin{array}{l} x_1 \\ x_2 \\ \vdots \\ x_{2^{n-1}-1} \\ x_{2^{n-1}} \\ x_{2^{n-1}+1} \\ x_{2^{n-1}+2} \\ \vdots \\ x_{2^n-1} \\ x_{2^n} \end{array}$$

记 $f_n(x) = |xI - A_{D_n}| \, (n = 1,\ 2,\ \cdots)$, 则 $f_1(x) = x(x-2)$, 并有如下递归关系:

$$f_n(x) = x^{2^{n-1}} f_{n-1}(x), \quad n = 2,\ 3,\ \cdots$$

从而 $f_n(x) = x^{2^n-1}(x-2)$。

证明　设 I 是 2^n 阶单位矩阵, 由 A_{D_n} 的特征多项式 $f_n(x)$ 的定义得

$$f_n(x) = |xI - A_{D_n}|$$

$$
=\begin{vmatrix}
x-1 & -1 & 0 & \cdots & 0 & 0 & 0 & 0 & 0 & 0 & \cdots & 0 & 0 & 0 \\
0 & x & -1 & \cdots & 0 & 0 & 0 & 0 & 0 & 0 & \cdots & 0 & 0 & 0 \\
0 & 0 & x & \cdots & 0 & 0 & 0 & 0 & 0 & 0 & \cdots & 0 & 0 & 0 \\
\vdots & \vdots & \vdots & & \vdots & \vdots & \vdots & \vdots & \vdots & \vdots & & \vdots & \vdots & \vdots \\
0 & 0 & 0 & \cdots & x & 0 & 0 & 0 & 0 & 0 & \cdots & 0 & 0 & 0 \\
0 & 0 & 0 & \cdots & 0 & x & 0 & 0 & 0 & 0 & \cdots & -1 & 0 & 0 \\
0 & 0 & 0 & \cdots & 0 & 0 & x & 0 & 0 & 0 & \cdots & 0 & -1 & -1 \\
-1 & -1 & 0 & \cdots & 0 & 0 & 0 & x & 0 & 0 & \cdots & 0 & 0 & 0 \\
0 & 0 & -1 & \cdots & 0 & 0 & 0 & 0 & x & 0 & \cdots & 0 & 0 & 0 \\
0 & 0 & 0 & \cdots & 0 & 0 & 0 & 0 & 0 & x & \cdots & 0 & 0 & 0 \\
\vdots & \vdots & \vdots & & \vdots & \vdots & \vdots & \vdots & \vdots & \vdots & & \vdots & \vdots & \vdots \\
0 & 0 & 0 & \cdots & 0 & 0 & 0 & 0 & 0 & 0 & \cdots & x & 0 & 0 \\
0 & 0 & 0 & \cdots & 0 & 0 & 0 & 0 & 0 & 0 & \cdots & -1 & x & 0 \\
0 & 0 & 0 & \cdots & 0 & 0 & 0 & 0 & 0 & 0 & \cdots & 0 & -1 & x-1
\end{vmatrix}
\begin{matrix}
1 \\ 2 \\ 3 \\ \vdots \\ 2^{n-1}-2 \\ 2^{n-1}-1 \\ 2^{n-1} \\ 2^{n-1}+1 \\ 2^{n-1}+2 \\ 2^{n-1}+3 \\ \vdots \\ 2^{n}-2 \\ 2^{n}-1 \\ 2^{n}
\end{matrix}
$$

做变换：对于 $i=1,\,2,\,\cdots,\,2^{n-1}$，将第 i 行乘以 -1，再加到第 $i+2^{n-1}$ 行，得

$f_n(x)$

$$
=\begin{vmatrix}
x-1 & -1 & 0 & \cdots & 0 & 0 & 0 & 0 & 0 & 0 & \cdots & 0 & 0 & 0 \\
0 & x & -1 & \cdots & 0 & 0 & 0 & 0 & 0 & 0 & \cdots & 0 & 0 & 0 \\
0 & 0 & x & \cdots & 0 & 0 & 0 & 0 & 0 & 0 & \cdots & 0 & 0 & 0 \\
\vdots & \vdots & \vdots & & \vdots & \vdots & \vdots & \vdots & \vdots & \vdots & & \vdots & \vdots & \vdots \\
0 & 0 & 0 & \cdots & x & 0 & 0 & 0 & 0 & 0 & \cdots & 0 & 0 & 0 \\
0 & 0 & 0 & \cdots & 0 & x & 0 & 0 & 0 & 0 & \cdots & -1 & 0 & 0 \\
0 & 0 & 0 & \cdots & 0 & 0 & x & 0 & 0 & 0 & \cdots & 0 & -1 & -1 \\
-x & 0 & 0 & \cdots & 0 & 0 & 0 & x & 0 & 0 & \cdots & 0 & 0 & 0 \\
0 & -x & 0 & \cdots & 0 & 0 & 0 & 0 & x & 0 & \cdots & 0 & 0 & 0 \\
0 & 0 & -x & \cdots & 0 & 0 & 0 & 0 & 0 & x & \cdots & 0 & 0 & 0 \\
\vdots & \vdots & \vdots & & \vdots & \vdots & \vdots & \vdots & \vdots & \vdots & & \vdots & \vdots & \vdots \\
0 & 0 & 0 & \cdots & -x & 0 & 0 & 0 & 0 & 0 & \cdots & x & 0 & 0 \\
0 & 0 & 0 & \cdots & 0 & -x & 0 & 0 & 0 & 0 & \cdots & 0 & x & 0 \\
0 & 0 & 0 & \cdots & 0 & 0 & -x & 0 & 0 & 0 & \cdots & 0 & 0 & x
\end{vmatrix}
\begin{matrix}
1 \\ 2 \\ 3 \\ \vdots \\ 2^{n-1}-2 \\ 2^{n-1}-1 \\ 2^{n-1} \\ 2^{n-1}+1 \\ 2^{n-1}+2 \\ 2^{n-1}+3 \\ \vdots \\ 2^{n}-2 \\ 2^{n}-1 \\ 2^{n}
\end{matrix}
$$

对于 $i=1,\,2,\,\cdots,\,2^{n-1}$，再将第 $i+2^{n-1}$ 列加到第 i 列，得

$f_n(x)$

$$
= \begin{vmatrix}
x-1 & -1 & 0 & \cdots & 0 & 0 & 0 & 0 & 0 & 0 & \cdots & 0 & 0 & 0 \\
0 & x & -1 & \cdots & 0 & 0 & 0 & 0 & 0 & 0 & \cdots & 0 & 0 & 0 \\
0 & 0 & x & \cdots & 0 & 0 & 0 & 0 & 0 & 0 & \cdots & 0 & 0 & 0 \\
\vdots & \vdots & \vdots & & \vdots & \vdots & \vdots & \vdots & \vdots & \vdots & & \vdots & \vdots & \vdots \\
0 & 0 & 0 & \cdots & x & 0 & 0 & 0 & 0 & 0 & \cdots & 0 & 0 & 0 \\
0 & 0 & 0 & \cdots & -1 & x & 0 & 0 & 0 & 0 & \cdots & -1 & 0 & 0 \\
0 & 0 & 0 & \cdots & 0 & -1 & x-1 & 0 & 0 & 0 & \cdots & 0 & -1 & -1 \\
0 & 0 & 0 & \cdots & 0 & 0 & 0 & x & 0 & 0 & \cdots & 0 & 0 & 0 \\
0 & 0 & 0 & \cdots & 0 & 0 & 0 & 0 & x & 0 & \cdots & 0 & 0 & 0 \\
0 & 0 & 0 & \cdots & 0 & -1 & 0 & 0 & 0 & x & \cdots & 0 & 0 & 0 \\
\vdots & \vdots & \vdots & & \vdots & \vdots & \vdots & \vdots & \vdots & \vdots & & \vdots & \vdots & \vdots \\
0 & 0 & 0 & \cdots & 0 & 0 & 0 & 0 & 0 & 0 & \cdots & x & 0 & 0 \\
0 & 0 & 0 & \cdots & 0 & 0 & 0 & 0 & 0 & 0 & \cdots & 0 & x & 0 \\
0 & 0 & 0 & \cdots & 0 & 0 & 0 & 0 & 0 & 0 & \cdots & 0 & 0 & x
\end{vmatrix}
\begin{matrix}
1 \\ 2 \\ 3 \\ \vdots \\ 2^{n-1}-2 \\ 2^{n-1}-1 \\ 2^{n-1} \\ 2^{n-1}+1 \\ 2^{n-1}+2 \\ 2^{n-1}+3 \\ \vdots \\ 2^{n}-2 \\ 2^{n}-1 \\ 2^{n}
\end{matrix}
$$

$$
= \begin{vmatrix} H_1 & H_2 \\ 0 & H_3 \end{vmatrix}
$$

式中，$|H_1| = f_{n-1}(x)$ 是 $A_{D_{n-1}}$ 的特征多项式 (参考式 (6.3))，$|H_3| = x^{2^{n-1}}$，所以

$$
f_n(x) = x^{2^{n-1}} f_{n-1}(x)
$$

从而有

$$
f_n(x) = x^{2^{n-1}+2^{n-2}+\cdots+2^2+2} f_1(x) = x^{2^n-2} f_1(x)
$$

又因为 1 级 D-G 图 D_1 的联系矩阵为

$$
A_{D_1} = \begin{pmatrix} 1 & 1 \\ 1 & 1 \end{pmatrix}
$$

所以 A_{D_1} 的特征多项式为

$$
f_1(x) = \begin{vmatrix} x-1 & -1 \\ -1 & x-1 \end{vmatrix} = x(x-2)
$$

由此得

$$
f_n(x) = x^{2^n-1}(x-2) \qquad \square
$$

定理 6.6 对于任意的正整数 n，D_n 的完备回路个数为 2^{2^n-n-1}。

证明 D_n 的顶点标记如引理 6.5所设，A_{D_n} 是 D_n 的联系矩阵，则由引理 6.5知 A_{D_n} 的特征多项式为

$$
f_n(x) = |xI - A_{D_n}| = x^{2^n-1}(x-2)
$$

将上式中的变量 x 用 $y+2$ 替换得

$$|(y+2)\,I - A_{D_n}| = (y+2)^{2^{n-1}}\,y$$

注意到 $T_{D_n} = 2I$, 所以

$$|yI + T_{D_n} - A_{D_n}| = (y+2)^{2^{n-1}}\,y \tag{6.4}$$

显然多项式 $|yI + T_{D_n} - A_{D_n}|$ 中 y 的系数等于 $T_{D_n} - A_{D_n} = (b_{ij})$ 的全体对角线元素 b_{ii} 的代数余子式 M_{ii} 之和, $1 \leqslant i \leqslant 2^n$; 而 $(y+2)^{2^{n-1}}y$ 中, y 的系数等于 $2^{2^{n-1}}$, 故由式 (6.4) 知

$$M_{11} + M_{22} + \cdots + M_{2^n 2^n} = 2^{2^{n-1}}$$

再由引理 6.4知 $M_{11} = M_{22} = \cdots = M_{2^n 2^n}$, 所以

$$M_{11} = 2^{2^n - n - 1}$$

由引理 6.4知, D_n 中完备回路个数为 $2^{2^n - n - 1}$。 $\qquad\square$

由定理 6.6知, 对于 $n \geqslant 2$, D_{n-1} 中完备回路个数为 $2^{2^{n-1} - n}$, 再由定理 6.5得以下结论。

定理 6.7 对于任意的正整数 n, 两两平移不等价的 n 级 de Bruijn 序列的个数为 $2^{2^{n-1} - n}$, 即 n 级 de Bruijn 序列特征函数的个数为 $2^{2^{n-1} - n}$。

因此, 在所有 n 级非奇异特征函数 (反馈移位寄存器) 中, de Bruijn 序列特征函数所占的比例为

$$\frac{2^{2^{n-1} - n}}{2^{2^{n-1}}} = \frac{1}{2^n}$$

6.4 非奇异 NFSR 状态图的拆圈与并圈

设非奇异移位寄存器的特征函数为 $g(x_0, x_1, \cdots, x_n)$, G_g 中任取一对共轭状态:

$$s = (0, a_1, \cdots, a_{n-1}), \quad s^* = (1, a_1, \cdots, a_{n-1})$$

因为

$$x_0^0 x_1^{a_1} \cdots x_{n-1}^{a_{n-1}} + x_0^1 x_1^{a_1} \cdots x_{n-1}^{a_{n-1}} = x_1^{a_1} \cdots x_{n-1}^{a_{n-1}}$$

所以 $x_1^{a_1} \cdots x_{n-1}^{a_{n-1}}$ 在 s 和 s^* 上取值为 1, 而在 $\mathbb{F}_2^n$ 的其他点上取值为 0。令

$$f(x_0, x_1, \cdots, x_n) = g(x_0, x_1, \cdots, x_n) + x_1^{a_1} \cdots x_{n-1}^{a_{n-1}}$$

显然 $f(x_0, x_1, \cdots, x_n)$ 仍是非奇异特征函数。

下面的定理给出了状态图 G_f 与 G_g 的关系。

定理 6.8　设 $g(x_0, x_1, \cdots, x_n)$ 是 n 级非奇异 NFSR 的特征函数，对于 G_g 中的共轭状态 $s = (0, a_1, \cdots, a_{n-1})$ 和 $s^* = (1, a_1, \cdots, a_{n-1})$，令

$$f(x_0, x_1, \cdots, x_n) = g(x_0, x_1, \cdots, x_n) + x_1^{a_1} \cdots x_{n-1}^{a_{n-1}}$$

(1) 若 s 和 s^* 在 G_g 中属于不同的两个圈：$(s_0, s_1, \cdots, s_{l-1})$ 和 $(t_0, t_1, \cdots, t_{m-1})$，其中 $s_0 = s$, $t_0 = s^*$。将 G_g 中这两个圈合并成一个圈长为 $l+m$ 的圈 $(s_0, t_1, \cdots, t_{m-1},$ $t_0, s_1, \cdots, s_{l-1})$ (图 6.4)，G_g 的其他圈保持不变，则所得有向图就是 f 的状态图 G_f。

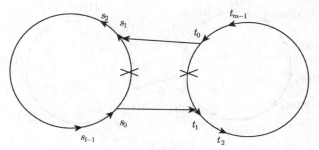

图 6.4

(2) 如果 s 和 s^* 属于 G_g 的同一个圈：$(s_0, s_1, \cdots,$ $s_{l-1})$，不妨设 $s_0 = s$, $s_k = s^*$, $0 < k < l$。将 G_g 中这个圈分拆成两个圈 $(s_0, s_{k+1}, \cdots, s_{l-1})$ 和 $(s_k,$ $s_1, \cdots, s_{k-1})$ (图 6.5)，G_g 的其他圈保持不变，则所得有向图就是 f 的状态图 G_f。

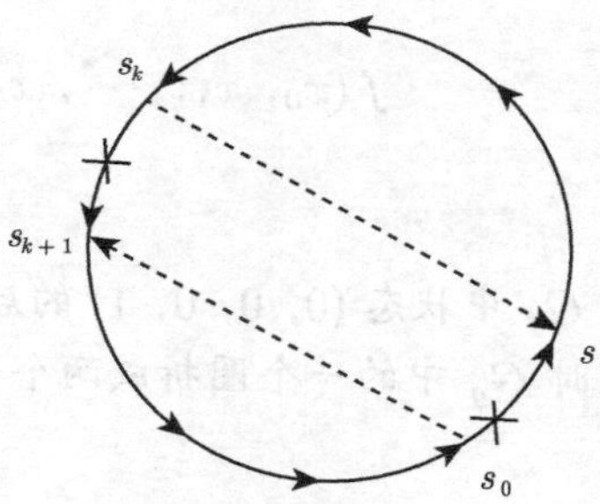

证明　(1) 设 T_g 和 T_f 分别表示 G_g 和 G_f 的状态转移变换，显然有

$$T_f(s_0) = T_f(s) = t_1, \quad T_f(t_0) = T_f(t^*) = s_1$$

并且对于 $s \in \mathbb{F}_2^n \setminus \{s_0, t_0\}$，有 $T_f(s) = T_g(s)$，所以结论成立。

(2) 同理。　　　　　　　　　　　　　　　　　　　　　　　　　□

例 6.4　设 $g(x_0, x_1, \cdots, x_4) = 1 + x_0 + x_1 x_2 + x_3 + x_4$，$G_g$ 由两个圈组成，如图 6.6所示。

图 6.5

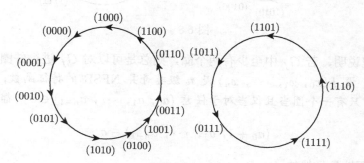

图 6.6

令

$$f(x_0, x_1, \cdots, x_4) = g(x_0, x_1, \cdots, x_4) + x_1^0 x_2^1 x_3^1$$

$$= 1 + x_0 + x_1 x_2 + x_3 + x_4 + x_2 x_3 + x_1 x_2 x_3$$

则 G_f 中状态 $(0, 0, 1, 1)$ 的后继为 $(0, 1, 1, 1)$，状态 $(1, 0, 1, 1)$ 的后继为 $(0, 1, 1, 0)$，这样 G_g 的两个圈变为 D_4 的一个极大圈 G_f，如图 6.7 所示。

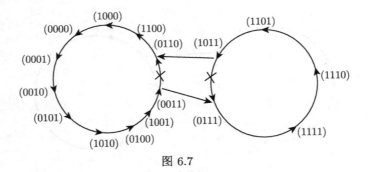

图 6.7

若令

$$f(x_0, x_1, \cdots, x_4) = g(x_0, x_1, \cdots, x_4) + x_1^0 x_2^0 x_3^1$$

$$= 1 + x_0 + x_1 x_2 + x_1 x_3 + x_4 + x_2 x_3 + x_1 x_2 x_3$$

则 G_f 中状态 $(0, 0, 0, 1)$ 的后继为 $(0, 0, 1, 1)$，状态 $(1, 0, 0, 1)$ 的后继为 $(0, 0, 1, 0)$。这时 G_g 中的一个圈拆成两个圈，而另一个圈不变，就得到 G_f，如图 6.8 所示。

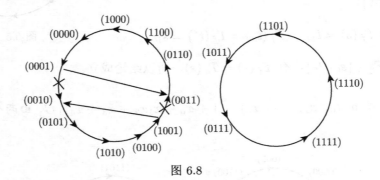

图 6.8

下面的定理说明，若 G_f 中至少有两个圈，则总是可以对 G_f 进行并圈。

定理 6.9　设 $f(x_0, x_1, \cdots, x_n)$ 是 n 级非奇异 NFSR 的特征函数，σ 是 G_f 中的一个圈，则 G_f 只有一个圈当且仅当对于任意 $(a_0, a_1, \cdots, a_{n-1}) \in \sigma$，都有

$$(a_0 + 1, a_1, \cdots, a_{n-1}) \in \sigma$$

证明　必要性是显然的。

充分性：设 $(b_0,\ b_1,\ \cdots,\ b_{n-1})\in G_f$，要证 $(b_0,\ b_1,\ \cdots,\ b_{n-1})\in\sigma$。

设 $f(x_0,\ x_1,\ \cdots,\ x_n)=x_0+g_0(x_1,\ x_2\cdots,\ x_{n-1})+x_n$，则

$$g(x_0,\ x_1,\ \cdots,\ x_{n-1})=x_0+g_0(x_1,\ x_2,\ \cdots,\ x_{n-1})$$

就是该 NFSR 的反馈函数。

任意取 $(a_0,\ a_1,\ \cdots,\ a_{n-1})\in\sigma$。因为

$$g(a_0+1,\ a_1,\ \cdots,\ a_{n-1})=g(a_0,\ a_1,\ \cdots,\ a_{n-1})+1$$

所以 $g(a_0+1,\ a_1,\ \cdots,\ a_{n-1})$ 和 $g(a_0,\ a_1,\ \cdots,\ a_{n-1})$ 中必有其一等于 b_0，即 $(a_0,\ a_1,\ \cdots,\ a_{n-1})$ 和 $(a_0+1,\ a_1,\ \cdots,\ a_{n-1})$ 之一在 G_f 中的后继是 $(a_1,\ \cdots,\ a_{n-1},\ b_0)$，由假设和条件知 $(a_0,\ a_1,\ \cdots,\ a_{n-1})$，$(a_0+1,\ a_1,\ \cdots,\ a_{n-1})\in\sigma$，从而 $(a_1,\ \cdots,\ a_{n-1},\ b_0)\in\sigma$。如此继续下去，可得

$$(a_2,\ \cdots,\ a_{n-1},\ b_0,\ b_1)\in\sigma,\ \cdots,\ (b_0,\ b_1,\ \cdots,\ b_{n-1})\in\sigma$$

所以 G_f 只有一个圈 σ。　　　　□

注 6.7　由定理 6.9 知，对于任意非奇异特征函数 $f(x_0,\ x_1,\ \cdots,\ x_n)$，总是可以对 G_f 中的圈进行合并，使之最后成为一个极大圈，从而获得 de Bruijn 序列及其特征函数。

例 6.5　求一个 3 级 de Bruijn 序列及其特征函数。

解　设 $g(x_0,\ x_1,\ x_2,\ x_3)=x_0+x_3$，首先给出 G_g 的状态图，见图 6.9。

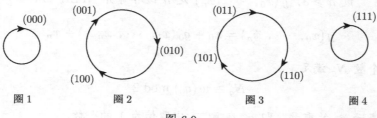

图 6.9

合并圈 1 和圈 2，得图 6.10。

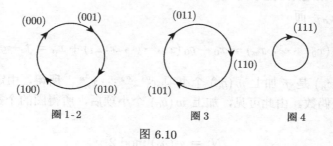

图 6.10

其特征函数为

$$g_1(x_0,\ x_1,\ x_2,\ x_3)=x_0+x_1^0x_2^0+x_3=1+x_0+x_1+x_2+x_1x_2+x_3$$

下面合并圈 1-2 和圈 3，得图 6.11。

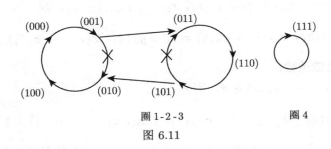

圈 1-2-3　　　　　　　圈 4

图 6.11

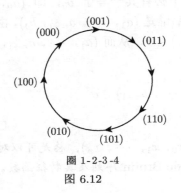

圈 1-2-3-4

图 6.12

其特征函数为

$$g_2\left(x_0,\ x_1,\ x_2,\ x_3\right)=g_1\left(x_0,\ x_1,\ x_2,\ x_3\right)+x_1^0 x_2^1$$
$$=1+x_0+x_1+x_3$$

最后合并圈 1-2-3 和圈 4，得图 6.12。

其特征函数为

$$g_3\left(x_0,\ x_1,\ x_2,\ x_3\right)=g_2\left(x_0,\ x_1,\ x_2,\ x_3\right)+x_1^1 x_2^1$$
$$=1+x_0+x_1+x_1 x_2+x_3 \qquad \square$$

定理 6.10　设 $n \geqslant 3$，$g\left(x_0,\ \cdots,\ x_n\right)$ 是 n 级非奇异 NFSR 的特征函数，即

$$g\left(x_0,\ \cdots,\ x_n\right)=x_0+g_0\left(x_1,\ \cdots,\ x_{n-1}\right)+x_n$$

则 G_g 中圈的个数 N_g 满足

$$N_g \equiv w\left(g_0\right) \bmod 2$$

式中，$w\left(g_0\right)$ 表示 g_0 的重量，即 g_0 在 $\mathbb{F}_2^{n-1}$ 中取值为 1 的个数。

证明　一个 n 级非奇异 NFSR 的特征函数加上一个 $n-1$ 元小项 $x_1^{a_1} x_2^{a_2} \cdots x_{n-1}^{a_{n-1}}$ 所得状态图中圈的个数是原状态图中圈的个数加 1 或减 1，所以圈的个数改变一次奇偶性。

设 $f=x_0+x_n$，而

$$g\left(x_0,\ \cdots,\ x_n\right)=x_0+g_0\left(x_1,\ \cdots,\ x_{n-1}\right)+x_n=f+g_0$$

所以 $g\left(x_0,\ \cdots,\ x_n\right)$ 是 f 加上 $w\left(g_0\right)$ 个小项 $x_1^{a_1} x_2^{a_2} \cdots x_{n-1}^{a_{n-1}}$ 所得，由定理 6.4 知，G_f 中圈的个数 $z\left(n\right)$ 是偶数。由此可见，加上 $w\left(g_0\right)$ 个小项后，所得圈的个数的奇偶性有如下关系：

$$N_g \equiv w\left(g_0\right) \bmod 2 \qquad \square$$

推论 6.2　设 $n > 2$，若 $g\left(x_0,\ \cdots,\ x_n\right)=x_0+g_0\left(x_1,\ \cdots,\ x_{n-1}\right)+x_n$ 是 de Bruijn 序列的特征函数，则 $w\left(g_0\right)$ 是奇数。

推论 6.3　设 $n > 2$，则 n 级非退化（非奇异）线性反馈移位寄存器的状态图中圈的个数是偶数。

证明　设

$$g(x_0, \cdots, x_n) = x_0 + c_1 x_1 + \cdots + c_{n-1} x_{n-1} + x_n$$

$$= x_0 + g_0(x_1, \cdots, x_{n-1}) + x_n$$

若 $g_0 = 0$，则 $w(g_0) = 0$ 是偶数；若 $g_0 \neq 0$，则 $w(g_0) = 2^{n-2}$ 也是偶数。再由定理 6.10 知，结论成立。 □

推论 6.4　设 $n > 2$，$g(x_0, \cdots, x_n) = x_0 + g_0(x_1, \cdots, x_{n-1}) + x_n$ 是 n 级非奇异 NFSR 的特征函数，若 g_0 不含某个变元 $x_i (1 \leqslant i \leqslant n - 1)$，则 N_g 是偶数。

证明　不妨设 x_1 在 g_0 中不出现，则有

$$g_0(a_1, a_2, \cdots, a_{n-1}) = 1 \text{ 当且仅当 } g_0(a_1 + 1, a_2, \cdots, a_{n-1}) = 1$$

所以 $w(g_0)$ 是偶数，从而结论成立。 □

进一步有以下结论。

推论 6.5　设 $n > 2$，$g(x_0, \cdots, x_n) = x_0 + g_0(x_1, \cdots, x_{n-1}) + x_n$ 是 n 级非奇异 NFSR 的特征函数，则 G_g 中圈的个数 N_g 是奇数当且仅当 $x_1 x_2 \cdots x_{n-1}$ 在 g_0 中出现。

证明　记

$$g_0(x_1, \cdots, x_{n-1}) = \sum_{\substack{(a_1, \cdots, a_{n-1}) \in \mathbb{F}_2^{n-1} \\ g_0(a_1, \cdots, a_{n-1}) = 1}} x_1^{a_1} x_2^{a_2} \cdots x_{n-1}^{a_{n-1}}$$

由 $x_i^0 = x_i + 1$，$x_i^1 = x_i$ 可知，每个小项 $x_1^{a_1} x_2^{a_2} \cdots x_{n-1}^{a_{n-1}}$ 展开后恰有一项是 $x_1 x_2 \cdots x_{n-1}$。再由定理 6.10 知

$$x_1 x_2 \cdots x_{n-1} \text{ 在 } g_0 \text{ 中出现 } \Leftrightarrow w(g_0) \text{ 是奇数 } \Leftrightarrow N_g \text{ 是奇数} \qquad \square$$

6.5　de Bruijn 序列及其特征函数的构造

下面介绍 de Bruijn 序列及其特征函数的几种构造方法。

1) 利用并圈构造 de Bruijn 序列

任意取 n 级非奇异 NFSR 的特征函数 $g(x_0, x_1, \cdots, x_n)$，若 g 不是 de Bruijn 序列的特征函数，根据定理 6.9，存在 $(a_0, a_1, \cdots, a_{n-1})$ 和 $(a_0 + 1, a_1, \cdots, a_{n-1})$ 分别属于状态 G_g 的两个圈，令

$$g_1(x_0, x_1, \cdots, x_n) = g(x_0, x_1, \cdots, x_n) + x_1^{a_1} x_2^{a_2} \cdots x_{n-1}^{a_{n-1}}$$

则 G_{g_1} 比 G_g 少一个圈。若 $g_1(x_0, x_1, \cdots, x_n)$ 仍不是 de Bruijn 序列的特征函数，对 g_1 继续上述并圈过程。最终得到 n 级 de Bruijn 序列的特征函数。在这个方法中，困难在于寻找属于不同圈的一对共轭顶点。

特别是对于任意一个 m-序列，可获得一个 de Bruijn 序列。

设 $g(x_0, x_1, \cdots, x_n)$ 是 n 级 m-序列的特征函数，则

$$f(x_0, x_1, \cdots, x_n) = g(x_0, x_1, \cdots, x_n) + x_0^0 x_1^0 \cdots x_{n-1}^0 + x_0^1 x_1^0 \cdots x_{n-1}^0$$

$$= g(x_0, x_1, \cdots, x_n) + x_1^0 \cdots x_{n-1}^0$$

是 n 级 de Bruijn 序列的特征函数。

2) 利用函数的两个变换构造新的 de Bruijn 序列的特征函数

定义 6.11 设 $f(x_0, x_1, \cdots, x_n)$ 是 n 级非奇异 NFSR 的特征函数，定义

$$D(f(x_0, x_1, \cdots, x_n)) = f(x_0 + 1, x_1 + 1, \cdots, x_n + 1)$$

$$R(f(x_0, x_1, \cdots, x_n)) = f(x_n, x_{n-1}, \cdots, x_0)$$

显然 $D(f)$、$R(f)$、$DR(f)$ 仍是 n 级非奇异特征函数。

设 $\underline{a} = (a_0, a_1, \cdots, a_{T-1}, \cdots)$ 是周期为 T 的序列，定义

$$D(\underline{a}) = \underline{a} + 1 = (a_0 + 1, a_1 + 1, \cdots, a_{T-1} + 1, \cdots)$$

$$R(\underline{a}) = (a_{T-1}, a_{T-2}, \cdots, a_0, \cdots)$$

下面的结论经过简单验证可以获得。

定理 6.11 设 $f(x_0, x_1, \cdots, x_n)$ 是 n 级非奇异 NFSR 的特征函数，$\underline{a}$ 是二元序列，则有以下结论。

(1) $\underline{a} \in G(f)$ 当且仅当 $D(\underline{a}) \in G(D(f))$。

(2) $\underline{a} \in G(f)$ 当且仅当 $R(\underline{a}) \in G(R(f))$。

(3) $\underline{a} \in G(f)$ 当且仅当 $DR(\underline{a}) \in G(DR(f))$。

注 6.8 设 $f(x_0, x_1, \cdots, x_n)$ 是 n 级非奇异 NFSR 的特征函数，由定理 6.11 知，状态图 G_f、$G_{D(f)}$、$G_{R(f)}$、$G_{DR(f)}$ 有相同的圈个数和圈长分布，从而 f 是 de Bruijn 序列的特征函数当且仅当 $D(f)(R(f)$、$DR(f))$ 是 de Bruijn 序列的特征函数。

关于 f、$D(f)$ 和 $R(f)$，有以下关系。

定理 6.12 设 $n > 2$，$f(x_0, x_1, \cdots, x_n)$ 是 n 级非奇异特征函数，若 N_f 是奇数，则 $D(f) \neq f$。

证明 设 $f(x_0, x_1, \cdots, x_n) = x_0 + f_0(x_1, \cdots, x_{n-1}) + x_n$，则有

$$D(f) = x_0 + f_0(x_1 + 1, \cdots, x_{n-1} + 1) + x_n$$

若 $D(f) = f$，则 $f_0(x_1, \cdots, x_{n-1}) = f_0(x_1 + 1, \cdots, x_{n-1} + 1)$，从而对于任意状态 $(a_1, \cdots, a_{n-1})$，有

$$f_0(a_1, \cdots, a_{n-1}) = 1 \text{ 当且仅当 } f_0(a_1 + 1, \cdots, a_{n-1} + 1) = 1$$

因为 $(a_1, \cdots, a_{n-1}) \neq (a_1 + 1, \cdots, a_{n-1} + 1)$，所以 $w(f_0)$ 是偶数，即 N_f 是偶数，矛盾。 □

定理 6.13 设 $n > 2$ 且是偶数，$f(x_0, x_1, \cdots, x_n)$ 是 n 级非奇异特征函数，并且 N_f 是奇数，则 $DR(f) \neq f$，即 $D(f) \neq R(f)$。

证明 设 $f(x_0, x_1, \cdots, x_n) = x_0 + f_0(x_1, \cdots, x_{n-1}) + x_n$，则有

$$D(f) = x_0 + f_0(x_1 + 1, \cdots, x_{n-1} + 1) + x_n$$

若 $DR(f) = f$，则 $f_0(x_1, \cdots, x_{n-1}) = f_0(x_{n-1} + 1, \cdots, x_1 + 1)$，从而对于任意状态 $(a_1, \cdots, a_{n-1})$，有

$$f_0(a_1, \cdots, a_{n-1}) = 1 \text{ 当且仅当 } f_0(a_{n-1} + 1, \cdots, a_1 + 1) = 1$$

因为 n 是偶数，所以

$$(a_1, \cdots, a_{n/2}, \cdots, a_{n-1}) \neq (a_{n-1} + 1, \cdots, a_{n/2} + 1, \cdots, a_1 + 1)$$

从而 $w(f_0)$ 是偶数，即 N_f 是偶数，矛盾。 □

当 n 是奇数时，定理 6.13不成立。例如，可以验证

$$f(x_0, x_1, \cdots, x_5) = x_0 + 1 + x_3 + x_4 + x_3 x_4 + x_1 x_2 x_3 + x_1 x_2 x_4 + x_1 x_2 x_3 x_4 + x_5$$

是一个 5 级 de Bruijn 序列的特征函数，并且 $D(f) = R(f)$。

定理 6.14 设 $n > 2$，$f(x_0, x_1, \cdots, x_n)$ 是 n 级 de Bruijn 序列的特征函数，则 $R(f) \neq f$。

证明 对于 $s = (b_0, b_1, \cdots, b_{n-1}) \in \mathbb{F}_2^n$，记 $R(s) = (b_{n-1}, b_{n-2}, \cdots, b_0)$。显然 $\mathbb{F}_2^n$ 中满足 $R(s) = s$ 的向量个数为 $2^{n/2}$(当 n 是偶数)，或 $2^{(n+1)/2}$ (当 n 是奇数)。

假设 $R(f) = f$。下面从另一个角度计算 $\mathbb{F}_2^n$ 中满足 $R(s) = s$ 的向量个数。

设 $\underline{a} = (a_0, a_1, a_2, \cdots) \in G(f)$，即 $\underline{a}$ 是由 f 生成的一个 de Bruijn 序列，并设初态 $s_0 = (a_0, a_1, \cdots, a_{n-1})$ 满足 $R(s_0) = s_0$。

记 $s_i = (a_i, a_{i+1}, \cdots, a_{i+n-1})$ 是序列 $\underline{a}$ 的第 i 个状态，这样，$(s_0, s_1, \cdots, s_{T-1})$ 是 G_f 中的唯一圈，其中 $T = 2^n$。显然 $\mathbb{F}_2^n = \{s_0, s_1, \cdots, s_{T-1}\}$。

假设 $R(f) = f$，则状态图 G_f 与 $G_{R(f)}$ 是相同的，从而

$$(R(s_0), R(s_{T-1}), \cdots, R(s_1)) \text{ 和 } (s_0, s_1, \cdots, s_{T-1})$$

是同一个圈。再注意到 $R(s_0) = s_0$，所以，对于 $0 < k < T$，有

$$R(s_k) = s_{T-k}$$

设 s_i 满足 $R(s_i) = s_i (0 < i < T)$。因为 $R(s_i) = s_{T-i}$，所以 $s_i = s_{T-i}$，即 $i = T - i$，从而 $i = T/2 = 2^{n-1}$。由此可知，在 G_f 的 2^n 个状态中，即 $\mathbb{F}_2^n$ 中，满足 $R(s) = s$ 的 s 只有 s_0 和 $s_{2^{n-1}}$。

而当 $n > 2$ 时，这样 s 的个数为 $2^{n/2}$(当 n 是偶数)，或 $2^{(n+1)/2}$ (当 n 是奇数)。显然是大于 2，矛盾。

因此，$R(f) \neq f$。 □

由上述四个定理得以下结论。

推论 6.6　设 $f(x_0, x_1, \cdots, x_n)$ 是 n 级 de Bruijn 序列的特征函数, 则 $D(f)$、$R(f)$ 和 $DR(f)$ 也是 n 级 de Bruijn 序列的特征函数。当 $n > 2$ 时, $D(f) \neq f$。进一步, 若 n 是偶数, 则 f、$D(f)$、$R(f)$ 和 $DR(f)$ 两两不同, 即由一个 de Bruijn 序列的特征函数 f, 派生出三个新的 de Bruijn 序列的特征函数 $D(f)$、$R(f)$ 和 $DR(f)$。

3) Martin 算法构造 n 级 de Bruijn 序列

(1) 令 $a_0 = a_1 = \cdots = a_{n-1} = 1$。

(2) 设 $m \geqslant 1$, 并假定 $a_0, a_1, \cdots, a_{n+m-2}$ 已经构造。

① 若 $(a_m, a_{m+1}, \cdots, a_{m+n-2})$ 在已构造序列中第一次出现, 则令 $a_{m+n-1} = 0$。

② 若 $(a_m, a_{m+1}, \cdots, a_{m+n-2})$ 在已构造序列中第二次出现, 并且在第一次出现时后面跟的是 b, 则令 $a_{m+n-1} = b + 1$。

③ 若 $(a_m, a_{m+1}, \cdots, a_{m+n-2})$ 在已构造序列中第三次出现, 则构造停止。

令 $L = m$, 这时该序列为

$$a_0, a_1, \cdots, a_{L-1}, a_L, \cdots, a_{L+n-2} \tag{6.5}$$

则 $L = 2^n$, 且 $a_0, a_1, \cdots, a_{L-1}$ 为 n 级 de Bruijn 序列的一个周期。

下面证明 Martin 算法的正确性。

(1) L 个状态 $s_0 = (a_0, a_1, \cdots, a_{n-1})$, $\cdots$, $s_{L-1} = (a_{L-1}, a_L, \cdots, a_{L+n-2})$ 两两不同。

(2) $(a_L, a_{L+1}, \cdots, a_{L+n-2}) = (a_0, a_1, \cdots, a_{n-2}) = (1, 1, \cdots, 1)$。

(3) 每个状态 $(b_0, b_1, \cdots, b_{n-1})$ 在式 (6.5) 中出现。

证明　(1) 由 Martin 算法可知, 该结论是显然的。

(2) 由于序列停止于 a_{L+n-2}, 所以由 Martin 算法 (2) 中的③知, $n-1$ 比特串 $a_L, a_{L+1}, \cdots, a_{L+n-2}$ 在式 (6.5) 中第三次出现。假定另外两次为

$$a_i, a_{i+1}, \cdots, a_{i+n-2} \text{ 和 } a_j, a_{j+1}, \cdots, a_{j+n-2}$$

式中, $0 \leqslant i < j < L$。若 $i > 0$, 则状态

$$s_{i-1} = (a_{i-1}, \cdots, a_{i+n-2}), \ s_{j-1} = (a_{j-1}, \cdots, a_{j+n-2}) \text{ 和 } s_{L-1} = (a_{L-1}, \cdots, a_{L+n-2})$$

中必有两个相同, 这与 (1) 矛盾, 所以 $i = 0$, 即

$$(a_L, a_{L+1}, \cdots, a_{L+n-2}) = (a_0, a_1, \cdots, a_{n-2}) = (1, 1, \cdots, 1)$$

(3) 对 k 做归纳法证明: 对于任意 $x_1, \cdots, x_k \in \mathbb{F}_2$, 状态 $(x_1, \cdots, x_k, \underbrace{1, \cdots, 1}_{n-k})$ 在式 (6.5) 中出现, 其中 $0 \leqslant k \leqslant n$。

当 $k = 0$ 时, 结论自然成立。

归纳假设结论对于 $k\,(0\leqslant k<n)$ 成立，即假设任意形如 $(x_1,\,\cdots,\,x_k,\,\underbrace{1,\,\cdots,\,1}_{n-k})$ 的状态在式 (6.5) 中出现，要证明任意形如 $(x_1,\,\cdots,\,x_{k+1},\,\underbrace{1,\,\cdots,\,1}_{n-k-1})$ 的状态在式 (6.5) 中出现。

若 $x_{k+1}=1$，则由归纳假设知，结论成立。

若 $x_{k+1}=0$，由归纳假设知，$(x_2,\,\cdots,\,x_{k+1},\,\underbrace{1,\,\cdots,\,1}_{n-k-1},\,1)$ 在式 (6.5) 中出现，从而由 Martin 算法 (2) 中的①和②知 $(x_2,\,\cdots,\,x_{k+1},\,\underbrace{1,\,\cdots,\,1}_{n-k-1},\,0)$ 也在式 (6.5) 中出现，不妨设

$$s_i=(x_2,\,\cdots,\,x_{k+1},\,\underbrace{1,\,\cdots,\,1}_{n-k-1},\,1),\quad s_j=(x_2,\,\cdots,\,x_{k+1},\,\underbrace{1,\,\cdots,\,1}_{n-k-1},\,0)$$

因为 $x_{k+1}=0$，所以显然 $0<i\leqslant L-1$，$0<j\leqslant L-1$，从而 s_i 和 s_j 的前一状态 s_{i-1} 和 s_{j-1} 满足

$$s_{i-1}=(x,\,x_2,\,\cdots,\,x_{k+1},\,\underbrace{1,\,\cdots,\,1}_{n-k-1}),\quad s_{j-1}=(x+1,\,x_2,\,\cdots,\,x_{k+1},\,\underbrace{1,\,\cdots,\,1}_{n-k-1})$$

式中，$x\in\mathbb{F}_2$。而 $x_1=x$ 或 $x+1$，所以 $(x_1,\,\cdots,\,x_{k+1},\,\underbrace{1,\,\cdots,\,1}_{n-k-1})$ 在式 (6.5) 中出现，从而结论对于 $k+1$ 也成立。这样，证明了 Martin 算法的正确性。$\qquad\square$

4) de Bruijn 序列拆圈再并圈构造新的 de Bruijn 序列

定理 6.15　设 $f(x_0,\,x_1,\,\cdots,\,x_n)$ 是 n 级 de Bruijn 序列的特征函数，则

$$f_1(x_0,\,x_1,\,\cdots,\,x_n)=f(x_0,\,x_1,\,\cdots,\,x_n)+x_1^1x_2^0\cdots x_{n-1}^0+x_1^0\cdots x_{n-2}^0x_{n-1}^1$$

$$f_2(x_0,\,x_1,\,\cdots,\,x_n)=f(x_0,\,x_1,\,\cdots,\,x_n)+x_1^1\cdots x_{n-2}^1x_{n-1}^0+x_1^0x_2^1\cdots x_{n-1}^1$$

是两个 n 级 de Bruijn 序列的特征函数。

证明　考虑 G_f，显然可以设 G_f 如图 6.13所示，其中 $a\in\{0,\,1\}$。

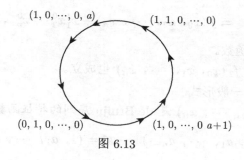

图 6.13

令

$$g(x_0,\,x_1,\,\cdots,\,x_n)=f(x_0,\,x_1,\,\cdots,\,x_n)+x_1^1x_2^0\cdots x_{n-1}^0$$

则 G_g 为

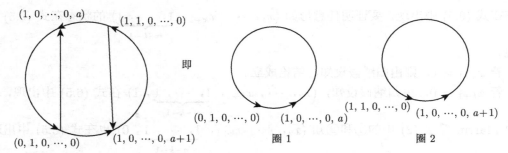

即

圈 1　　　　　圈 2

不妨设 $a = 1$, 则 $(1, 0, \cdots, 0, 1)$ 在圈 1 上, $(1, 0, \cdots, 0, 0)$ 在圈 2 上, 从而 G_g 为

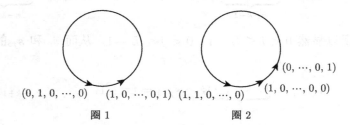

圈 1　　　　　圈 2

或

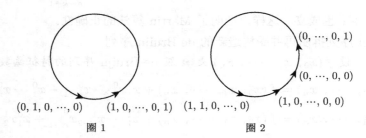

圈 1　　　　　圈 2

状态 $(1, 0, \cdots, 0, 1)$ 和 $(0, 0, \cdots, 0, 1)$ 必然分别在圈 1 和圈 2 上, 所以

$$f_1(x_0, x_1, \cdots, x_n) = g(x_0, x_1, \cdots, x_n) + x_1^0 \cdots x_{n-2}^0 x_{n-1}^1$$

$$= f(x_0, x_1, \cdots, x_n) + x_1^1 x_2^0 \cdots x_{n-1}^0 + x_1^0 \cdots x_{n-2}^0 x_{n-1}^1$$

是 de Bruijn 序列的特征函数.

同理可说明结论对于 $f_2(x_0, x_1, \cdots, x_n)$ 也成立.　　　　　　　□

下面是定理 6.15 的更一般形式.

定理 6.16　设 $f(x_0, \cdots, x_n)$ 是 de Bruijn 序列的特征函数, 设

$$s = (0, a_1, \cdots, a_{n-1}), \quad s^* = (1, a_1, \cdots, a_{n-1})$$

$$t = (0, b_1, \cdots, b_{n-1}), \quad t^* = (0, b_1, \cdots, b_{n-1})$$

G_f 中连线 ss^* 与连线 tt^* 相交, 如图 6.14 所示.

因此，

$$f_1(x_0, \cdots, x_n) = f(x_0, \cdots, x_n) + x_1^{a_1} x_2^{a_2} \cdots x_{n-1}^{a_{n-1}}$$
$$+ x_1^{b_1} x_2^{b_2} \cdots x_{n-1}^{b_{n-1}}$$

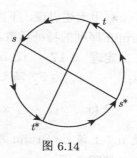

图 6.14

也是 de Bruijn 序列的特征函数。

证明　设 $g(x_0, \cdots, x_n) = f(x_0, \cdots, x_n) + x_1^{a_1} x_2^{a_2} \cdots x_{n-1}^{a_{n-1}}$，显然 G_g 由两个圈构成，又因为连线 ss^* 与连线 tt^* 相交，从拆圈方式显然可知，t 和 t^* 分别在 G_g 的两个圈上，所以结论成立。　　　　　　　　　　　　　　　　　　　□

5) de Bruijn 序列的特征函数的递归构造

设 $f(x_0, x_1, \cdots, x_n)$ 是 n 级非奇异特征函数，$\underline{a} \in G(f)$，记 $\sigma_{\underline{a}}$ 为状态图 G_f 中序列 $\underline{a}$ 构成的状态圈。

引理 6.6　设 $n \geqslant 2$，$f(x_0, x_1, \cdots, x_n)$ 是 n 级 de Bruijn 序列的特征函数，令

$$g(x_0, x_1, \cdots, x_{n+1}) = f(x_0 + x_1, x_1 + x_2, \cdots, x_n + x_{n+1})$$

对于任意 $\underline{a} \in G(g)$，则 $\mathrm{per}(\underline{a}) = 2^n$，$\underline{a} + \underline{1} \in G(g)$ 并且 $\underline{a}$ 与 $\underline{a} + \underline{1}$ 平移不等价，从而 G_g 由圈长为 2^n 的两个不同的圈 $\sigma_{\underline{a}}$ 和 $\sigma_{\underline{a}+\underline{1}}$ 构成，进一步，状态 $\underbrace{(0, \cdots, 0)}_{n+1}$ 和 $\underbrace{(1, \cdots, 1)}_{n+1}$ 分别属于两个圈。

证明　首先，

$$g(x_0, x_1, \cdots, x_{n+1}) = f(x_0 + x_1, x_1 + x_2, \cdots, x_n + x_{n+1})$$

显然是 $n+1$ 级非奇异特征函数。

任意取 $\underline{a} = (a_0, a_1, a_2, \cdots) \in G(g)$，令 $\underline{b} = (x+1)\underline{a} = (a_0 + a_1, a_1 + a_2, \cdots)$，则 $\underline{b} \in G(f)$ 是 n 级 de Bruijn 序列，所以 $\mathrm{per}(\underline{b}) = 2^n$，从而 $\mathrm{per}(\underline{a}) = 2^n$ 或 2^{n+1}。又因为 $D(g) = g$，由定理 6.12 知，$g(x_0, x_1, \cdots, x_{n+1})$ 不是 $n+1$ 级 de Bruijn 序列的特征函数，所以 $\mathrm{per}(\underline{a}) = 2^n$，由此知 G_g 是由两个圈长为 2^n 的圈构成的。

由 $\underline{a} \in G(g)$ 和 $g(x_0, x_1, \cdots, x_{n+1}) = f(x_0 + x_1, x_1 + x_2, \cdots, x_n + x_{n+1})$ 可知，$\underline{a} + \underline{1} \in G(g)$，下面说明 $\underline{a}$ 和 $\underline{a} + \underline{1}$ 不平移等价，即 $\sigma_{\underline{a}}$ 和 $\sigma_{\underline{a}+\underline{1}}$ 是不同的圈。

不妨设 $\underline{a} \in G(g)$ 的初态为 $\underbrace{(0, \cdots, 0)}_{n+1}$。若 $\sigma_{\underline{a}}$ 和 $\sigma_{\underline{a}+\underline{1}}$ 相同，则 $\underbrace{(0, \cdots, 0)}_{n+1}$ 和 $\underbrace{(1, \cdots, 1)}_{n+1}$ 都在圈 $\sigma_{\underline{a}}$ 上，注意到 $\mathrm{per}(\underline{a}) = 2^n$，则 n 级 de Bruijn 序列 $\underline{b} = (x+1)\underline{a}$ 中有两个全 0 状态 $\underbrace{(0, \cdots, 0)}_{n}$，矛盾。

因此，G_g 由 $\sigma_{\underline{a}}$ 和 $\sigma_{\underline{a}+\underline{1}}$ 构成。同时也证明了状态 $\underbrace{(0, \cdots, 0)}_{n+1}$ 和 $\underbrace{(1, \cdots, 1)}_{n+1}$ 分别属于两个圈。　　　　　　　　　　　　　　　　　　□

利用上述引理, 下面的定理给出了由 n 级 de Bruijn 序列的特征函数构造 $n+1$ 级 de Bruijn 序列的特征函数。

定理 6.17　设 $n \geqslant 2$, $f(x_0, x_1, \cdots, x_n)$ 是 n 级 de Bruijn 序列的特征函数, $(e_1, \cdots, e_n) \in \mathbb{F}_2^n$ 满足 $e_{i+1} = e_i + 1 (i = 1, 2, \cdots, n-1)$, 则

$$h(x_0, x_1, \cdots, x_{n+1}) = f(x_0 + x_1, x_1 + x_2, \cdots, x_n + x_{n+1}) + x_1^{e_1} x_2^{e_2} \cdots x_n^{e_n}$$

是 $n+1$ 级 de Bruijn 序列的特征函数。

证明　设 $g(x_0, x_1, \cdots, x_{n+1}) = f(x_0 + x_1, x_1 + x_2, \cdots, x_n + x_{n+1})$, $\underline{a} \in G(g)$, 由引理 6.6知, G_g 由圈 $\sigma_{\underline{a}}$ 和 $\sigma_{\underline{a}+1}$ 构成, 不妨设 $(\underbrace{0, \cdots, 0}_{n+1}) \in \sigma_{\underline{a}}$, $(\underbrace{1, \cdots, 1}_{n+1}) \in \sigma_{\underline{a}+1}$。

设 $e_0 = e_1 + 1$, $e_{n+1} = e_n + 1$。考虑 G_g 中状态 $s = (e_0, e_1, \cdots, e_n)$, 不妨设 $s \in \sigma_{\underline{a}}$, 则有

$$t = (e_0 + 1, e_1 + 1, \cdots, e_n + 1) = (e_1, e_2, \cdots, e_{n+1}) \in \sigma_{\underline{a}+1}$$

因为 G_g 中 $t = (e_1, \cdots, e_{n+1})$ 的先导是

$$s = (e_0, e_1, \cdots, e_n) \text{ 或 } s^* = (e_0 + 1, e_1 \cdots, e_n)$$

而 $s \in \sigma_{\underline{a}}$, $t \in \sigma_{\underline{a}+1}$, 所以 s^* 是 t 的先导, 即 $s^* \in \sigma_{\underline{a}+1}$, 从而 s 和 s^* 分别属于 G_g 中 $\sigma_{\underline{a}}$ 和 $\sigma_{\underline{a}+1}$, 最后由并圈原理知

$$h(x_0, x_1, \cdots, x_{n+1}) = g(x_0, x_1, \cdots, x_{n+1}) + x_1^{e_1} x_2^{e_2} \cdots x_n^{e_n}$$

是 $n+1$ 级 de Bruijn 序列的特征函数。　　　　　　　　　　　　　　　□

6) n 级 m-序列构造 $n+1$ 级和 $n+2$ 级 de Bruijn 序列

引理 6.7　设 $n \geqslant 2$, $l(x_0, \cdots, x_n)$ 是 n 级 m-序列特征函数, 令

$$g(x_0, \cdots, x_n) = l(x_0, \cdots, x_n) + x_1^0 \cdots x_{n-1}^0$$

$$g_1(x_0, \cdots, x_{n+1}) = g(x_0 + x_1, \cdots, x_n + x_{n+1})$$

取 $\underline{a} = (a_0, a_1, \cdots) \in G(g_1)$, 其中 $\underline{a}$ 的初态为 $(a_0, a_1, \cdots, a_n) = (\underbrace{1, \cdots, 1}_{n+1})$。序列 $\underline{a}$ 中删除 $a_{k \cdot 2^n} (k = 0, 1, 2, \cdots)$, 所得的序列记为 $\underline{a}'$, 即

$$\underline{a}' = (a_1, \cdots, a_{2^n-1}, a_{2^n+1}, \cdots, a_{2 \cdot 2^n-1}, a_{2 \cdot 2^n+1}, \cdots)$$

则 $\underline{a}' \in G(l)$ 是 n 级 m-序列。

证明　由 $\underline{a} \in G(g_1)$ 和 $g_1(x_0, \cdots, x_{n+1}) = g(x_0 + x_1, \cdots, x_n + x_{n+1})$ 可知

$$\underline{b} = (x+1)\underline{a} = (a_0 + a_1, a_1 + a_2, \cdots) \in G(g)$$

记 $\underline{b} = (b_0, b_1, \cdots)$, 在序列 $\underline{b}$ 中删除 $b_{k \cdot 2^n} (k = 0, 1, 2, \cdots)$, 所得的序列为

$$\underline{b}' = (a_1 + a_2, \cdots, a_{2^n-1} + a_{2^n}, a_{2^n+1} + a_{2^n+2}, \cdots)$$

注意到 $(a_0,\, a_1,\, \cdots,\, a_n) = (\underbrace{1,\, \cdots,\, 1}_{n+1})$，得

$$\underline{b}' = (\underbrace{0,\, \cdots,\, 0}_{n-1},\, a_n + a_{n+1},\, \cdots,\, a_{2^n-1} + a_{2^n},\, \underbrace{0,\, \cdots,\, 0}_{n-1},\, a_{2^n+n} + a_{2^n+n+1},\, \cdots)$$

$$= (x+1)\,\underline{a}'$$

因为 $\underline{b} \in G(g)$ 且 $g(x_0,\, \cdots,\, x_n) = l(x_0,\, \cdots,\, x_n) + x_1^0 \cdots x_{n-1}^0$，所以 $\underline{b}' \in G(l)$ 是 n 级 m-序列，从而存在 $\underline{c} \in G(l)$，使得 $(x+1)\underline{c} = \underline{b}'$，进而有

$$(x+1)(\underline{c} + \underline{a}') = \underline{0}$$

故 $\underline{c} + \underline{a}' = \underline{0}$ 或 $\underline{1}$，即 $\underline{a}' = \underline{c}$ 或 $\underline{c} + \underline{1}$。而由 $\underline{a}'$ 的构造知 $\underline{a}'$ 中出现 $(\underbrace{1,\, \cdots,\, 1}_{n})$，所以 $\underline{a}' = \underline{c}$，即 $\underline{a}' \in G(l)$ 是 n 级 m-序列。 $\qquad\square$

定理 6.18 设 $l(x_0,\, \cdots,\, x_n)$ 是 n 级 m-序列特征函数，令

$$g(x_0,\, \cdots,\, x_n) = l(x_0,\, \cdots,\, x_n) + x_1^0 \cdots x_{n-1}^0$$

则对于任意 $(e_1,\, \cdots,\, e_n) \in \mathbb{F}_2^n \setminus \{(0,\, \cdots,\, 0),\, (1,\, \cdots,\, 1)\}$，函数

$$f(x_0,\, \cdots,\, x_{n+1}) = g(x_0 + x_1,\, \cdots,\, x_n + x_{n+1}) + x_1^{e_1} x_2^{e_2} \cdots x_n^{e_n}$$

是 $n+1$ 级 de Bruijn 序列的特征函数。

证明 设 g_1、$\underline{a}$ 和 $\underline{a}'$ 如引理 6.7 所设，即

$$g_1(x_0,\, \cdots,\, x_{n+1}) = g(x_0 + x_1,\, \cdots,\, x_n + x_{n+1})$$

取 $\underline{a} = (a_0,\, a_1,\, \cdots) = (\underbrace{1,\, \cdots,\, 1}_{n+1},\, a_{n+1},\, a_{n+2},\, \cdots) \in G(g_1)$，并设

$$\underline{a}' = (a_1,\, \cdots,\, a_{2^n-1},\, a_{2^n+1},\, \cdots,\, a_{2\cdot 2^n-1},\, a_{2\cdot 2^n+1},\, \cdots)$$

是序列 $\underline{a}$ 中删除 $a_{k\cdot 2^n}(k = 0,\, 1,\, 2,\, \cdots)$ 所得的序列。

由引理 6.6 知，$\mathrm{per}(\underline{a}) = 2^n$ 并且 G_{g_1} 由圈长为 2^n 的两个圈 $\sigma_{\underline{a}}$ 和 $\sigma_{\underline{a}+\underline{1}}$ 构成。

由引理 6.7 知，$\underline{a}' \in G(l)$ 是 n 级 m-序列，所以对于

$$(e_1,\, \cdots,\, e_n) \in \mathbb{F}_2^n \setminus \{(\underbrace{0,\, \cdots,\, 0}_{n}),\, (\underbrace{1,\, \cdots,\, 1}_{n})\}$$

n 比特串 $(e_1,\, \cdots,\, e_n)$ 在 $\underline{a}$ 的周期圆中出现且仅只出现一次。从而，在状态图 G_{g_1} 中，状态 $(0,\, e_1,\, \cdots,\, e_n)$ 和 $(1,\, e_1,\, \cdots,\, e_n)$ 中有且仅有一个属于 $\sigma_{\underline{a}}$，而另一个属于 $\sigma_{\underline{a}+\underline{1}}$。

从而由并圈原理知

$$f(x_0,\, \cdots,\, x_{n+1}) = g_1(x_0,\, \cdots,\, x_{n+1}) + x_1^{e_1} x_2^{e_2} \cdots x_n^{e_n}$$

$$= g(x_0 + x_1,\, \cdots,\, x_n + x_{n+1}) + x_1^{e_1} x_2^{e_2} \cdots x_n^{e_n}$$

是 $n+1$ 级 de Bruijn 序列的特征函数。 $\qquad\square$

注 6.9   由定理 6.18知，给定一个 n 级 m-序列的特征函数，可以构造 $2^n - 2$ 个 $n+1$ 级 de Bruijn 序列的特征函数。

定理 6.19   设 $n \geqslant 2$，$l(x_0, \cdots, x_n)$ 是 n 级 m-序列的特征函数，令

$$g(x_0, \cdots, x_n) = l(x_0, \cdots, x_n) + x_1^0 \cdots x_{n-1}^0$$

对于任意的

$$(e_1, \cdots, e_{n+1}) \in \mathbb{F}_2^{n+1} \setminus \{\underbrace{(0, \cdots, 0)}_{n+1}, \underbrace{(1, \cdots, 1)}_{n+1}, \underbrace{(0, 1, 0, 1, \cdots)}_{n+1}, \underbrace{(1, 0, 1, 0, \cdots)}_{n+1}\}$$

则

$$h(x_0, x_1, \cdots, x_{n+2}) = g(x_0 + x_2, x_1 + x_3, \cdots, x_n + x_{n+2}) + x_1^{e_1} x_2^{e_2} \cdots x_{n+1}^{e_{n+1}}$$

是 $n+2$ 级 de Bruijn 序列的特征函数。

证明   设

$$g_1(x_0, \cdots, x_{n+1}) = g(x_0 + x_1, x_1 + x_2, \cdots, x_n + x_{n+1})$$

$$\begin{aligned} g_2(x_0, \cdots, x_{n+2}) &= g_1(x_0 + x_1, x_1 + x_2, \cdots, x_{n+1} + x_{n+2}) \\ &= g(x_0 + x_2, x_1 + x_3, \cdots, x_n + x_{n+2}) \end{aligned}$$

下面首先证明 G_{g_2} 是由两个长为 2^{n+1} 的圈构成的。

设 $\underline{a} = (a_0, a_1, \cdots) \in G(g_2)$ 且设 $\underline{a}$ 的初态 $(a_0, a_1, \cdots, a_{n+1}) = \underbrace{(0, 1, 0, 1, \cdots)}_{n+2}$，即

$$(a_0, a_1, \cdots, a_{n+1}) = \begin{cases} \underbrace{(0, 1, 0, 1, \cdots, 0, 1)}_{n+2}, & n \text{ 是偶数} \\ \underbrace{(0, 1, 0, 1, \cdots, 0, 1, 0)}_{n+2}, & n \text{ 是奇数} \end{cases}$$

记 $\underline{b} = (x+1)\underline{a} = (b_0, b_1, b_2, \cdots)$，显然有

$$\underline{b} = (\underbrace{1, 1, \cdots, 1}_{n+1}, b_{n+1}, b_{n+2}, \cdots) \in G(g_1)$$

序列 $\underline{b}$ 中删除 $b_{k \cdot 2^n}(k = 0, 1, 2, \cdots)$，所得的序列记为 $\underline{b}'$，即

$$\underline{b}' = (\underbrace{1, \cdots, 1}_{n}, b_{n+1}, b_{n+2}, \cdots, b_{2^n-1}, b_{2^n+1}, \cdots, b_{2 \cdot 2^n-1}, b_{2 \cdot 2^n+1}, \cdots)$$

由引理 6.7知 $\mathrm{per}(\underline{b}) = 2^n$ 且 $\underline{b}' \in G(l)$ 是 n 级 m-序列。

取 $\underline{c} = (c_0, c_1, c_2, \cdots) \in G(l)$ 满足 $\underline{b}' = (x+1)\underline{c}$。令

$$\underline{d} = (c_0 + 1, c_0, c_1, \cdots, c_{2^n-2}, c_0, c_0 + 1, c_1 + 1, \cdots, c_{2^n-2} + 1, \cdots)$$

是周期为 2^{n+1} 的序列。由 $\underline{b}' = (x+1)\underline{c}$ 及 $\underline{b}$ 与 $\underline{b}'$ 的关系，容易验证 $(x+1)\underline{d} = \underline{b}$，从而 $\underline{d} \in G(g_2)$ 并且 $\mathrm{per}(\underline{d}) = 2^{n+1}$。

令 $\underline{s} = \underline{d} + \underline{\varepsilon}$，其中 $\underline{\varepsilon} = (0, 1, \cdots)$ 是周期为 2 的序列。显然有

$$\mathrm{per}(\underline{s}) = \mathrm{per}(\underline{d}) = 2^{n+1}$$

因为

$$(x+1)\underline{s} = (x+1)\underline{d} + (x+1)\underline{\varepsilon} = \underline{b} + \underline{1} \in G(g_1)$$

又由引理 6.6 知 $\underline{b}$ 与 $\underline{b}+\underline{1}$ 平移不等价，所以由

$$(x+1)\underline{d} = \underline{b} \text{ 和 } (x+1)\underline{s} = \underline{b}+\underline{1}$$

可知 $\underline{d}$ 与 $\underline{s}$ 平移不等价。因此 G_{g_2} 由圈 $\sigma_{\underline{d}}$ 和 $\sigma_{\underline{s}}$ 构成。

对于

$$(e_1, \cdots, e_{n+1}) \in \mathbb{F}_2^{n+1} \setminus \{(\underbrace{0, \cdots, 0}_{n+1}), (\underbrace{1, \cdots, 1}_{n+1}), (\underbrace{0, 1, 0, 1, \cdots}_{n+1}), (\underbrace{1, 0, 1, 0, \cdots}_{n+1})\}$$

令

$$t = (0, e_1, e_2, \cdots, e_{n+1}), \quad t^* = (1, e_1, e_2, \cdots, e_{n+1})$$

下面证明 t 和 t^* 中有且仅有一个属于 $\sigma_{\underline{d}}$，而另一个属于 $\sigma_{\underline{s}}$。

记 $u = (e_1+e_2, e_2+e_3, \cdots, e_n+e_{n+1})$，显然 $u \neq (0, \cdots, 0)$ 和 $(1, \cdots, 1)$。

若 t 和 t^* 都在 $\sigma_{\underline{d}}$ 中出现，由 $\underline{d}$ 的半个周期互补性知

$$s = (1, e_1+1, e_2+1, \cdots, e_{n+1}+1) \text{ 和 } s^* = (0, e_1+1, e_2+1, \cdots, e_{n+1}+1)$$

也在 $\sigma_{\underline{d}}$ 中出现，从而四个状态 t、t^*、s、s^* 都在 $\sigma_{\underline{d}}$ 中出现。注意到 $\underline{b} = (x+1)\underline{d}$ 及 $\mathrm{per}(\underline{d}) = 2^{n+1}$ 与 $\mathrm{per}(\underline{b}) = 2^n$，这必然导致 n 比特串 u 在序列 $\underline{b} = (x+1)\underline{d}$ 的周期圆中至少出现两次，这与 $\underline{b}'$ 是 n 级 m-序列矛盾。

因此 t 和 t^* 不会在 $\sigma_{\underline{d}}$ 中都出现。

若 t 和 t^* 都在 $\sigma_{\underline{s}}$ 中出现，类似地由 $\underline{s} = \underline{d}+\underline{\varepsilon}$ 和 $\underline{d}$ 的半个周期互补性知，$(e_1+e_2, e_2+e_3, \cdots, e_n+e_{n+1})$ 在 $(x+1)\underline{s} = \underline{b}+\underline{1}$ 的一个周期圆中出现两次，这与 $\underline{b}+\underline{1}$ 是 n 级序列矛盾，所以 t 和 t^* 也不会在 $\sigma_{\underline{s}}$ 中都出现。

综上知 t 和 t^* 分别出现在 $\sigma_{\underline{d}}$ 和 $\sigma_{\underline{s}}$ 的各一个圈中。

最后由并圈原理知

$$h(x_0, x_1, \cdots, x_{n+2}) = g(x_0+x_2, x_1+x_3, \cdots, x_n+x_{n+2}) + x_1^{e_1} x_2^{e_2} \cdots x_{n+1}^{e_{n+1}}$$

是 $n+2$ 级 de Bruijn 序列的特征函数。　　　　　　　　　□

注 6.10　由定理 6.19 知，给定一个 n 级 m-序列的特征函数，可以构造出 $2^{n+1}-4$ 个 $n+2$ 级 de Bruijn 序列的特征函数。

7) de Bruijn 序列反馈函数的若干必要条件

下面的定理是 de Bruijn 序列反馈函数的若干必要条件。

定理 6.20　设 $f(x_0, x_1, \cdots, x_n) = x_0 + f_0(x_1, x_2, \cdots, x_{n-1}) + x_n$ 是 n 级 de Bruijn 序列的特征函数，$n > 2$，则有以下结论。

(1) f_0 的常数项为 1，并且 f_0 中除了 1 以外，单项式个数为偶数。

(2) f_0 中线性项 $x_1, x_2, \cdots, x_{n-1}$ 不能全出现。

(3) f_0 中非线性项 $x_1 x_2 \cdots x_{n-1}$ 必出现。

(4) $w(f_0)$ 是奇数。

(5) $D(f) \neq f$，$R(f) \neq f$，进一步，而当 n 是偶数时，$DR(f) \neq f$。

证明　(1) 是显然的，(3)~(5) 在前面已经说明。下面证明 (2)。

若线性项 $x_1, x_2, \cdots, x_{n-1}$ 在 f_0 中都出现，则反馈函数为

$$f_1(x_0, x_1, \cdots, x_{n-1}) \stackrel{\text{def}}{=\!=} x_0 + f_0(x_1, x_2, \cdots, x_{n-1})$$
$$= x_0 + x_1 + \cdots + x_{n-1} + 1 + \text{非线性部分}$$

从而对于任意重量为 1 的 n 元数组 $(b_0, b_1, \cdots, b_{n-1})$，都有 $f_1(b_0, b_1, \cdots, b_{n-1}) = 0$，即

$$f_1(\underbrace{0, \cdots, 0}_{n-1}, 1) = f_1(\underbrace{0, \cdots, 0}_{n-2}, 1, 0) = \cdots = f_1(1, \underbrace{0, \cdots, 0}_{n-1}) = 0$$

由此得 G_f 中有一条有向回路：

$$(\underbrace{0, \cdots, 0}_{n}) \to (\underbrace{0, \cdots, 0}_{n-1}, 1) \to (\underbrace{0, \cdots, 0}_{n-2}, 1, 0) \to \cdots \to (1, \underbrace{0, \cdots, 0}_{n-1}) \to (\underbrace{0, \cdots, 0}_{n})$$

这与 f 是 n 级 de Bruijn 序列的特征函数矛盾。　　　　□

文献 [43] 给出了 de Bruijn 序列的特征函数一个新的必要条件。

设正整数 $n \geqslant 2$，$\alpha = (a_1, \cdots, a_{n-1}) \in \mathbb{F}_2^{n-1}$，向量 α 的重量是指 $a_i = 1$ 的个数，记为 $\text{wt}(\alpha)$。

给定 $n-1$ 元布尔函数 $g(x_1, \cdots, x_{n-1})$，对于 $0 \leqslant k \leqslant n-1$，定义函数 g_k 为 g 在集合 $\{\alpha \in \mathbb{F}_2^{n-1} | \text{wt}(\alpha) = k\}$ 上的限制。

定理 6.21　设 $n \geqslant 2$，$f(x_0, x_1, \cdots, x_n) = x_0 + g(x_1, \cdots, x_{n-1}) + x_n$ 是 n 级 de Bruijn 序列的特征函数，则对于任意的 $0 \leqslant k \leqslant n-1$，都有 $g_k \neq 0$。

6.6　de Bruijn 序列的线性复杂度与伪随机性质

引理 6.8　设 $\underline{a}$ 是周期为 2^n 的周期序列，$n \geqslant 2$，则 $\underline{a}$ 的极小多项式为 $(x+1)^t$，其中 $2^{n-1} + 1 \leqslant t \leqslant 2^n$，从而 $2^{n-1} + 1 \leqslant \text{LC}(\underline{a}) \leqslant 2^n$。

证明是显然的。

引理 6.9　设 $\underline{a}$ 是周期为 $2^n (n \geqslant 2)$ 的周期序列，则 $\text{LC}(\underline{a}) = 2^n$ 当且仅当 $\underline{a}$ 在一个周期中的 1 的个数 $w(\underline{a})$ 是奇数。

证明　因为

$$(x+1)^{2^n} = (x+1)\left(x^{2^n-1} + x^{2^n-2} + \cdots + x + 1\right)$$

所以 $\mathrm{LC}(\underline{a}) = 2^n$ 当且仅当

$$\left(x^{2^n-1} + x^{2^n-2} + \cdots + x + 1\right)\underline{a} = \underline{1}$$

而

$$\left(x^{2^n-1} + x^{2^n-2} + \cdots + x + 1\right)\underline{a} = \left(\sum_{i=0}^{2^n-1} a_i,\ \sum_{i=0}^{2^n-1} a_i,\ \cdots\right)$$

所以 $\left(x^{2^n-1} + x^{2^n-2} + \cdots + x + 1\right)\underline{a} = \underline{1}$ 当且仅当 $w(\underline{a})$ 是奇数，即 $\mathrm{LC}(\underline{a}) = 2^n$ 当且仅当 $w(\underline{a})$ 是奇数。　　　　□

引理 6.10　设 $\underline{a} = (a_0,\ a_1,\ a_2,\ \cdots)$ 是 $n(n \geqslant 2)$ 级 de Bruijn 序列，对于 $1 \leqslant k \leqslant n-1$, $0 \leqslant i_0 < i_1 < \cdots < i_k \leqslant n-1$, 以及给定的 $(b_0,\ b_1,\ \cdots,\ b_k) \in \mathbb{F}_2^n$, 当 i 跑遍 $\{0,\ 1,\ 2,\ \cdots,\ 2^n-1\}$ 时，满足

$$(a_{i_0+i},\ a_{i_1+i},\ \cdots,\ a_{i_k+i}) = (b_0,\ b_1,\ \cdots,\ b_k)$$

的数组 $(a_{i_0+i},\ a_{i_1+i},\ \cdots,\ a_{i_k+i})$ 共出现 2^{n-k-1} 次。进一步，周期序列

$$(x^{i_k} + x^{i_{k-1}} + \cdots + x^{i_0})\underline{a}$$
$$= (a_{i_0} + \cdots + a_{i_k},\ a_{i_0+1} + \cdots + a_{i_k+1},\ a_{i_0+2} + \cdots + a_{i_k+2},\ \cdots)$$

在长为 2^n 的一段中的 0 和 1 的个数相等，即都为 2^{n-1}。

证明　由 de Bruijn 序列的性质，$\underline{a}$ 的一个周期中每个 n 元数组出现且仅出现一次，可知第一个结论显然成立。

下面证第二个结论。设 $0 \leqslant s \leqslant k$, 记

$$\Omega_s = \{(b_0,\ b_1,\ \cdots,\ b_k)\ |\ w(b_0,\ b_1,\ \cdots,\ b_k) = s\}$$

式中，$w(b_0,\ b_1,\ \cdots,\ b_k)$ 表示 $b_0,\ b_1,\ \cdots,\ b_k$ 中 1 的个数，并记

$$\omega_0 = \sum_{\substack{0 \leqslant s \leqslant k \\ 2|s}} |\Omega_s|,\qquad \omega_1 = \sum_{\substack{0 \leqslant s \leqslant k \\ 2\nmid s}} |\Omega_s|$$

则有

$$\omega_0 - \omega_1 = (1-1)^{k+1} = 0$$
$$\omega_0 + \omega_1 = (1+1)^{k+1} = 2^{k+1}$$

所以 $\omega_1 = 2^k$。

又因为对于给定的 b_0, b_1, $\cdots$, $b_k \in \{0, 1\}$，当 i 跑遍 $\{0, 1, 2, \cdots, 2^n - 1\}$ 时，

$$(a_{i_0+i}, a_{i_1+i}, \cdots, a_{i_k+i}) = (b_0, b_1, \cdots, b_k)$$

共出现 2^{n-k-1} 次，所以 $(x^{i_k} + x^{i_{k-1}} + \cdots + x^{i_0})\underline{a}$ 在长为 2^n 的一段中的 1 的个数为 $2^{n-k-1} \times 2^k = 2^{n-1}$。　　　　　　　　　　　　　　　　　　　　　　　□

引理 6.11　设 $\underline{a}$ 是周期为 $2^n (n \geqslant 2)$ 的序列，若 $(x+1)\underline{a}$ 在长为 2^n 的一段中的 1 的个数是 4 的倍数，则 $\mathrm{per}((x+1)\underline{a}) = 2^n$。

证明　若 $\mathrm{per}((x+1)\underline{a}) \neq 2^n$，则 $\mathrm{per}((x+1)\underline{a})|2^{n-1}$，从而 $(x+1)^{2^{n-1}}$ 是 $(x+1)\underline{a}$ 的特征多项式，即 $(x+1)^{2^{n-1}+1}$ 就是 $\underline{a}$ 的特征多项式，而 $\mathrm{LC}(\underline{a}) \geqslant 2^{n-1}+1$，所以 $\mathrm{LC}(\underline{a}) = 2^{n-1}+1$，从而 $\mathrm{per}((x+1)\underline{a}) = \mathrm{LC}((x+1)\underline{a}) = 2^{n-1}$。由引理 6.9 知，$(x+1)\underline{a}$ 在一个长为 2^{n-1} 的周期中的 1 的个数为奇数，从而 $(x+1)\underline{a}$ 在长为 2^n 的一段中的 1 的个数仅是 2 的倍数，但不是 4 的倍数，这与条件矛盾，所以 $\mathrm{per}((x+1)\underline{a}) = 2^n$。　　　　□

引理 6.12　设 $\underline{a}$ 是 $n(n \geqslant 3)$ 级 de Bruijn 序列，则 $\mathrm{per}\left((x+1)^k \underline{a}\right) = 2^n$，其中 $1 \leqslant k \leqslant n-1$。

证明　因为

$$(x+1)^k = x^{i_t} + x^{i_{t-1}} + \cdots + x^{i_0}$$

式中，$0 = i_0 < i_1 < \cdots < i_t = k \leqslant n-1$，所以由引理 6.10 知，对于 $1 \leqslant k \leqslant n-1$，$(x+1)^k \underline{a}$ 在长为 2^n 的一段中的 1 的个数是 2^{n-1}，从而是 4 的倍数。

注意到 $(x+1)^2 \underline{a} = (x+1)\left((x+1)\underline{a}\right)$，所以由引理 6.11 得

$$\mathrm{per}((x+1)\underline{a}) = 2^n, \ \mathrm{per}\left((x+1)^2 \underline{a}\right) = 2^n, \ \cdots, \ \mathrm{per}\left((x+1)^{n-1} \underline{a}\right) = 2^n \qquad □$$

定理 6.22　设 $\underline{a}$ 是 $n(n \geqslant 3)$ 级 de Bruijn 序列，则有

$$2^{n-1} + n \leqslant \mathrm{LC}(\underline{a}) \leqslant 2^n - 1$$

证明　首先，由引理 6.9 知，$\mathrm{LC}(\underline{a}) \leqslant 2^n - 1$。其次，因为

$$\mathrm{LC}(\underline{a}) = \mathrm{LC}((x+1)\underline{a}) + 1 = \cdots = \mathrm{LC}\left((x+1)^{n-1} \underline{a}\right) + n - 1$$

由引理 6.12 知，$\mathrm{per}\left((x+1)^{n-1} \underline{a}\right) = 2^n$，所以由引理 6.8 知，$\mathrm{LC}\left((x+1)^{n-1} \underline{a}\right) \geqslant 2^{n-1}+1$，从而 $2^{n-1} + n \leqslant \mathrm{LC}(\underline{a}) \leqslant 2^n - 1$。　　　　　　　　　　□

关于 de Bruijn 序列的伪随机性质，有下面的结论。

定理 6.23　设 $\underline{a}$ 是 n 级 de Bruijn 序列，则有以下结论。

(1) $\underline{a}$ 的一个周期中 0 和 1 的个数各占一半，即 2^{n-1}。

(2) 游程分布情况如下。

游程长度	1	2	$\cdots$	k	$\cdots$	$n-2$	$n-1$	n	$>n$
0 游程	2^{n-3}	2^{n-4}	$\cdots$	2^{n-2-k}	$\cdots$	1	0	1	0
1 游程	2^{n-3}	2^{n-4}	$\cdots$	2^{n-2-k}	$\cdots$	1	0	1	0

(3) 设 $f(x_0, \cdots, x_{n-1}) = x_0 + f_0(x_1, \cdots, x_{n-1})$ 是 $\underline{a}$ 的反馈函数，$\underline{a}$ 的相关自函数有如下性质：

$$C_{\underline{a}}(0) = 2^n, \quad C_{\underline{a}}(\pm k) = 0, \quad C_{\underline{a}}(\pm n) = 2^n - 4w(f_0) \neq 0$$

式中，$1 \leqslant k \leqslant n-1$。

证明　(1) 和 (2) 的结论是显然的。(3) 中 $C_{\underline{a}}(0) = 2^n$ 是显然的；$C_{\underline{a}}(\pm k) = 0$ 可以由引理 6.10 直接得到，其中 $1 \leqslant k \leqslant n-1$。

下面考虑 $C_{\underline{a}}(\pm n)$，即考虑 $\underline{b} = (a_0 + a_n, \ a_1 + a_{n+1}, \ \cdots)$ 在长为 2^n 的一段中的 1 或 0 的个数。

对于任意的 $n-1$ 元数组 $(b_1, \cdots, b_{n-1})$，当 i 跑遍 $\{0, 1, 2, \cdots, 2^n - 1\}$ 时，$(a_{i+1}, \cdots, a_{i+n-1}) = (b_1, \cdots, b_{n-1})$ 恰好出现 2 次，从而满足 $f_0(a_{i+1}, \cdots, a_{i+n-1}) = 1$ 的 $(a_{i+1}, \cdots, a_{i+n-1})$ 共出现 $2w(f_0)$。因为 $a_{n+i} = a_i + f_0(a_{i+1}, \cdots, a_{i+n-1})$，所以当 i 跑遍 $\{0, 1, 2, \cdots, 2^n - 1\}$ 时，满足 $(a_i, a_{i+n}) \in \{(1, 0), (0, 1)\}$ 的 (a_i, a_{i+n}) 共出现 $2w(f_0)$ 次，而满足 $(a_i, a_{i+n}) \in \{(0, 0), (1, 1)\}$ 的 (a_i, a_{i+n}) 共出现 $2^n - 2w(f_0)$ 次，所以

$$C_{\underline{a}}(\pm n) = 2^n - 2w(f_0) - 2w(f_0) = 2^n - 4w(f_0) \qquad \square$$

6.7　NFSR 的串联

非线性反馈移位寄存器串联的思想最早由文献 [44] 给出。

设

$$f(x_0, \cdots, x_n) = f_0(x_0, \cdots, x_{n-1}) + x_n$$

和

$$g(x_0, \cdots, x_m) = g_0(x_0, \cdots, x_{m-1}) + x_m$$

分别是 n 级和 m 级 NFSR 的特征函数，NFSR(f) 与 NFSR(g) 的串联如图 6.15 所示，记为 NFSR(f, g)，并记 $G(f, g)$ 表示串联移位寄存器 (图 6.15) 输出序列的全体，即寄存器 y_0 输出序列的全体。

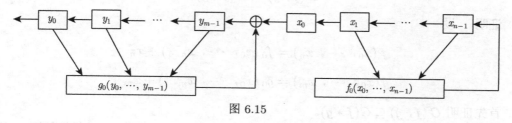

图 6.15

注 6.11　一般情况下，$G(f, g)$ 和 $G(g, f)$ 不相等，即 NFSR(f, g) 与 NFSR(g, f) 不等价。

为描述两个 NFSR 串联移位寄存器输出序列的特征函数，引入布尔函数的 "∗-积"。

定义 6.12　设 $f(x_0, \cdots, x_n)$ 和 $g(x_0, \cdots, x_m)$ 是两个布尔函数，定义 $f(x_0, \cdots, x_n)$ 和 $g(x_0, \cdots, x_m)$ 的 "*-积" 为

$$f(x_0, \cdots, x_n) * g(x_0, \cdots, x_m)$$

$$\xlongequal{\text{def}} f(g(x_0, \cdots, x_m), g(x_1, \cdots, x_{m+1}), \cdots, g(x_n, \cdots, x_{m+n}))$$

并简记为 $f * g$。

注 6.12　关于 *-积有以下结论。

(1)

$$x_i * g(x_0, \cdots, x_m) = g(x_i, \cdots, x_{m+i}) = g(x_0, \cdots, x_m) * x_i$$

(2)

$$(x_i x_j) * g(x_0, \cdots, x_m) = g(x_i, \cdots, x_{m+i}) g(x_j, \cdots, x_{m+j})$$

$$g(x_0, \cdots, x_m) * (x_i x_j) = g(x_i x_j, \cdots, x_{m+i} x_{m+j})$$

由此可以看出，一般来说，

$$f(x_0, \cdots, x_n) * g(x_0, \cdots, x_m) = g(x_0, \cdots, x_m) * f(x_0, \cdots, x_n)$$

是不成立的。

(3) 设

$$f(x_0, \cdots, x_n) = f_0(x_0, \cdots, x_{n-1}) + x_n$$

$$g(x_0, \cdots, x_m) = g_0(x_0, \cdots, x_{m-1}) + x_m$$

是两个 NFSR 的特征函数，则 $f(x_0, \cdots, x_n) * g(x_0, \cdots, x_m)$ 是 $n+m$ 级 NFSR 的特征函数，即

$$f(x_0, \cdots, x_n) * g(x_0, \cdots, x_m) = h(x_0, \cdots, x_{m+n-1}) + x_{m+n}$$

下面给出两个非奇异 NFSR 串联 NFSR(f, g) 的特征函数。

定理 6.24[44]　设 $f(x_0, x_1, \cdots, x_n)$ 和 $g(x_0, x_1, \cdots, x_m)$ 是两个 NFSR 的特征函数，则有

$$G(f, g) = G(f * g)$$

证明　设

$$f(x_0, \cdots, x_n) = f_0(x_0, \cdots, x_{n-1}) + x_n$$

$$g(x_0, \cdots, x_m) = g_0(x_0, \cdots, x_{m-1}) + x_m$$

首先证明 $G(f, g) \subseteq G(f * g)$。

设 $\underline{c} = (c_0, c_1, c_2, \cdots) \in G(f, g)$，即 $\underline{c}$ 是 NFSR(f, g)(图 6.15) 中寄存器 y_0 的一个输出序列，并设 NFSR(f, g) 的初态为

$$(x_0, \cdots, x_{n-1}) = (a_0, \cdots, a_{n-1}), \qquad (y_0, \cdots, y_{m-1}) = (b_0, \cdots, b_{m-1})$$

设寄存器 x_0 的输出序列为 $\underline{a} = (a_0,\ a_1,\ a_2,\ \cdots)$，则有

$$c_0 = b_0,\ \cdots,\ c_{m-1} = b_{m-1}$$

$$c_{m+k} = g_0(c_k,\ c_{k+1},\ \cdots,\ c_{m+k-1}) + a_k,\quad k = 0,\ 1,\ 2,\ \cdots$$

即对于 $k = 0,\ 1,\ 2,\ \cdots$，有

$$a_k = g_0(c_k,\ c_{k+1},\ \cdots,\ c_{m+k-1}) + c_{m+k} = g(c_k,\ c_{k+1},\ \cdots,\ c_{m+k}) \tag{6.6}$$

又由于 $f(x_0,\ \cdots,\ x_n)$ 是 $\underline{a} = (a_0,\ a_1,\ a_2,\ \cdots)$ 的特征函数，即

$$f(a_k,\ \cdots,\ a_{n+k-1},\ a_{n+k}) = 0$$

从而有

$$f(g(c_k,\ \cdots,\ c_{m+k}),\ \cdots,\ g(c_{n+k},\ \cdots,\ c_{m+n+k})) = 0 \tag{6.7}$$

所以

$$f * g = f(g(x_0,\ \cdots,\ x_m),\ \cdots,\ g(x_n,\ \cdots,\ x_{m+n}))$$

是 $\underline{c}$ 的特征函数，即

$$G(f,\ g) \subseteq G(f * g)$$

下面证明 $G(f,\ g) \supseteq G(f * g)$。

设 $\underline{c} = (c_0,\ c_1,\ c_2,\ \cdots) \in G(f * g)$，则 $\underline{c}$ 满足

$$f(g(c_k,\ \cdots,\ c_{m+k}),\ \cdots,\ g(c_{n+k},\ \cdots,\ c_{m+n+k})) = 0,\quad k = 0,\ 1,\ 2,\ \cdots$$

令

$$a_0 = g(c_0,\ \cdots,\ c_{m-1},\ c_m),\ \cdots,\ a_{n-1} = g(c_{n-1},\ \cdots,\ c_{m+n-2},\ c_{m+n-1})$$

并令 $(b_0,\ \cdots,\ b_{m-1}) = (c_0,\ \cdots,\ c_{m-1})$，则 $\underline{c}$ 是以

$$(x_0,\ \cdots,\ x_{n-1}) = (a_0,\ \cdots,\ a_{n-1}),\quad (y_0,\ \cdots,\ y_{m-1}) = (b_0,\ \cdots,\ b_{m-1})$$

为初态的 NFSR$(f,\ g)$(图 6.15) 输出序列，所以

$$G(f,\ g) \supseteq G(f * g)$$

综上知，定理得证。 □

根据上述证明过程中的式 (6.6)，有以下结论。

定理 6.25　设 $f(x_0,\ x_1,\ \cdots,\ x_n)$ 和 $g(x_0,\ x_1,\ \cdots,\ x_m)$ 是两个 NFSR 的特征函数，NFSR$(f,\ g)$ 如图 6.15所示，对于任意 $\underline{c} \in G(f,\ g)$，即 $\underline{c}$ 是寄存器 y_0 的输出序列，此时设 x_0 的输出序列为 $\underline{a}$，显然 $\underline{a} \in G(f)$，则 per$(\underline{a})\,|$per$(\underline{c})$。

注 6.13　由定理 6.25知，若 f 是 n 级 de Bruijn 序列的特征函数，则 NFSR$(f,\ g)$ 的任意输出序列（即 $G(f,\ g)$ 中任意一个序列）的周期都是 2^n 的倍数；而当 f 是 n 级 m-序列的特征函数时，若 f 部分的初始状态为非 0 状态，则 NFSR$(f,\ g)$ 的输出序列的周期是 $2^n - 1$ 的倍数。

关于 "$*$-积" 运算, 下面的结论是显然成立的。

引理 6.13　设 f、g、h 是布尔函数, 则有以下结论。

(1) $(f+g)*h = f*h+g*h$。

(2) $(fg)*h = (f*h)(g*h)$。

(3) $f*g = D(f)*(g+1)$, 其中 $D(f(x_0, \cdots, x_n)) = f(x_0+1, \cdots, x_n+1)$。

(4) 若 f 和 g 是线性布尔函数, 则 $f*g = g*f$。

(5) 设 h 是 NFSR 的特征函数且 $h = f*g$, 若 $f(0, \cdots, 0) = 0$, 则 $G(g) \subseteq G(h)$。

下面考虑, 对于给定 NFSR(h), 是否存在特征函数 f 和 g, 使得 NFSR(h) 分解为 NFSR(f, g), 即 $h = f*g$。

注 6.14　设 h 是 NFSR 的特征函数且 $h = f*g$, 则称 g 是 h 的右 $*$-因子。进一步, 若 g 是线性布尔函数, 则称 g 是 h 的右线性 $*$-因子。

一般的分解问题难度很大, 至今没有解决, 这里讨论 g 是线性或仿线性的情形。

由引理 6.13 中的 (3) 知, 线性布尔函数 g 是 h 的右线性 $*$-因子当且仅当仿线性布尔函数 $g+1$ 是 h 的右 $*$-因子, 所以只需考虑右线性 $*$-因子。

定义 6.13　记 $\mathbb{N}$ 为非负整数集, 且

$$M = \{1\} \cup \{x_{j_0}x_{j_1}\cdots x_{j_u} \mid u \in \mathbb{N}, \ 0 \leqslant j_0 < j_1 < \cdots < j_u\}$$

是布尔函数的单项式之集, 定义 M 的次数逆字典序: 对于 $1 \neq t \in M$, 定义 $1 \prec t$; 而对于 $x_{j_0}x_{j_1}\cdots x_{j_u}, \ x_{k_0}x_{k_1}\cdots x_{k_v} \in M$, 有以下结论。

(1) 若 $u < v$, 定义 $x_{j_0}x_{j_1}\cdots x_{j_u} \prec x_{k_0}x_{k_1}\cdots x_{k_v}$。

(2) 若 $u = v$ 且 $2^{j_0}+2^{j_1}+\cdots+2^{j_u} < 2^{k_0}+2^{k_1}+\cdots+2^{k_v}$, 定义

$$x_{j_0}x_{j_1}\cdots x_{j_u} \prec x_{k_0}x_{k_1}\cdots x_{k_v}$$

设 h 是布尔函数, 记 $T(h)$ 表示 h 中出现的所有单项式之集, $HT(h)$ 表示 h 中最大序的单项式, 也称为 h 的首项。

若没有特殊说明, 本节和 6.8 节采用的都是次数逆字典序。

设 $HT(h) = x_{i_1}x_{i_2}\cdots x_{i_d}$ 是布尔函数 h 的首项, 其中 $i_1 < i_2 < \cdots < i_d(d \geqslant 2)$, 记

$$\Omega_h = \{t \in T(h) \mid \deg t = d \text{且} x_{i_2}\cdots x_{i_d} \mid t\}$$

以下总是记

$$l_h \xlongequal{\text{def}} \sum_{t \in \Omega_h} \frac{t}{x_{i_2}\cdots x_{i_d}}$$

显然 l_h 是线性布尔函数。

例 6.6　设 $h = 1 + x_1 + x_1x_4 + x_2x_5 + x_4x_5 + x_1x_2x_3 + x_1x_4x_5 + x_3x_4x_5$, 则有

$$T(h) = \{1, \ x_1, \ x_1x_4, \ x_2x_5, \ x_4x_5, \ x_1x_2x_3, \ x_1x_4x_5, \ x_3x_4x_5\}$$

$$HT(h) = x_3x_4x_5$$

$$\Omega_h = \{x_1x_4x_5, \ x_3x_4x_5\}$$

$$l_h = x_1 + x_3$$

定理 6.26[45]　设 h 是布尔函数，$\deg h \geqslant 2$，若线性布尔函数 l 是 h 的右线性 *-因子，则 l 也是 l_h 的右线性 *-因子。进一步，设 $h = f * l$，则 $l_h = l_f * l$。

证明　设 $h = f * l$，则 $\deg f = \deg h = d \geqslant 2$。

设 $HT(f) = x_{i_1} x_{i_2} \cdots x_{i_d}$，$HT(l) = x_e$，则有

$$HT(l_f) = x_{i_1}, \quad HT(h) = x_{e+i_1} x_{e+i_2} \cdots x_{e+i_d}$$

令 $f' = f + x_{i_2} \cdots x_{i_d} l_f$，即 $f = x_{i_2} \cdots x_{i_d} l_f + f'$。事实上，

$$T(f') = \{t \in T(f) | \deg t \leqslant d - 1\} \cup \{t \in T(f) \mid \deg t = d \text{且} x_{i_2} \cdots x_{i_d} \nmid t\} \quad (6.8)$$

则有

$$
\begin{aligned}
h &= f * l \\
&= (x_{i_2} \cdots x_{i_d} l_f + f') * l \\
&= (x_{i_2} \cdots x_{i_d} l_f) * l + f' * l \\
&= ((x_{i_2} \cdots x_{i_d}) * l) \cdot (l_f * l) + f' * l
\end{aligned} \quad (6.9)
$$

由 $HT(l) = x_e$，知 $HT((x_{i_2} \cdots x_{i_d}) * l) = x_{e+i_2} \cdots x_{e+i_d}$，所以可设

$$(x_{i_2} \cdots x_{i_d}) * l = x_{e+i_2} \cdots x_{e+i_d} + q \quad (6.10)$$

式中，$T(q) = \{t \in T((x_{i_2} \cdots x_{i_d}) * l) | t \prec x_{e+i_2} \cdots x_{e+i_d}\}$。

将式 (6.10) 代入式 (6.9)，得

$$h = (x_{e+i_2} \cdots x_{e+i_d}) \cdot (l_f * l) + q \cdot (l_f * l) + f' * l \quad (6.11)$$

由式 (6.11) 及 $HT(h) = x_{e+i_1} x_{e+i_2} \cdots x_{e+i_d}$ 知，为证明 $l_h = l_f * l$，只需要证明：若 $t \in T(q \cdot (l_f * l)) \cup T(f' * l)$ 且 $\deg t = d$，则 $x_{e+i_2} \cdots x_{e+i_d} \nmid t$。

(1) 因为

$$HT(q) \prec x_{e+i_2} \cdots x_{e+i_d}$$
$$HT(l_f * l) = x_{e+i_1} \prec x_{e+i_2} \prec \cdots \prec x_{e+i_d}$$

所以对于任意 $t \in T(q \cdot (l_f * l))$，都有 $x_{e+i_2} \cdots x_{e+i_d} \nmid t$。

(2) 由式 (6.8) 及 $HT(l) = x_e$ 知，对于满足 $\deg t = d$ 的 $t \in T(f' * l)$，有 $x_{e+i_2} \cdots x_{e+i_d} \nmid t$，所以由式 (6.11) 知 $l_h = l_f * l$。　□

对于线性布尔函数 $l(x_0, x_1, \cdots, x_n) = c_0 x_0 + c_1 x_1 + \cdots + c_n x_n$，定义

$$\phi(l) = c_0 + c_1 x + \cdots + c_n x^n \in \mathbb{F}_2[x]$$

显然，ϕ 是线性布尔函数之集到 $\mathbb{F}_2[x]$ 的 1-1 映射，并且对于两个线性布尔函数 l_1 和 l_2，有

$$\phi(l_1 * l_2) = \phi(l_1) \phi(l_2) \quad (6.12)$$

从而由定理 6.26和式 (6.12) 可知，为判别布尔函数 h 的右线性 $*$-因子的存在性和计算 h 的右线性 $*$-因子，只要对 $\phi(l_h)$ 的每个因子 $u(x)$ 验证线性布尔函数 $\phi^{-1}(u(x))$ 是不是 h 的右线性 $*$-因子即可。

下面讨论，给定布尔函数 h 和线性布尔函数 l，如何判断 l 是否为 h 的右线性 $*$-因子。

设 $h = x_{i_1}x_{i_2}\cdots x_{i_d} + f$，$l = x_e + l_1$，其中 $x_{i_1}x_{i_2}\cdots x_{i_d}$ 和 x_e 分别是 h 和 l 的首项，若 $e > i_1$，则 l 不可能是 h 的右线性 $*$-因子。下面设 $e \leqslant i_1$。

记

$$h_1 = h + (x_{i_1-e}x_{i_2-e}\cdots x_{i_d-e}) * l \tag{6.13}$$

显然有

$$HT(h_1) \prec x_{i_1}x_{i_2}\cdots x_{i_d} = HT(h)$$

由引理 6.13中的 (1) 知

$$l \text{ 是 } h \text{ 的右线性 } *\text{-因子当且仅当 } l \text{ 是 } h_1 \text{ 的右线性 } *\text{-因子}$$

通过式 (6.13)，从 h 得到 h_1 的过程，称为 h 经 l 的首项 $*$-约化，记为

$$h \xrightarrow[*l]{} h_1$$

若 h_1 可以继续经 l 首项 $*$-约化，那么有

$$h \xrightarrow[*l]{} h_1 \xrightarrow[*l]{} h_2$$

从而 l 是 h 的右线性 $*$-因子当且仅当

$$h \xrightarrow[*l]{} h_1 \xrightarrow[*l]{} h_2 \xrightarrow[*l]{} \cdots \xrightarrow[*l]{} h_k \xrightarrow[*l]{} 0$$

或者说 l 不是 h 的右线性 $*$-因子当且仅当

$$h \xrightarrow[*l]{} h_1 \xrightarrow[*l]{} h_2 \xrightarrow[*l]{} \cdots \xrightarrow[*l]{} h_k \neq 0$$

式中，h_k 经 l 不能首项 $*$-约化，即 $HT(h_k)$ 中变元的最大下标 $< e$。

这样就给出了判断 l 是否是右线性 $*$-因子的方法或算法。

注 6.15 定理 6.26的逆命题不成立，即若 l 是 l_h 的右线性 $*$-因子，那么 l 未必是 h 的右线性 $*$-因子。

文献 [46] 进一步改进了定理 6.26。

设 h 是 d 次布尔函数，$T_d(h)$ 表示 h 中 d 次项之集。记

$$P(h) = \{t \mid \deg(t) = d - 1 \text{且} t \text{ 是 } T_d(h) \text{ 中某一项的因子}\}$$

即 $P(h)$ 是包含了 h 中所有 d 次项的 $d - 1$ 次因子之集。

对于 $t \in P(h)$，记

$$L_{h,\,t} \xlongequal{\text{def}} \{x_j \mid x_j t \in T_d(h)\}$$

并记线性函数如下:

$$l_{h,\,t} = \sum_{x_j \in L_{h,\,t}} x_j$$

例 6.7　设

$$h = x_0 + x_2 + x_1 x_2 x_4 + x_2 x_3 x_4 + x_1 x_5 x_6 + x_2 x_5 x_6 + x_3 x_5 x_6 + x_8$$

则 $\deg h = 3$, 有

$$T_3\,(h) = \{x_1 x_2 x_4,\ x_2 x_3 x_4,\ x_1 x_5 x_6,\ x_2 x_5 x_6,\ x_3 x_5 x_6\}$$

$$P\,(h) = \{x_1 x_2,\ x_1 x_4,\ x_2 x_3,\ x_2 x_4,\ x_3 x_4,\ x_1 x_5,\ x_1 x_6,\ x_5 x_6,\ x_2 x_5,\ x_2 x_6,\ x_3 x_5,\ x_3 x_6\}$$

$$l_{h,\,x_1 x_2} = x_4,\quad l_{h,\,x_2 x_4} = x_1 + x_3,\quad \cdots,\quad l_{h,\,x_5 x_6} = x_1 + x_2 + x_3$$

注意到 $l_{h,\,x_5 x_6} = l_h$。

定理 6.27　设 h 是非奇异特征函数且 $h\,(0,\ \cdots,\ 0) = 0$, 若 l 满足 $h = f * l$, 则对于任意 $t \in P(f)$, 均有 $\phi(l)|\phi(l_{h,\,t})$, 即

$$\phi(l)|\gcd\{\phi(l_{h,\,t})|t \in P(h)\}$$

因为 $h = f * g$ 当且仅当 $h + 1 = (f + 1) * g$, 所以上述结果可以延伸至任意非奇异特征函数。

6.8　NFSR 的子簇

定义 6.14　设 $f\,(x_0,\ x_1,\ \cdots,\ x_n)$ 和 $g\,(x_0,\ x_1,\ \cdots,\ x_m)$ 是两个 NFSR 的特征函数, 若 $G(g) \subseteq G(f)$, 则称 $G(g)$ 是 $G(f)$ 的子簇。

给定两个特征函数 $f\,(x_0,\ x_1,\ \cdots,\ x_n)$ 和 $g\,(x_0,\ x_1,\ \cdots,\ x_m)$, 其中 $m \leqslant n$, 文献 [47] 给出了判断 $G(g)$ 是否是 $G(f)$ 的子簇的算法, 本节的主要结论也来源于文献 [47]。

首先引进布尔函数 "余除法"。

对于布尔函数 $f\,(x_0,\ x_1,\ \cdots,\ x_n)$, 定义

$$\sigma f\,(x_0,\ x_1,\ \cdots,\ x_n) \xlongequal{\text{def}} f\,(x_1,\ x_2,\ \cdots,\ x_{n+1}) = x_1 * f\,(x_0,\ x_1,\ \cdots,\ x_n)$$

一般地, 对于 $i = 1,\ 2,\ \cdots$, 定义

$$\sigma^i f\,(x_0,\ x_1,\ \cdots,\ x_n) \xlongequal{\text{def}} \sigma^{i-1}\,(\sigma f\,(x_0,\ x_1,\ \cdots,\ x_n))$$

$$= f\,(x_i,\ x_{i+1},\ \cdots,\ x_{n+i})$$

$$= x_i * f\,(x_0,\ x_1,\ \cdots,\ x_n)$$

设 $f\,(x_0,\ x_1,\ \cdots,\ x_n)$ 和 $g\,(x_0,\ x_1,\ \cdots,\ x_m)$ 是两个布尔函数, 其中 $n \geqslant m$, 并且

$$g\,(x_0,\ x_1,\ \cdots,\ x_m) = g_0\,(x_0,\ x_1,\ \cdots,\ x_{m-1}) + x_m$$

下面引入约化，或"余除法"，即 $f(x_0, x_1, \cdots, x_n)$ "除以" $g(x_0, x_1, \cdots, x_m)$ 的约化。

记 $f_n(x_0, x_1, \cdots, x_n) = f(x_0, x_1, \cdots, x_n)$，并可设

$$f_n(x_0, x_1, \cdots, x_n) = u_{n-1}(x_0, \cdots, x_{n-1}) + v_{n-1}(x_0, \cdots, x_{n-1})x_n$$

则有

$$f_n(x_0, x_1, \cdots, x_n)$$
$$= f_{n-1}(x_0, \cdots, x_{n-1}) + v_{n-1}(x_0, \cdots, x_{n-1})\left(\sigma^{n-m}g(x_0, \cdots, x_m)\right)$$

式中，

$$f_{n-1}(x_0, \cdots, x_{n-1})$$
$$\xlongequal{\text{def}} f_n(x_0, \cdots, x_n) + v_{n-1}(x_0, \cdots, x_{n-1})\left(\sigma^{n-m}g(x_0, \cdots, x_m)\right)$$
$$= u_{n-1}(x_0, \cdots, x_{n-1}) + v_{n-1}(x_0, \cdots, x_{n-1})x_n$$
$$\quad + v_{n-1}(x_0, \cdots, x_{n-1})\left(g_0(x_{n-m}, \cdots, x_{n-1}) + x_n\right)$$
$$= u_{n-1}(x_0, \cdots, x_{n-1}) + v_{n-1}(x_0, \cdots, x_{n-1})g_0(x_{n-m}, \cdots, x_{n-1})$$

是关于 $\{x_0, \cdots, x_{n-1}\}$ 的布尔函数。

同理，设

$$f_{n-1}(x_0, x_1, \cdots, x_{n-1}) = u_{n-2}(x_0, \cdots, x_{n-2}) + v_{n-2}(x_0, \cdots, x_{n-2})x_{n-1}$$

若 $v_{n-2}(x_0, \cdots, x_{n-2}) \neq 0$ 且 $n-1 \geqslant m$，则有

$$f_{n-1}(x_0, x_1, \cdots, x_{n-1})$$
$$= f_{n-2}(x_0, \cdots, x_{n-2}) + v_{n-2}(x_0, \cdots, x_{n-2})\left(\sigma^{n-m-1}g(x_0, \cdots, x_m)\right)$$

式中，$f_{n-2}(x_0, \cdots, x_{n-2})$ 是关于 $\{x_0, \cdots, x_{n-2}\}$ 的布尔函数。

继续上述步骤，最终可得

$$f_m(x_0, \cdots, x_m) = f_{m-1}(x_0, \cdots, x_{m-1}) + v_{m-1}(x_0, \cdots, x_{m-1})\left(\sigma^0 g(x_0, \cdots, x_m)\right)$$

式中，$f_{m-1}(x_0, \cdots, x_{m-1})$ 是关于 $\{x_0, \cdots, x_{m-1}\}$ 的布尔函数。

因此有

$$f(x_0, \cdots, x_n) = \sum_{i=m-1}^{n-1} v_i(x_0, \cdots, x_i)\left(\sigma^{i-m+1}g(x_0, \cdots, x_m)\right) + r(x_0, \cdots, x_{m-1})$$

式中，$r(x_0, \cdots, x_{m-1}) = f_{m-1}(x_0, \cdots, x_{m-1})$。

上述过程可以表述为

$$f_n \xrightarrow{\ g\ } f_{n-1} \xrightarrow{\ g\ } \cdots \xrightarrow{\ g\ } f_{m-1}$$

由上述讨论，易知以下结论。

引理 6.14　设 $f(x_0, x_1, \cdots, x_n)$ 和 $g(x_0, x_1, \cdots, x_m)$ 是两个布尔函数，$n \geqslant m$，并设 $g(x_0, x_1, \cdots, x_m) = g(x_0, x_1, \cdots, x_{m-1}) + x_m$，则存在且仅存在一组布尔函数：

$$v_{m-1}(x_0, \cdots, x_{m-1}), \ v_m(x_0, \cdots, x_m), \ \cdots, \ v_{n-1}(x_0, \cdots, x_{n-1})$$

和

$$r(x_0, \cdots, x_{m-1})$$

使得

$$f(x_0, \cdots, x_n) = \sum_{i=m-1}^{n-1} v_i(x_0, \cdots, x_i)\left(\sigma^{i-m+1} g(x_0, \cdots, x_m)\right) + r(x_0, \cdots, x_{m-1})$$

$$(6.14)$$

注 6.16　设 $f(x_0, x_1, \cdots, x_n)$、$g(x_0, x_1, \cdots, x_m)$ 和 $r(x_0, x_1, \cdots, x_{m-1})$ 由引理 6.14所设，则记

$$r(x_0, \cdots, x_{m-1}) = f(x_0, \cdots, x_n) \bmod g(x_0, \cdots, x_m)$$

简记为 $r = f \bmod g$。若 $r(x_0, \cdots, x_{m-1}) = 0$，则记 $g(x_0, \cdots, x_m) \parallel f(x_0, \cdots, x_n)$。

注 6.17　若 $f(x_0, x_1, \cdots, x_n)$ 是 n 级非奇异特征函数，即 f 形如

$$f(x_0, \cdots, x_n) = x_0 + h(x_0, \cdots, x_{n-1}) + x_n$$

此时式(6.14)中，$v_m(x_0, \cdots, x_{m-1}), \cdots, v_{n-1}(x_0, \cdots, x_{n-1})$ 不含变元 x_0，即

$$f(x_0, \cdots, x_n) = \sum_{i=m}^{n-1} v_i(x_1, \cdots, x_i)\left(\sigma^{i-m+1} g(x_0, \cdots, x_m)\right)$$

$$+ v_{m-1}(x_0, \cdots, x_{m-1}) g(x_0, \cdots, x_m) + r(x_0, \cdots, x_{m-1})$$

定理 6.28　设 $f(x_0, x_1, \cdots, x_n)$ 和 $g(x_0, x_1, \cdots, x_m)$ 是两个特征函数，$n \geqslant m$，则 $G(g) \subseteq G(f)$ 当且仅当 $g \parallel f$。

证明　设 $g \parallel f$，即

$$f(x_0, \cdots, x_n) = \sum_{i=m-1}^{n-1} v_i(x_0, \cdots, x_i)\left(\sigma^{i-m+1} g(x_0, \cdots, x_m)\right)$$

$$= \sum_{i=m-1}^{n-1} v_i(x_0, \cdots, x_i) g(x_{i-m+1}, \cdots, x_{i+1})$$

并设 $\underline{a} = (a_0, a_1, \cdots) \in G(g)$，即对于任意 $k \geqslant 0$，有

$$g(a_k, a_{k+1}, \cdots, a_{k+m}) = 0$$

从而对于 $k \geqslant 0$，有

$$f(a_k, a_{k+1}, \cdots, a_{k+n}) = \sum_{i=m-1}^{n-1} v_i(a_k, \cdots, a_{i+k}) g(a_{k+i-m+1}, \cdots, a_{k+i+1}) = 0$$

所以 $G(g) \subseteq G(f)$。

反之，设 $G(g) \subseteq G(f)$，并设

$$f(x_0, \cdots, x_n) = \sum_{i=m-1}^{n-1} v_i(x_0, \cdots, x_i)\left(\sigma^{i-m+1}g(x_0, \cdots, x_m)\right) + r(x_0, \cdots, x_{m-1})$$

则对于任意 $\underline{a} = (a_0, a_1, \cdots) \in G(g) \subseteq G(f)$，有

$$r(a_0, \cdots, a_{m-1}) = 0$$

由 $\underline{a}$ 的任意性可知，上式对于任意的 $(a_0, \cdots, a_{m-1}) \in \mathbb{F}_2^m$ 都成立，所以 $r = 0$，即 $g \parallel f$。 $\qquad\square$

下面的结论显然成立。

推论 6.7　设 $f(x_0, \cdots, x_{m+n}) = h(x_0, \cdots, x_m) * g(x_0, \cdots, x_n)$，若 h 的常数项为 0，即 $h(0, \cdots, 0) = 0$，则 $g \parallel f$，即 $G(g) \subseteq G(f)$。

但反之不一定成立，即若 $G(g) \subseteq G(f)$ 且 $h(0, \cdots, 0) = 0$，未必存在 g，使得 $f = h * g$。

推论 6.8　设 $f(x_0, \cdots, x_n)$ 是 n 级特征函数，则有

$$G(f) \cup G(f+1) = G((1+\sigma)f)$$

证明　因为 $(1+\sigma)f = (1+\sigma)(f+1)$，所以

$$f \parallel (1+\sigma)f \text{ 且 } (f+1) \parallel (1+\sigma)f$$

从而有

$$G(f) \cup G(f+1) \subseteq G((1+\sigma)f)$$

又因为 $G(f) \cap G(f+1) = \varnothing$，$|G(f)| = |G(f+1)| = 2^n$ 并且 $|G((1+\sigma)f)| = 2^{n+1}$，所以

$$G(f) \cup G(f+1) = G((1+\sigma)f) \qquad\square$$

推论 6.9　设 $f(x_0, \cdots, x_n)$ 是 n 级非奇异特征函数，则存在 T，使得

$$f \parallel (x_0 + x_T)$$

证明　设 $f(x_0, \cdots, x_n) = g(x_0, \cdots, x_{n-1}) + x_n$，其中 g 是该 n 级非奇异 NFSR 的反馈函数，令 T 是状态图 G_g 中所有圈长的最小公倍数，则显然有 $G(f) \subseteq G(x_0 + x_T)$，从而 $f \parallel (x_0 + x_T)$。 $\qquad\square$

6.9　子簇存在性判别

给定 NFSR 的特征函数 $f(x_0, \cdots, x_n)$，判别 $G(f)$ 中是否存在子簇? 这个问题难度很大。这一节讨论是否有线性 (或仿线性) 特征函数 $l(x_0, \cdots, x_m)$，使得 $G(l)$ 是 $G(f)$ 的子簇，即讨论 $G(f)$ 是否存在线性 (或仿线性) 子簇 $G(l)$，把线性或仿线性子簇统一称为仿射子簇。本节主要结论来源于文献 [48]。

记 $\mathrm{maxindex}(f(x_0, \cdots, x_n))$ 表示 f 中出现的变元的最大下标。

引理 6.15　设 $f(x_0, \cdots, x_n)$ 是布尔函数，$\deg f = d \geqslant 2$，$\mathrm{maxindex}(f) = n$，$HT(f) = x_{i_1} \cdots x_{i_d}$，其中 $0 \leqslant i_1 < \cdots < i_d \leqslant n$，设 $g(x_0, \cdots, x_m)$ 是仿线性布尔函数，$HT(g) = x_m$，若 $i_d < m$，则有

$$HT(f \bmod g) = HT(f) = x_{i_1} \cdots x_{i_d}$$

证明　若 $m > n$，结论成立。下面设 $m \leqslant n$。

记 $f_n(x_0, x_1, \cdots, x_n) = f(x_0, x_1, \cdots, x_n)$，并设

$$f_n \xrightarrow{g} f_{n-1} \xrightarrow{g} \cdots \xrightarrow{g} f_{m-1} = f \bmod g$$

式中，f_{n-1} 由如下等式确定:

$$f_n(x_0, \cdots, x_n) = u_{n-1}(x_0, \cdots, x_{n-1}) + v_{n-1}(x_0, \cdots, x_{n-1}) x_n$$
$$= f_{n-1}(x_0, \cdots, x_{n-1}) + v_{n-1}(x_0, \cdots, x_{n-1})(\sigma^{n-m} g(x_0, \cdots, x_m))$$

因为 $i_d < m \leqslant n$，所以

$$HT(f_n) = HT(u_{n-1}) \succ HT(v_{n-1}(x_0, \cdots, x_{n-1}) x_n) \tag{6.15}$$

因为 g 是仿线性的，再由式 (6.15) 知

$$HT(f_{n-1}) = HT(u_{n-1}) = HT(f_n)$$

设 $\mathrm{maxindex}(f_{n-1}) = k$，若 $k < m$，则 $f_{n-1} = f \bmod g$，否则令

$$f_k(x_0, \cdots, x_k) = f_{n-1}(x_0, \cdots, x_{n-1})$$

重复上述过程，可得

$$HT(f_n) = HT(f_{n-1}) = \cdots = HT(f \bmod g)$$

所以结论成立。　　　　　　　　　　　　　　　　　　　　　　　　　　□

定理 6.29[48]　设 $f(x_0, \cdots, x_n)$ 是 n 级非奇异特征函数，$\deg f = d \geqslant 2$，$HT(f) = x_{i_1} \cdots x_{i_d}$，其中 $0 \leqslant i_1 < \cdots < i_d \leqslant n$，若 $G(f)$ 中有 m 级线性 (或仿线性) 子簇，则 $m < i_d$。

证明 设 $l(x_0, \cdots, x_m)$ 是 m 级线性 (或仿线性) 特征函数且 $G(l) \subseteq G(f)$，则 $l \parallel f$。

若 $m > i_d$，由引理 6.15知

$$HT(f \bmod l) = HT(f) = x_{i_1} \cdots x_{i_d} \neq 0$$

这与 $l \parallel f$ 矛盾。

若 $m = i_d$，因为 $f(x_0, x_1, \cdots, x_n)$ 是非奇异的且 $l \parallel f$，从而 g 必然也是非奇异的，再由注 6.17得

$$f(x_0, \cdots, x_n) = \sum_{i=m}^{n-1} v_i(x_1, \cdots, x_i) \left(\sigma^{i-m+1} l(x_0, \cdots, x_m)\right) + l(x_0, \cdots, x_m)$$

即 $v_{m-1}(x_0, \cdots, x_{m-1}) = 1$(否则 $f(x_0, \cdots, x_n)$ 中的 x_0 无法消去)，所以

$$f \bmod \sigma l = l(x_0, \cdots, x_m)$$

而 $\sigma l(x_0, \cdots, x_m) = l(x_1, \cdots, x_{m+1})$，$i_d = m < m+1$，所以由引理 6.15知

$$HT(l(x_0, \cdots, x_m)) = HT(f) = x_{i_1} \cdots x_{i_d}$$

这与 g 是线性的 (仿线性的) 矛盾。

综上，$m < i_d$。 □

推论 6.10 设 $f(x_0, x_1, \cdots, x_n)$ 是 n 级非奇异特征函数，$\deg f = d \geqslant 2$，$HT(f) = x_{i_1} \cdots x_{i_d}$，其中 $0 \leqslant i_1 < \cdots < i_d \leqslant n$，记 $R(f) = f(x_n, \cdots, x_0)$，并设 $HT(R(f)) = x_{j_1} \cdots x_{j_d}$，其中 $0 \leqslant j_1 < \cdots < j_d \leqslant n$。若 $G(f)$ 中有 m 级线性 (或仿线性) 子簇，则 $m < \min\{i_d, j_d\}$。

证明 设 $l(x_0, \cdots, x_m)$ 是 m 级线性 (或仿线性) 特征函数，使得 $G(l) \subseteq G(f)$。由 $f(x_0, \cdots, x_n)$ 是非奇异的知 $l(x_0, \cdots, x_m)$ 是非奇异的，从而 $R(l)$ 也是 m 级线性 (或仿线性) 特征函数，并且显然有 $G(R(l)) \subseteq G(R(f))$，从而由定理 6.29知，$m < i_d$ 且 $m < j_d$，即 $m < \min\{i_d, j_d\}$。 □

下面简要介绍一些关于子簇的进一步的结论。

下面的定理改进了定理 6.29的结论。

定理 6.30[49] 设 $f(x_0, \cdots, x_n)$ 是 n 级 NFSR 的特征函数，$\deg(f) = d$，记 f 中的 d 次齐次部分为 $f_{[d]}$。若 l 是 f 的仿射子簇，则有

$$\mathrm{ord}(l) \leqslant \max \mathrm{sub}(f_{[d]}) - \min \mathrm{sub}(f_{[d]})$$

式中，$\max \mathrm{sub}(f_{[d]})$ 和 $\min \mathrm{sub}(f_{[d]})$ 分别表示 $f_{[d]}$ 中变元的最大下标和最小下标；$\mathrm{ord}(l)$ 表示特征函数 l 的级数。

对于如何直接判断和求取 $G(f)$ 的子簇，文献 [50] 和 [51] 给出了更好的结论与方法。

定理 6.31[50, 51]　设 f 是 NFSR 的 d 次特征函数，记 X_d 为 $f_{[d]}$ 中出现的变元集，若 l 是 f 的一个线性子簇，则 l 是 X_d 中变元的某个线性组合的因子，即存在 $c_i \in \mathbb{F}_2$，使得

$$l \Big\| \sum_{x_i \in X_d} c_i x_i$$

即

$$\phi(l) \Big| \phi\left(\sum_{x_i \in X_d} c_i x_i \right)$$

文献 [52] 讨论了不可约 NFSR 的密度。设 NFSR 的特征函数为 $f(x_0, x_1, \cdots, x_n)$，若 $G(f)$ 中没有真子簇，即不存在特征函数 $g(x_0, x_1, \cdots, x_m)$，$m < n$，使得 $G(g) \subseteq G(f)$，则称该 NFSR 是不可约的，也称 $G(f)$ 或 NFSR(f) 是不可约的。设 $\mu(n)$ 表示所有 n 级非奇异 NFSR 中不可约 NFSR 所占的比例。

定理 6.32[52]　设 $n \geqslant 1$，则 $\mu(n) > 0.39$。

文献 [53] 将这一结论进一步改进。

定理 6.33[53]　设 $n \geqslant 6$，则 $0.4461 < \mu(n) < 0.4834$。

参 考 文 献

[1] LIDL R, NIEDERREITER H. Finite Fields. London: Cambridge University Press, 1983.

[2] ZIERLER N, MILLS W H. Products of linear recurring sequences. Journal of Algebra, 1973, 27(1):147-157.

[3] MASSEY J L. Shift-register synthesis and BCH decoding. IEEE Trans. Inf. Theory, 1969, 15(1):122-127.

[4] RUEPPEL R A. Linear complexity and random sequences//Advances in Cryptology-EUROCRYPT' 85. Berlin: Springer, 1985.

[5] RUEPPEL R A, STAFFELBACH O J. Products of linear recurring sequences with maximum complexity. IEEE Trans. Inf. Theory, 1987, 33(1):124-131.

[6] BETH T, PIPER F. The stop-and-go generator//Advances in Cryptology: Proceedings of EUROCRYPT' 84, A Workshop on the Theory and Application of Cryptographic Techniques. Paris: Springer, 1984.

[7] GÜNTHER C G. Alternating step generators controlled by de Bruijn sequences.//Advances in Cryptology-EUROCRYPT' 87. Amsterdam: Springer, 1987.

[8] RUEPPEL R A. When shift registers clock themselves.//Advances in Cryptology - EUROCRYPT' 87. Amsterdam: Springer, 1987.

[9] COPPERSMITH D, KRAWCZYK H, MANSOUR Y. The shrinking generator.//Advances in Cryptology-CRYPTO' 93. Santa Barbara: Springer, 1993.

[10] 黄民强. 环上本原序列的分析及其密码学评价. 合肥: 中国科技大学, 1988.

[11] DAI Z D. Binary sequences derived from ml-sequences over rings I: periods of minimal polynomials. J. Cryptol., 1992, 5(3):193-207.

[12] DA Z D, BETH T, GOLLMANN D. Lower bounds for the linear complexity of sequences over residue rings.//Advances in Cryptology -EUROCRYPT' 90, Workshop on the Theory and Application of Cryptographic Techniques. Aarhus: Springer, 1990.

[13] HUANG M Q, DAI Z D. Projective maps of linear recurring sequences with maximal p-adic periods. Fibonacci Quart, 1992, 30(2):139-143.

[14] KUZMIN A S, NECHAEV A A. A construction of noise stable codes using linear recurrences over Galois ring. Russian Mathmatical Surveys, 1992, 47:189-190.

[15] 戚文峰, 周锦君. 环 $\mathbb{Z}/2^d$ 上本原序列的保熵映射类. 自然科学进展, 1999, 9(3):209-215.

[16] QI W F, YANG J H, ZHOU JING JUN. Ml-sequences over rings $\mathbb{Z}/2^e$: I. constructions of non-degenerative ml-sequences II. Injectiveness of compression mappings of new classes.//Advances in Cryptology-ASIACRYPT' 98. Beijing: Springer, 1998.

[17] ZHU X Y, QI W F. Compression mappings on primitive sequences over $\mathbb{Z}/(p^e)$. IEEE Trans. Inf. Theory, 2004, 50(10):2442-2448.

[18] ZHU X Y, QI W F. Further result of compressing maps on primitive sequences modulo odd prime powers. IEEE Trans. Inf. Theory, 2007, 53(8):2985-2990.

[19] TIAN T，QI W F. Injectivity of compressing maps on primitive sequences over $\mathbb{Z}/(p^e)$. IEEE Trans. Inf. Theory，2007，53(8):2960-2966.

[20] ZHU X Y，QI W F. On the distinctness of modular reductions of maximal length sequences modulo odd prime powers. Math. Comput.，2008，77(263):1623-1637.

[21] Global System for Mobile communications Association. 3GPP Confidentiality and Integrity Algorithms 128-EEA3&128-EIA3 Document 1: 128-EEA3 and 128-EIA3 Specification Version 1.8.(2019-1-24)[2023-3-7].https://www.gsma.com/security/wp-content/uploads/2019/05/EEA3_EIA3_specification_v1_8.pdf.

[22] ZHENG Q X，QI W F，TIAN T. On the distinctness of modular reductions of primitive sequences over $\mathbb{Z}/(2^{32}-1)$. Des. Codes Cryptogr.，2014，70(3):359-368.

[23] CHEN H J，QI W F. On the distinctness of maximal length sequences over Z/(pq) modulo 2. Finite Fields Their Appl.，2009，15(1):23-39.

[24] ZHENG Q X，QI W F，TIAN T. On the distinctness of binary sequences derived from primitive sequences modulo square-free odd integers. IEEE Trans. Inf. Theory，2013，59(1):680-690.

[25] ZHENG Q X，QI W F. Further results on the distinctness of binary sequences derived from primitive sequences modulo square-free odd integers. IEEE Trans. Inf. Theory，2013，59(6):4013-4019.

[26] HU Z，WANG L. Injectivity of compressing maps on the set of primitive sequences modulo square-free odd integers. Cryptogr. Commun.，2015，7(4):347-361

[27] KLAPPER A，GORESKY M. 2-adic shift registers. Fast Software Encryption，Cambridge Security Workshop. Cambridge:Springer，1993.

[28] KLAPPER A，GORESKY M. Feedback shift registers，2-adic span，and combiners with memory. J. Cryptol.，1997，10(2):111-147.

[29] TIAN T，QI W F. 2-adic complexity of binary m-sequences. IEEE Trans. Inf. Theory，2010，56(1):450-454.

[30] XIONG H，QU L J，LI C. A new method to compute the 2-adic complexity of binary sequences. CoRR，2013，abs/1309.1625.

[31] HU H G. Comments on "a new method to compute the 2-adic complexity of binary sequences". IEEE Trans. Inf. Theory，2014，60(9):5803-5804.

[32] GORESKY M，KLAPPER A. Arithmetic crosscorrelations of feedback with carry shift register sequences. IEEE Trans. Inf. Theory，1997，43(4):1342-1345.

[33] GORESKY M，KLAPPER A，MURTY R. On the distinctness of decimations of l-sequences. Sequences and their Applications-Proceedings of SETA 2001. Bergen: Springer，2001.

[34] GORESKY M，KLAPPER A，MURTY R，et al. On decimations of l-sequences. SIAM J. Discret. Math.，2004，18(1):130-140.

[35] TIAN T，QI W F. Autocorrelation and distinctness of decimations of l-sequences. SIAM J. Discret. Math.，2009，23(2):805-821.

[36] BOURGAIN J，COCHRANE T，PAULHUS J，et al. Decimations of l-sequences and permutations of even residues mod p. SIAM J. Discret. Math.，2009，23(2):842-857.

[37] XU H，QI W F. Further results on the distinctness of decimations of l-sequences. IEEE Trans. Inf. Theory，2006，52(8):3831-3836.

[38] TIAN T，QI W F. Period and complementarity properties of FCSR memory sequences. IEEE Trans. Inf. Theory，2007，53(8):2966-2970.

[39] GORESKY M, KLAPPER A. Fibonacci and Galois representations of feedback-with-carry shift registers. IEEE Trans. Inf. Theory，2002，48(11):2826-2836.

[40] BERGER T P, MINIER M, POUSSE B. Software oriented stream ciphers based upon FCSRs in diversified mode. Progress in Cryptology -INDOCRYPT' 2009，10th International Conference on Cryptology in India. New Delhi: Springer，2009.

[41] Golomb S W. Shift Register Sequences. World Scientific，1982.

[42] 万哲先，代宗铎，刘木兰，等. 非线性移位寄存器. 北京：科学出版社，1978.

[43] WANG Z X, QI W F, CHEN H J. A new necessary condition for feedback functions of de Bruijn sequences. IEICE Trans. Fundam. Electron. Commun. Comput. Sci.，2014，97-A(1):152-156.

[44] GREEN D H, DIMOND K R. Nonlinear product-feedback shift registers. Proceedings of the Institution of Electrical Engineers，1970，117(4):681-686.

[45] MA Z, QI W F, TIAN T. On the decomposition of an NFSR into the cascade connection of an NFSR into an LFSR. J. Complex.，2013，29(2):173-181.

[46] ZHANG J M, QI W F, TIAN T, et al. Further results on the decomposition of an NFSR into the cascade connection of an NFSR into an LFSR. IEEE Trans. Inf. Theory，2015，61(1):645-654.

[47] MYKKELTVEIT J, SIU M K, TONG P. On the cycle structure of some nonlinear shift register sequences. Inf. Control.，1979，43(2):202-215.

[48] TIAN T, QI W F. On the largest affine sub-families of a family of NFSR sequences. Des. Codes Cryptogr.，2014，71(1): 163-181.

[49] MA Z, QI W F, TIAN T. On affine sub-families of the NFSR in Grain. Des. Codes Cryptogr.，2015，75(2):199-212.

[50] ZHANG J M, TIAN T, QI W F, et al. On the affine sub-families of quadratic NFSRs. IEEE Trans. Inf. Theory，2018，64(4):2932-2940.

[51] ZHANG J M, TIAN T, QI W F, et al. A new method for finding affine sub-families of NFSR sequences. IEEE Trans. Inf. Theory，2019，65(2):1249-1257.

[52] TIAN T, QI W F. On the density of irreducible NFSRs. IEEE Trans. Inf. Theory，2013，59(6):4006-4012.

[53] JIANG Y P, LIN D D. Lower and upper bounds on the density of irreducible NFSRs. IEEE Trans. Inf. Theory，2018，64(5):3944-3952.